安全监测新技术及应用

New Techniques and Applications of Safety Monitoring in Hydraulic Engineering

丁　涛　韦耀国　温世亿　张　辛　郝泽嘉　著

科学出版社

北　京

内 容 简 介

本书以南水北调中线工程为例,系统地介绍了近年来水利工程安全监测和检测新技术研究及应用。

作者从常规安全监测入手,简述了工程安全巡检、水利工程外观和内观监测方法,并在随后的章节详细介绍了监测和检测新技术。外观监测自动化技术,将卫星定位监测、测量机器人等主要外观监测手段集成为自动化观测平台,全天候、实时提供精度为毫米级的外观变形成果;渗漏检测技术,针对渠道和输水隧洞裂缝和渗漏,研究开发基于低温超导磁通量、电位、多波束声呐、三维激光、全景摄影等的多种检测方法,取得可推广成果;针对穿黄隧洞盾构封闭曲面和南阳段膨胀土边坡形变,研究开发出基于三维激光扫描的形变检测方法和系统平台,具备点云数据处理、核心比较算法、自动提取特征数据及多期比较分析等功能,是安全监测的有效补充和技术发展方向;确立了安全监控指标体系,弥补了设计参考值或设计预警值的不足,有利于实现在线自动安全监控和预警预报;巡检与监控技术方面,引入了无人机贴近摄影测量、智能识别和遥感,系统集成移动通信、地理信息 GIS、卫星定位 GNSS、二维码、移动终端等信息技术和设备,逐步实现人工巡检的高效率、多维度,特别是重、险区域自动巡检,以及智能化监控。

本书立足于生产实践,重点介绍水利工程监测和检测新技术应用,可操作性强,易复制推广,对安全监测行业系统性发展具有可借鉴意义。

图书在版编目(CIP)数据

安全监测新技术及应用 / 丁涛等著. — 北京:科学出版社,2022.3
ISBN 978-7-03-070296-8

Ⅰ. ①安… Ⅱ. ①丁… Ⅲ. ①安全监测-新技术应用 Ⅳ. ①X924.2-39

中国版本图书馆 CIP 数据核字(2021)第 217168 号

责任编辑:闫 悦 / 责任校对:胡小洁
责任印制:吴兆东 / 封面设计:汪嘉欣

科 学 出 版 社 出版
北京东黄城根北街 16 号
邮政编码:100717
http://www.sciencep.com

北京中科印刷有限公司 印刷
科学出版社发行 各地新华书店经销

*

2022 年 3 月第 一 版 开本:720×1 000 B5
2022 年 3 月第一次印刷 印张:17 1/4
字数:333 000

定价:**169.00 元**

(如有印装质量问题,我社负责调换)

前　言

大型水工建筑物安全监测是国内推行较早、体系完善、执行严格的建设和维护安全手段，其内容列入《工程建设标准强制性条文》。伴随如三峡工程、南水北调工程、白鹤滩水电站等一系列水利水电工程的建成，安全监测已发展成为涵盖内外观、定型数十种传感器，紧密切入卫星定位技术、合成孔径雷达技术、近景摄影测量技术、智能识别技术、系统集成技术、物联网、无人机载体等先进科技并同步发展的交叉技术解决方案。

安全监测执行多种规程规范，推行较高的技术指标，实施过程中因关联技术的发展，监测新技术手段也不断涌现。检测是质量控制的关键手段，因其与工程安全密切相关，一些检测手段也纳入安全监测体系管理，从实践中看，检测在周期和精度指标上与监测标准有所不同。

南水北调中线工程是目前完工的最大规模调水工程，建筑物类型多样、数量众多，有混凝土大坝、大型渡槽、深埋大口径输水隧洞、穿河道倒虹吸、高填方和深挖方膨胀土渠堤、大型泵站、PCCP管涵、穿城区地下输水隧洞、各种节制闸等，具备广泛的代表性。工程采用的安全监测手段、推广的安全监测技术基本涵盖了现行水利工程安全监测方式，本书以此为范本，全面系统地介绍了安全监测和检测新技术成果。

本书介绍的监测和检测新技术紧盯前沿科技，通过研发和转化，应用到工程安全监测实践。新技术涉及的学科广泛、行业跨度大、交叉技术集成难度高，部分技术还处于研究的初始阶段。

本书推介的新技术一定程度上代表监测和检测技术发展的新方向，部分在工程中取得了实际效果，部分被列入水利科技推广目录，对水利工程安全监测实施有一定的指导意义，可以为其他行业的安全监测提供借鉴，可作为安全监测和质量检测从业者的辅读教材。

本书由参与工程实施的多类专业技术人员共同撰写，除主要作者外，南水北调中线工程建设管理局、长江空间信息技术工程有限公司(武汉)、武汉大学、中水东北勘测设计研究有限责任公司的向巍、王当强、陈安逸、马洪亮、何金平、马瑞、沈智娟、钟良、李志鹏、何军、万雷、高森、程渭炎、程曦、李名哲、喻守刚、宋韬和刘波参与了本书的撰写。

由于作者水平有限，书中疏漏在所难免，敬请读者斧正，在此表示诚挚感谢。

作　者

2021 年 8 月

英文关键词释义

英文简称	英文全称	中文全称
ADMS	Array Displacement Meter	阵列位移计
APP	Application	应用程序
BDS	BeiDou Navigation Satellite System	中国北斗卫星导航系统
BIM	Building Information Modeling	建筑信息模型
BMM	Block Maxima Method	极值分析法
CAD	CAD-Computer Aided Design	计算机辅助设计
CCD	Charge-Coupled Device	电荷耦合器
CDMA	Code Division Multiple Access	码分多址
CGCS 2000	China Geodetic Coordinate System 2000	2000国家大地坐标系
CMOS	Complementary Metal Oxide Semiconductor	互补金属氧化物半导体
DEM	Digital Elevation Model	数字高程模型
DLV	Digital Light Valve	数字光阀
DSL	Digital Subscriber Line	数字用户线路
DTM	Digital Terrain Model	数字地形模型
DVR	Digital Video Recorder	硬盘录像机
GEV	Generalized Extreme Value	广义极值分布
GIS	Geographic Information System	地理信息系统
GMES	Global Monitoring for Environment and Security	全球环境与安全监测计划, 后更名为哥白尼计划
GNSS	Global Navigation Satellite System	全球导航卫星系统
GPD	Generalized Pareto Distribution	广义帕累托分布
GPU	Graphics Processing Unit	图形处理器
GPRS	General Packet Radio Service	通用分组无线服务技术
GPS	Global Positioning System	全球定位系统
GSD	Ground Sample Distance	地面分辨率(空间分辨率, 影像成像分辨率)
IGS	The International GNSS Service	国际卫星定位服务组织
IP	Internet Protocol	网际互连协议
InSAR	Interferometric Synthetic Aperture Radar	合成孔径雷达干涉测量
IW	Interferometric Wide Swath Mode	干涉宽幅模式
LAN	Local Area Network	局域网
LD	Laser Diode	激光二极管

英文简称	英文全称	中文全称
LED	Light-Emitting Diode	发光二极管
LVDS	Low-Voltage Differential Signaling	低电压差分信号
MEMS	Micro-Electro-Mechanical System	微机电系统
MCU	Microcontroller Unit	测量控制单元
NB-IOT	Narrow Band Internet of Things	窄带物联网
PC	Personal Computer	个人计算机
PCCP	Prestressed Concrete Cylinder Pipe	预应力钢筒混凝土管
PDA	Personal Digital Assistant	掌上电脑
PLC	Programmable Logic Controller	可编程序控制器
POT	Peaks Over Threshold	峰值过阈值
PPK	Post-Processing Kinematic	动态后处理差分
PVC	Polyvinyl chloride	聚氯乙烯
RANSAC	Random Sample Consensus	随机抽样一致性算法
RTK	Real-time kinematic	实时差分定位
ROV	Remote Operated Vehicle	遥控无人潜水器
SAR	Synthetic Aperture Radar	合成孔径雷达
SIFT	Scale-Invariant Feature Transform	尺度不变特征变换
SQUID	Superconducting Quantum Interference Device	超导量子干涉器
TCP/IP	Transmission Control Protocol/Internet Protocol	传输控制协议/网际协议
TIN	Triangulated Irregular Network	不规则三角网
TOPS	Terrain Observation by Progressive Scans	循序扫描地形观测
UPS	Uninterruptible Power Supply	不间断电源
VBA	Visual Basic for Applications	Visual Basic宏语言
VPN	Virtual Private Network	虚拟专用网络
WAP	Wireless Application Protocol	无线应用协议
WGS-84	World Geodetic System-1984 Coordinate System	一种国际采用的地心坐标系，简称WGS-84坐标系
WLAN	Wireless Local Area Networks	无线局域网
WRMS	Weighted Root Mean Square	加权均方根误差
WTLS	Wireless Transport Layer Security	无线安全传输层

目 录

第1章　南水北调工程安全监测概述

1.1　南水北调中线工程概述

南水北调工程是实现我国水资源优化配置、促进经济社会可持续发展、保障和改善民生的重大战略性基础设施，同时也是一项伟大的生态环境工程。其中，南水北调中线工程是南水北调工程的重要组成部分，全长 1432km，是缓解我国黄淮海平原水资源短缺、优化配置水资源的重大战略工程，是关系到受水区河南、河北、天津、北京等北方广大省市经济社会可持续发展和子孙后代福祉的百年大计。

南水北调中线干线工程规模宏大，沟通长江、淮河、黄河和海河四大流域，地形、地质和运行条件复杂，渠道工程渠线长，建筑物种类样式多。中线输水干渠包括总干渠和天津干渠两部分，总干渠全长 1432km，其中，河南段长约 731.7km，河北段长约 464.6km，北京段长约 80km，天津干渠长约 155.5km。总干渠输水形式以明渠为主，局部布置管涵，其中，陶岔渠首至北拒马河中支南渠段采用明渠输水，北京段和天津干渠采用管涵输水方式。中线工程自 2003 年 12 月 30 日开工建设，2014 年 10 月建成通水，截至 2020 年底已通水运行 6 年多，累计调水近 400 亿 m^3。

南水北调中线干线工程建成的建筑物形式多样、数量众多，按建筑物类型分，大型河渠交叉建筑物（交叉断面以上集水面积在 $20km^2$ 以上）164 座，左岸排水建筑物（交叉断面以上集水面积小于 $20km^2$）469 座，渠渠交叉建筑物 133 座，铁路交叉建筑物 41 座，公路交叉建筑物 737 座，控制建筑物 242 座，输水隧洞 9 座，泵站 1 座，共计 1796 座。

南水北调中线干线工程地质条件复杂，沿线穿越膨胀土区、煤矿采空区、湿陷性黄土区、华北平原沉陷区等，深挖方和高填方渠段的工程稳定性问题、膨胀土和黄土类渠段的渠坡稳定问题、饱和砂土段的震动液化问题和高地震烈度段的抗震问题、通过煤矿区的压煤及采空区塌陷等问题突出；建筑物规模大、结构复杂，部分工程还采用了新技术，建筑物安全风险较高。特别是一些关键性控制建筑物，一旦破坏或失事，将严重影响工程安全运行，甚至会导致整个工程瘫痪。

南水北调中线干线工程的安全，不仅涉及工程本身的运行安全，而且涉及沿线地区的公共安全。任何一个环节如果出现问题，都会影响工程的正常运行和沿线居民的正常生活。为确保工程运行安全，预防灾害发生，需要对工程开展安全监测。

1.2　安全监测体系概述

南水北调中线干线工程规模宏大，汇集了绝大多数水工建筑物形式，例如，坝工建筑物有丹江口水库大坝加高工程、陶岔水利枢纽，大型渡槽有沙河渡槽、漕河渡槽、澧河渡槽，穿越大江大河的输水倒虹吸有穿漳倒虹吸、沙河(北)倒虹吸，长距离输水隧洞有穿黄隧洞、雾山隧洞、岗头隧洞，北京段和天津段地下 PCCP 管涵、混凝土箱涵，加压泵站有惠南庄泵站，以及众多用于控制水流的节制闸、进水闸、退水闸等；典型渠段有深挖方渠段、高填方渠段、膨胀土渠段等；典型的大范围沉陷区域有禹州和焦作煤矿采空区，华北平原地下水超采区。不同建筑物安全风险类别不同，安全关注重点和采用的监测方式也不一样，对于混凝土建筑物和土方构筑物监控指标也有不同。可以说，水工建筑物所采用的各类安全监测方式，在南水北调中线工程中基本上都有应用。

安全监测主要包括巡视检查、外观监测、内观监测，与安全密切相关的安全管理设施和质量检测的一些手段也列入常规监测管理，如电子或实物围挡、视频监视监控、裂缝和渗漏检测等。工程建设期和运行期全线渠道及各建筑物安装埋设了各类安全监测仪器设施共计 92426 个(支、套、组)，其中，表面变形测点 43194 个(含工作基点和基准点 4200 个)，内部观测仪器 49232 支(套、组)。

针对安全监测开展的新技术研究及推广应用主要包括：基于载体技术进步的，如无人机巡测；基于卫星定位技术和自动控制技术进步的，如外观监测自动化；采用卫星干涉雷达技术进行大面积范围沉降监测；基于传感器技术和物联网技术发展的，如内观监测自动化采集和传输；基于计算机系统集成技术进步的，如多种信息管理系统的开发与应用等。

1.2.1　巡视检查

按一定的周期，由技术人员对工程范围内的建筑物、总干渠渠道等开展巡查，旨在发现肉眼能识别的裂缝、错台、鼓包、塌陷、渗漏、管涌、设施损坏等一切非正常状态。巡视检查便于及时发现问题，小问题就地处理，并要详细记载；对可能产生严重后果的问题，向上一级管理部门报告，并及时采取应急措施。除日常巡视检查外，每年在河流汛前、汛后以及发生有感地震后必须做年度巡视检查。

一般巡视检查按照固定路线，由巡检人员使用铁铲、米尺、手锤、放大镜等简易工具，采取眼看、尺量、手锤敲打、耳听的简易方法进行，并随时记录在手持 APP 系统中。专门的巡视检查使用数码照相机、摄像机及各类专用设备对已发现问题的部位进行较全面的信息采集，并快速编写专项检查报告。

巡视检查以人工巡查为主，随着无人机载体和传感器技术的发展，无人机巡检技术正大力推广。目前，无人机搭载遥感设备可以实现电力线路、安全设施、大气及水污染、坝体裂缝等的自动巡检。南水北调中线干线工程选取典型渠段开展了无人机巡检试点研究工作。

1.2.2　外观监测

外观监测包括表面水平位移和垂直位移监测，主要通过测量仪器进行周期性观测以获取目标的相对或绝对位置变化。外观监测一般由基准网点和测点构成，其中，基准网点要求位于相对稳定区域，测点布设在观测目标对象区域，按一定规则布设，测点的变形用以推算面或体的变形。

外观监测使用的测量仪器主要有：GNSS、全站仪、水准仪、正倒垂、伸缩仪、激光准直仪等。其中，GNSS 结合全站仪用于平面位移监测已成为发展趋势，目前在工程实践中已经实现了全自动监测。高精度的表面垂直位移监测仍主要依靠直接水准测量实现，目前还不能实现自动观测。真空激光准直法和静力水准法用于混凝土结构表面垂直位移监测在南水北调中线干线工程中也开展了个别试点工作。

1.2.3　内观监测

内观监测主要指通过将传感器预埋在建筑物、岩体、土石构筑物内部，在运行过程中获取物理量、环境量的变化，以期达到对目标的安全监控。内观监测可以获取内部变形、错位，结构应力应变，渗流渗压，温度、水位变化，挠度变形，振动等。

内观监测预埋的传感器一般根据监测内容划分种类，主要有测斜仪、沉降计、渗压计、测缝计、应变计、钢筋计、土压力计、温度计、无应力计、压应力计、支座反力计、土体位移计、含水量计等，配套有读数采集和信号传输装置。

目前，内观仪器基本实现了自动化采集和传输，观测成果集成到信息管理平台进行处理和展示，辅助以专家决策支持系统，可以实现监测自动化和预警管理。

1.2.4　监视监控

根据需要对工程征地红线范围，一些重点、关键施工区域，泵站、闸门等运行重点部位布设高清摄像头，实时监控，辅助定期巡查，实现工程范围内全天候监控，监控数据实时上传至监控云平台，管理人员可以远程管理。

监控摄像头借助智能图像识别分析技术，能够自动识别图像中的信息，并将有效信息传递给用户，解决了对庞大的视频数据的查询、分析与预警问题。监视监控主要可以实现对人员及车辆的识别和工程区域的安全管理，以及渠道内漂浮物、蓝藻智能识别及水质监控等。

监视监控云平台统一门户入口访问，可在电脑、显示屏、平板、手机等多终端应用，视频监控管理模块结合现有 GIS+BIM 系统，完美展现了监控设备的位置分布，可直观快捷准确地查询并调取监控画面信息。

1.3　监测新技术应用

南水北调中线工程运行过程中，相关机构共同推动了一些先进监测和检测技术的研究和应用工作。如针对渠道边坡，开展了基于卫星雷达遥感技术的渠道边坡变形监测和基于无人机的高精度渠坡变形巡测系统研究；针对陶岔枢纽，推进了基于卫星定位和测量机器人的安全监测自动化集成系统；针对膨胀土渠段，研究和推广了测斜管自动化监测技术、零散渗压计自动化监测技术；为解决工程实际问题，研究推广了渗漏与裂缝检测技术和三维激光扫描形变检测技术；为提升在线安全监控和预警预报管理，开展了安全监测运行监控指标研究，并创新性地推出系列指标体系；为提高巡检效率、丰富监测手段，推出了巡检技术平台和监视监控平台等。

1. 卫星雷达遥感技术

卫星雷达遥感技术(SAR)具有大范围覆盖、高精度形变测量和低成本优势。对于南水北调中线工程长达上千公里的渠道坡面，利用卫星雷达遥感技术，结合中分辨率和高分辨率雷达数据，进行硬件设备建设、数据资源建设、软件系统和数据处理服务建设，可以实现渠道边坡变形监测，包括对渠道边坡进行普查和对某一变形渠道边坡进行精细化监测。

渠道边坡变形的隐患普查：基于雷达数据的大范围覆盖特征，利用时间序列 InSAR 技术提取某个管辖区域内渠道边坡沿线地表形变速率图，通过分析速率异常值，即不稳定区域，进行大范围潜在变形区域的普查工作，找出在工程运行期间渠道存在较大变形的区域。

渠道边坡的精细化监测：选取某一变形渠段为重点区域，提取该区域边坡的高分辨率 TerraSAR-X 雷达卫星数据，分析详细变形信息，通过融合 TerraSAR-X 升轨和哨兵 1 号(Sentinel-1)升轨数据，反演边坡三维变形。

上述两项工作分别涉及时间序列 InSAR 技术和三维形变反演技术，使用 InSAR 技术对某区段渠道进行全面普查，并针对常规监测中两处发生形变的渠道边坡，采用 InSAR 结果与地面水准测量结果进行了详细比对。结果比对分析表明，InSAR 技术能够精确地测量渠道边坡的形变信息，给出清晰的变形空间分布格局，而且具有较高的空间分辨率和空间覆盖。

2. 无人机遥感变形巡测技术

对于南水北调长达上千公里的渠道坡面，采用传统变形监测方法人员投入大、观测周期长，并且成本非常高。研发基于无人机的高精度渠坡变形巡测系统，可以实现大型线性工程渠道坡面低成本、高精度、高效率的变形监测。

无人机变形巡测技术集成无人机和工业摄影测量技术，既能体现移动摄影测量的低成本、高效性和灵活性，又具有较高的测量精度。

基本操控方案为：无人机安置在起降平台，飞行检查完毕后，点击一键起飞，无人机便按照规划的航线进行自主飞行，并在飞行过程中控制工业相机拍照，任务结束后自动降落到起飞点，完成图像的自动化采集。影像采集完成后，可通过一系列图像算法处理后得到渠坡毫米级精度的三维变形量。

3. 基于 GNSS 和测量机器人的外观监测自动化技术

全球卫星导航系统具备全天候连续提供全球高精度导航的能力，除了能满足运动载体高精度导航的需要外，还能服务于高精度大地测量、精密授时、交通运输管理、气象观测、载体姿态测量、国土安全防卫等多个领域。GNSS 加无线通信、变形监控软件、数据库管理软件、变形分析软件构成自动监测系统，可用于滑坡、大坝、大桥、高层建筑物变形监测。基于 GNSS 的自动化监测方法，是利用 GNSS 信号接收元件，采取差分观测的方法接收 GNSS 定位信息，并将采集到的数据传输给主控站计算机。进而利用特定的解算软件，进行滤波解算，对解算后的数据进行显示及与阈值对比评估，并反馈于预警系统，预警系统做出自动化响应，达到实时监测、自动预警的效果。

测量机器人是一种能代替人进行自动搜索、跟踪、辨识和精确照准目标并获取角度、距离、三维坐标以及影像等信息的智能型电子全站仪。它是现代多项高技术集成应用于测量仪器制造领域的最杰出代表，测量机器人通过 CCD 影像传感器和其他传感器对现实测量世界中的"目标"进行识别，迅速做出分析、判断与推理，实现自我控制，并自动完成照准、读数等操作，以完全代替人的手工操作。我们通过将测量机器人与能够制订测量计划、控制测量过程、进行测量数据处理与分析的自动化监测软件系统相结合，完全可以达到对南水北调渠道外观进行全自动化监测的目的。

4. 真空激光准直系统

大坝变形监测常采用激光照准法、波带板激光衍射准直法和真空激光准直法等大气激光法，大气激光法具备精度高、观测效率高、自动化程度高等特点，其中，真空激光准直法能有效避免大气折光影响，在长距离中应用优势明显。

真空激光准直系统集成波带板真空激光准直装置和一套真空管道，使激光束在真空中传输，以消除大气折光差对测量精度的影响，可同时测量水平位移与垂直位移。真空激光准直变形监测系统，是把三点法激光准直系统和一套适合大坝变形观测特点的软连接动态真空管道系统合理地结合起来的新系统。

5. 测斜管自动化技术

南水北调中线干线工程部分渠道设置有深孔(孔深大于 50m)测斜管，深孔测斜管人工观测费时费力，因此改造安装了柔性测斜仪，通过柔性测斜仪内置的伺服加速度传感器和 MEMS 传感器进行自动化位移监测。柔性测斜仪通过不锈钢管与滑轮组件连接后，安装在带导槽的标准测斜管中与测斜管同步移动，实现结构倾斜、内部水平位移的自动化监测。

柔性测斜仪监测系统由柔性测斜仪、数据采集层、数据传输层、监测预警云平台组成，柔性测斜仪实现对深层形变位移、表面形变位移、倾斜角度等要素进行实时监测，通过有线或无线的方式将监测数据实时传送至监测预警云平台来处理、分析、存储、展示和发布数据，并对危险区域提前预警，可通过系统主页、手机短信、邮件等多元化预警提醒，实现系统互联互动。

柔性测斜仪监测系统运行后，采集器根据系统预设的采集频率对柔性测斜仪发送采集命令，柔性测斜仪收到采集器上传数据命令后，将当前时刻每节柔性测斜仪的原始重力加速度数据(485 信号)传输到记录器(并实时备份保存到存储器，防止数据丢失)，转换器把 485 信号转换成 232 串口电平信号，然后通过 4G 网络通信模块把数据实时传输到云平台或自建服务器，用户通过登录云平台或自建服务器系统查看、管理数据。数据显示直观化，对采集到的数据按原理公式计算出物理量，按测点、时间排序显示采集到的数据，将采集到的数据及时绘制成便于观察的数据图线。系统具有全自动、实时、连续、高可靠性；性能佳，精度高、稳定性好、量程大；功能全，可同时获得测点的 X、Y、Z 三维位移量等优势且具有多种形式的报警功能，可实现手机短信、邮件等方式的预警。

6. 零散渗压计自动化技术

南水北调中线干线工程有部分渗压计布设于渠道左右两岸较为分散，人工观测极为不便，且无法集中接入自动化测站，安全监测自动化系统设计和集成时未将该部分仪器接入。工程运行期间，管理单位利用基于超低功耗窄带物联网技术的智能采集终端将该部分渗压计进行自动化改造，接入了安全监测自动化系统中。

超低功耗窄带物联网技术的智能采集终端设备选用分布式数据采集网络的节点装置，它具有自动量测和无线通信功能，能耗较低，可采用多种通信方式组网，便于系统组成和扩展，能接入各种类型的传感器。

自动化采集系统由监测传感器、数据采集、数据传输、监测云平台或监控中心四个核心单元组成。渗压计自动化系统采用监测云平台进行数据管理和分析，云平台具有监测数据实时获取、云端综合处理、多样化图表展示、专业相关性分析、预警报警、报表统计上报等功能，可同时管理多项目多设备，提供安全可靠、实时全面、及时有效的信息服务。

7. 渠道水下渗漏检测技术

南水北调中线干线主要采用明渠输水，渠道底板和边坡主要材质为混凝土，极少数地段铺设钢筋网，结构强度较输水隧洞、倒虹吸、箱涵等弱，受各种因素影响，可能出现渗漏、破碎、错台、坍塌等，给引水工程带来运行风险。为防范此类工程隐患，避免重大损失，需要对输水渠道隐蔽部分进行定期检测。引水工程运行期间，停水检修的困难大、频率低，输水渠道的健康状况不易及时掌握。因此，研究一套安全、高效的水下测量或者探测方式，寻求渠道缺陷探测的方法，对于工程的运营安全至关重要。

在相关检测方法中，多波束声呐测量采用无人船搭载多波束测量系统的方式，数据采集效率较高，对于渠道的水下地形测量较为适用，但该方式对缺陷的探测能力不强。无人船拖拽侧扫声呐的测量效率比多波束测量更高，侧扫声呐对渠道缺陷的探测能力相对也较强，但是定位精度相对偏低。水下三维激光测量缺陷探测精度很高，可达到 1cm 甚至更高，但是测量效率很低，并不适合大面积作业。高性能的代理缓存服务器磁梯度设备具备探测物体磁梯度信号的能力，但目前仅在实验室环境下测试，在工程应用的可行性还需进一步研究探索。基于多传感器检测集成技术，通过采用 ROV 平台，模块化功能配置，搭载图像声呐设备进行水下声呐影像获取，搭载惯性导航和 DLV 组合惯导系统保证水下的精准定位，加配带云台的高清摄像头实现真实影像的同步采集，通过多种数据的融合，可实现精准高效的水下渗漏检测。

8. 近景及全景摄影测量检测技术

传统的隧洞表面缺陷普查方式主要通过人工进行观察，普查效果不准确、不全面，而且需要耗费较大的人力。目前输水隧洞检测技术倾向于无损化和半无损化方向发展，由传统的人工普查方式逐步向红外热像仪、近景摄影测量、三维激光扫描仪、探地雷达等高科技数字化检测方向发展。近景及全景摄影检测技术通过数码相机对隧洞内部进行拍照，获取不同时期的影像，对隧洞高清影像进行处理，提取有用信息，经过对比可获取形变量等。近景摄影测量技术作为新兴的测绘技术，具有不与目标地物接触、效率高、获取数据量大等特点，已经广泛应用于空间信息采集、古建筑和古文物修复、工程安全检测等领域。将近景摄影测量技术应用于隧道的变形监测中，不仅可以实现隧道的三维建模及空间重构，还可以提高隧道内部监测点的测量精度。

利用集成近景及全景摄影硬件设备，实现隧洞序列影像获取，通过对影像进行处理，自动、半自动提取隧洞缺陷信息，可实现隧洞检测的数字化、智能化。

9. 三维激光扫描形变检测技术

三维激光扫描技术是继 GNSS 技术之后发展起来的一门新兴的测绘科学技术，是测绘领域的又一次技术革命，它能够高精度地快速获取扫描数据，并能够完整地对扫描物体进行建模，又被称为"实景复制技术"，该技术给我们解决形变检测问题带来了新的思路。

三维激光扫描仪能以点云的方式高效地获取几乎整个观测目标表面的空间信息，可较好地观测出目标的整体空间姿态，通过多期扫描数据的对比，分析出观测目标的整体变形。三维激光扫描无须设置反射棱镜，与全站仪测量方式相比，在人员难以企及的危险地段优势明显；三维激光扫描技术突破了测量机器人系统的单点测量方式，以高密度、高分辨率获取物体的海量点云数据，对目标描述更细致。与近景摄影测量技术相比，三维激光扫描测量对环境光线、温度都要求较低，并且数据后处理的自动化程度更高，相对于数字图像处理技术只能检测隧道单个方向上的位移变化量，三维激光扫描测量能同时检测隧道各个方向的位移变化量，形变检测信息更全面。此外，三维激光扫描测量的作业平台更多样化。除地面三维激光扫描方式外，车载或机载三维激光扫描也是可行的形变检测方法。多样化的三维点云采集手段能进一步提高工程检测的效率。

10. 安全监测运行监控指标

监测效应量主要采用给定的设计参考值或设计预警值进行安全监控，但这种安全监控方法存在不足。工程运行到一定阶段时，具备总结和提升更科学实用的监控指标的条件。监控指标是对建筑物的荷载或效应量所规定的安全界限值，可为工程安全运行提供一种科学判据，帮助工程管理者识别工程所处的安全状态，及时发现工程潜在的不安全迹象，从而采取必要的措施以防患于未然。

监控指标研究基于工程运行特点、工程病害演化规律和失稳破坏机理，以安全监测资料为基础，在综合考虑结构特点、地质条件和运行要求的条件下，确定重点监控对象、重点监控项目和关键监控测点；依据工程从安全状态向病害状态乃至危险状态发生异变的机理，构建具有不同预警意义的安全监控指标等级划分体系；建立基于监测模型、概率论原理以及结构分析等方法的单测点数值型安全监控指标和基于多源效应量内在逻辑关系的多指标准则型安全评判模型。

新提出的监控指标体系对于实施工程在线安全监控和预警预报、保障工程安全和公共安全都具有极其重要的意义。

11. 巡检与监控技术

移动巡检充分运用移动通信、地理信息、卫星定位、二维码、移动终端等信息技术和设备,实现在移动过程中完成巡检任务,记录、留存巡检详细信息,供后续计算机存储、查询、统计、分析、可视化与挖掘使用。它使巡检作业过程和业务处理摆脱了时间和场所局限,随时随地可与业务平台沟通,有效提高巡检效率,提升巡检作业水平。现代无人机具备高空、远距离、快速、自行作业的能力,基于无人机开展南水北调工程巡检工作,可以根据巡检要求开展高空间、大面积的巡检工作,也可以实现低空间较小范围的精确监测,可以很好地代替人工巡检,避免巡检漏洞,提高了巡检质量和效率。

视频监控系统将不仅仅局限于被动地提供视频画面,也还有相应的智能功能,能够识别不同的物体,发现监控画面中的异常情况,以最快和最佳的方式发出警报并提供有用信息,最大限度地降低误报和漏报现象。随着视频监控精度的逐步提升,监控画面将具备更好的可量测精度,可以实现局部结构的高精度监测。

巡检及监控技术手段的综合应用不仅可有效保障工程本身的运行安全,而且对涉及的沿线地区的公共安全也有较好的促进作用,是工程监测手段多样化、数字化、智能化的重要方向。

第 2 章　南水北调中线工程常规监测内容

安全监测的工作原理是将建筑物对荷载和环境量变化固有的响应量化为位移、应力应变、渗漏量等物理量的变化，通过安装埋设或采用特定的监测仪器设备捕捉这些变化信息，与工程设计中的理论分析计算值或根据监测资料综合分析得到的监控指标值进行对比，评估和判断建筑物当前的工作状态，从而达到监控安全的目的。

2.1　常规监测方式

2.1.1　巡视检查

施工期和运行期均由熟悉工程并具有实践经验的工程技术人员对各建筑物进行巡视检查。巡视检查便于及时发现问题，小问题就地处理，并要详细记载。对可能产生严重后果的问题，要向上一级管理部门报告，并及时采取应急措施。

不同于水库大坝，南水北调工程作为引调水工程，其巡视检查的范围除工程实体(包括建筑物、金结、机电设备、供电、消防设施等)外，还要对工程运行环境(如外部影响、保护范围、穿跨越临接工程、弃渣场等)、水质污染等开展相应的巡查。

1. 检查频次

施工期检查一般每月 2～4 次，运行初期巡检一般每星期 3～5 次，工程移交后正常运行期可逐步减少次数，但每星期不宜少于 1 次。每年在河流汛前、汛后以及发生有感地震后必须做巡视检查。

2. 检查设备

一般的巡视检查可使用铁铲、米尺、手锤、放大镜、量杯等简易工具，采取眼看、尺量、手锤敲打、耳听的简易方法进行，并随时记录。专门的巡视检查可用数码照相机、摄像机及各类专用设备(如无人机)对已发现问题的部位进行较全面的信息采集，并快速编写专项检查报告。

3. 渠道工程巡查内容及要求

1)渠道内坡巡查内容

(1)衬砌板裂缝、隆起、滑塌等其他损坏；衬砌板伸缩缝部位长有杂草、异物；

衬砌板聚硫密封胶、聚脲等开裂、脱落；衬砌封顶板与路缘石(防浪墙)间嵌缝不饱满、开裂、脱落。

(2)逆止阀阻塞、损坏。

(3)防洪堤坍塌、溃口。

(4)挖方渠道一级马道以上边坡，坡面裂缝、沉陷、滑塌、孔洞(兽洞、蚁穴等)、洇湿、渗水、冒水、冲刷；截流沟、排水沟淤堵、破损等；坡脚隆起、开裂、积水、浸泡。

(5)边坡加固结构(坡面梁、抗滑桩等)变形或失效。

2)渠道外坡巡查内容

(1)填方渠道外坡面，坡面裂缝、沉陷、滑塌、孔洞(兽洞、蚁穴等)、洇湿、渗水、冒水、冲刷；坡脚隆起、开裂、积水、浸泡。

(2)边坡加固结构(坡面梁、抗滑桩等)变形或失效。

(3)排水管、排水沟或截流沟淤堵、破损、排水不畅。

(4)反滤体坍塌、土体流失。

(5)穿渠建筑物与填土接触面土体冲刷、流失破坏。

3)渠道工程巡查要求

(1)填方渠道尤其是高填方、全填方渠段必须沿外坡坡脚线步行观察，有马道的还应沿马道步行观察，要确保目视能发现和掌握坡面及坡脚的全部情况。

(2)深挖方渠段尤其是膨胀土换填渠段要步行到坡顶检查截流沟及地面裂缝等情况，对坡面的观察可使用望远镜辅助。

(3)填方渠道和挖方渠道的内外边坡坡面要确保目视视野良好，有杂草、树木等障碍物影响巡查的要及时清除。

4. 输水建筑物巡查内容及要求

1)进、出口段及裹头巡查内容及要求

(1)进、出口段及裹头巡查内容。

①翼墙不均匀沉降、错台、止水拉裂、填土沉陷、滑塌、倾斜、混凝土破损、渗水，翼墙密封胶开裂、脱落。

②闸室及连接段沉降、变形；闸墩倾斜、位移、沉降。

③外坡存在纵向裂缝、滑塌、变形或沉陷、塌坑、洞穴；是否存在雨淋沟。

④裹头坡面渗水，排水管、排水沟等堵塞、损坏；裹头坡面及护坡存在雨淋沟、沉陷、塌坑、洞穴等。

⑤周边河岸防护设施损坏。

⑥拦冰索损坏，进出口出现冰塞、冰坝。

(2)进、出口段及裹头巡查要求。

①裹头坡面及外坡按填方渠道外坡的检查要求检查坡面和坡脚。

②当可步行时，要步行检查，条件不具备时可使用望远镜或目视检查。

2)输水渡槽巡查内容及要求

(1)输水渡槽巡查内容。

①槽身裂缝、洇湿、渗水、沉降、变形、保温材料破损；结构缝渗漏、密封胶条开裂、脱落；槽内结构缝表面及其他部位聚脲等防渗材料开裂、脱落；混凝土表面剥落、破损；槽身顶部联系梁存在裂缝、掉角等；槽身顶部防护栏局部锈蚀、破损。

②下部结构承台、墩柱、盖梁混凝土裂缝、损坏、露筋；支座变形、损坏；墩柱周边回填土沉陷或空洞。

③电缆沟槽盖板缺失、破损，或沟内有积水。

(2)输水渡槽巡查要求。

①沿渡槽顶部左右侧人行道步行检查渡槽情况和水流情况。

②渡槽下河道无水时要到渡槽下面逐一检查墩柱和槽身外侧、底部，条件不具备时可使用望远镜或目视检查。

3)输水倒虹吸、暗涵、PCCP管巡查内容及要求

(1)输水倒虹吸、暗涵、PCCP管巡查内容。

①管(涵)段顶部堆积渣土、石堆等；管(涵)段顶部、两侧防护设施裸露、沉陷、损坏、冲毁；地面沉陷、渗水。

②管(涵)身段或结构缝渗水；相邻管(涵)节移动、错位。

③保水堰、通气孔、检修孔、排水孔混凝土裂缝、剥蚀、损坏，周边地面塌陷，园区围墙或隔离网破损。

(2)输水倒虹吸、暗涵、PCCP管巡查要求。

当可步行时，要步行检查倒虹吸、暗涵、PCCP管管身段顶部情况，条件不具备时可使用望远镜或目视检查。

4)隧洞巡查内容及要求

(1)隧洞巡查内容。

进出口边坡垮塌，支护混凝土松动、脱落。

(2)隧洞巡查要求。

用望远镜检查隧洞进出口边坡及支护混凝土脱落等情况。

5)闸站、泵站、电站等管理用房巡查内容及要求

(1)闸站、泵站、电站等管理用房巡查内容。

①建筑物及厂区地面裂缝、沉陷、积水；建筑物结构损坏、不均匀沉降。

②建筑物墙体裂缝、损坏，施工孔洞(门、窗框周边)封堵不密实。

③水位尺、闸门开度尺损坏；场区排水系统淤堵、破损、排水不畅；闸门锁定装置基础损坏；扶梯、栏杆、门窗、盖板、照明等附属设施存在破损、缺失等。

(2)闸站、泵站、电站等管理用房巡查要求。

巡查人员在室外进行巡查。

6)分水闸、退水闸巡查内容及要求

(1)分水闸、退水闸巡查内容。

①闸室或进口段周边基础出现沉陷、裂缝。

②闸墩或挡土墙倾斜、位移、沉降。

③混凝土裂缝、表面剥落、破损。

④分水口、退水闸闸后翼墙、底板、渠底等洇湿、渗水、冒水，渠道内水溢出闸顶。

⑤分水渠、退水渠护砌工程沉陷、坍塌。

(2)分水闸、退水闸巡查要求。

具备条件的要步行检查，条件不具备时，可采用望远镜或目视观察，不得进入警戒区。

5. 交叉建筑物巡查内容及要求

1)下穿渠建筑物巡查内容及要求

(1)下穿渠建筑物巡查内容。

①建筑物过流通道淤堵、过水不畅。

②进出口翼墙裂缝、倾斜，翼墙平台沉陷，边坡滑塌；进出口平台沉陷、开裂。

③进出口周边及上下游 50 米范围内的渠道外坡洇湿、渗水、冒水、裂缝、沉陷、滑塌。

④进出口底板及翼墙墙体洇湿、渗水、冒水。

⑤进出口与渠堤衔接部位出现冲刷掏空、塌陷。

⑥管身混凝土或结构缝洇湿、渗水、冒水，管身不均匀沉降、混凝土裂缝；管身段附近回填土塌陷。

(2)下穿渠建筑物巡查要求。

①要步行到渠道坡脚、建筑物翼墙平台等部位近距离检查进出口情况。

②条件具备的要进入管身内部检查。

2)左岸排水渡槽巡查内容及要求

(1)左岸排水渡槽巡查内容。

①进出口过流通道堵塞、淤堵、过流不畅；进出口连接部位边坡、平台塌陷。

②槽内水流或积水是否溢出或有溢出风险。

③渡槽附近渠道边坡截排水设施及边坡冲刷情况。

④槽身及结构缝洇湿、渗水、冒水。

⑤槽身混凝土裂缝、表面剥落、破损。

(2)左岸排水渡槽巡查要求。

①步行到渠坡上，目视检查渡槽进出口情况，条件具备的要进入槽身内部检查。

②目视或用望远镜检查渡槽墩柱、支座及槽身外部情况。

6. 大坝巡查内容及要求

1)大坝巡查内容

(1)坝体混凝土结构破损、侵蚀、露筋等情况。

(2)坝体裂缝、滑坡、塌陷、积水等损坏情况。

(3)大坝结合部位有错动、开裂、脱离及渗水等现象。

(4)排水设施破坏或排水不畅，导渗设施渗水骤增、骤减和浑浊等。

(5)附属建筑物倾斜、水平位移、垂直位移；拦河坝及近坝库岸等出现其他缺陷。

2)大坝巡查要求

具备条件的要步行检查，条件不具备时，可采用望远镜或目视观察，不得进入警戒区，不得触碰设备，日常巡查不得进入危险区域。

7. 交通设施巡查内容及要求

1)运行道路巡查内容及要求

(1)运行道路巡查内容。

①运行道路沉陷、破损、不平整、积水、滋生杂草。

②路面裂缝、沉陷、破损，路缘石、界桩、界碑等标识损坏。

③运行道路排水沟(管)损坏、淤堵。

(2)运行道路巡查要求。

具备条件的要步行检查，条件不具备时，可采用望远镜或目视观察。

2)交通桥涵巡查内容及要求

(1)交通桥涵巡查内容。

①跨渠桥梁未将桥面积水引至渠堤以外。

②跨渠桥梁伸缩缝损坏、失效。

③跨渠桥梁防抛网破损、封闭不严。

④工程管理范围内桥梁下部结构混凝土表面剥落、破损、不均匀沉降、坍塌等。

⑤交通涵洞主体发生水平位移、垂直位移、坍塌等；交通涵洞翼墙发生水平位移。

（2）交通桥涵巡查要求。

①步行到渠道坡顶，目视检查桥头及桥面情况和附近坡顶截、排水设施情况。

②目视或用望远镜检查墩柱、墩柱周边渠道混凝土衬砌板、支座及梁体情况。

8．其他设备设施巡查内容及要求

1）闸门巡查内容及要求

（1）闸门巡查内容。

①闸门水封破损、对接处开裂、紧固螺栓松动或缺失。

②闸门止水装置密封不紧密，能明显观察到流水或连续性滴水。

③闸门门槽和导轨的锈蚀、破损。

（2）闸门巡查要求。

巡查人员在室外进行巡查。

2）供电系统、消防设备、安全监测设施、附属设备巡查内容及要求

（1）供电系统、消防设备、安全监测设施、附属设备巡查内容。

①电杆、电塔等变形、破损、倾斜、倒塌；电线断裂、脱落、碰到树木或其他建筑物等；高压线杆上有鸟窝或其他杂物。

②安全监测设施或消防器材损坏、失效、被盗、缺失；安全监测保护设施损坏或缺失。

③渠道、建筑物及闸站（泵站）防护围栏或围网缺失、破损、锈蚀、松动。

④人手井、电缆井井盖破损、丢失，沟、井积水。

⑤室外设备变形、损坏，冒烟、起火、漏油、漏液等异常现象。

（2）供电系统、消防设备、安全监测设施、附属设备巡查要求。

具备条件的要步行检查，条件不具备时，可采用望远镜或目视观察，不得进入警戒区和室内，不得触碰设备。

9．环境安全设施巡查内容及要求

1）安全设施巡查内容

（1）渠道隔离网、桥梁防护网、建筑物及闸站防护围栏、进场大门损坏、倒塌、丢失、未上锁。

（2）场内照明设施、标识牌、警示牌及限速、限高、限宽等设施。

2）外部影响巡查内容

（1）征地红线（隔离网）内的工程永久用地、防护林带是否被侵占，是否倾倒垃圾、堆土。

(2) 是否有车辆坠入渠道中，人员溺亡情况。

(3) 是否存在无关人员进入隔离网，存在钓鱼、游泳、洗衣、私自取水、盗水等情况。

3) 水流状态、水质污染巡查内容

(1) 水流、水位状态异常，冰塞、冰坝。

(2) 是否存在外部污水、外部化学物品及工业原料等进入渠道现象。

(3) 是否存在向渠道内投毒或(和)抛弃杂物等现象。

(4) 水面有杂草、垃圾等漂浮物，水面或水下有动物尸体等易腐烂物质。

(5) 大面积水体颜色异常、浑浊。

4) 工程保护范围巡查内容

(1) 是否存在影响工程运行、危害工程安全和供水安全的爆破、打井、采矿、取土、采石、采砂、钻探、建房、建坟、挖塘、挖沟等行为。

(2) 是否存在行洪障碍物。

(3) 是否存在违规堆土、堆物等情况。

(4) 是否存在违规堆放垃圾、排放污水等情况。

(5) 是否存在工程保护范围安全警示标志损坏情况。

(6) 其他影响工程安全、水质安全及运行安全的行为。

5) 永久弃渣场巡查内容

(1) 是否存在非法侵占、取渣、弃渣等现象。

(2) 是否存在水保、环保工程设施或措施损坏现象。

6) 穿跨临接项目巡查内容

(1) 是否存在其他工程未经许可穿跨邻接总干渠施工现象。

(2) 穿越项目是否存在沉降、塌陷、渗水、冒水(其他液体)等现象。

(3) 跨越项目是否存在裂缝、渗漏等现象。

(4) 邻接项目是否存在非法扩建、占压、堆放等现象。

7) 其他巡查内容

(1) 火灾，环境卫生脏、乱、差，杂草丛生等现象。

(2) 巡查人员认为可能影响工程运行和安全的其他问题(视情况复核等)。

8) 环境安全巡查要求

具备条件的要步行检查，条件不具备时，可采用望远镜、无人机或目视观察，不得进入危险区域巡查。

10. 问题分类分级

工程巡查中发现的常见问题，可根据其危害程度分为"一般""较重""严重"三个等级。

1）一般问题

是指在工程巡查中发现的不影响工程正常运行、不危害工程安全和供水安全，无须专项制定处理方案，可立即处理或择机处理的问题。

2）较重问题

是指在工程巡查中发现的暂不影响工程正常运行、暂不危害工程安全和供水安全，但需密切关注发展趋势、专项制定处理方案的问题。

3）严重问题

是指在工程巡查中发现的影响或可能影响工程正常运行、危害或可能危害工程安全和供水安全，需进行专项评估、专项制定处理方案并尽快或紧急处理的问题。

2.1.2　仪器监测

1. 安全监测项目分类

南水北调工程的安全监测设计主要参考《土石坝安全监测技术规范》《混凝土坝安全监测技术规范》和各类建筑物设计规范，如《水工隧洞设计规范》《堤防工程设计规范》《碾压式土石坝设计规范》等。安全监测项目的设置主要根据工程等级、规模、结构形式以及地形、地质条件和地理环境等因素决定，主要可归纳为以下5类。

（1）工作条件监测：也称环境量监测，主要包括水位、水温、气温、降雨量、淤积、冲刷、冰冻等。

（2）变形监测：主要包括水平位移、垂直位移、倾斜、接缝和裂缝开合度、边坡变形等。

（3）渗流监测：主要包括渗透压力（如渠底扬压力、渠堤浸润线等）、渗流量、水质（渗水透明度及化学分析）等。

（4）应力监测：也称应力应变及温度监测，主要包括混凝土应力应变、钢筋应力、钢板应力、混凝土温度、土压力、预应力锚索（杆）荷载等。

（5）专门监测：也称专项监测，主要包括变形监测网、膨胀土（岩）特性监测、动力监测（结构振动、地震反应等）、水力学等。

2. 各类建筑物的安全监测项目

（1）渠道工程。

根据不同渠段各类地质条件、结构形式、变形特点和破坏方式的不同，有针对性地选取了不同监测项目,具体如下。

①深挖方渠段:主要监测渠坡的水平位移、表面沉降、深部滑移、地下水位、土体含水量、土体位移等。

②高填方渠段:主要监测填土的表面沉降、深层沉降、渗压变化等。

③中强膨胀土渠段:主要监测渠坡的水平位移、表面沉降、滑动变形、渗透压力、土体含水量、土体位移等。

④高地下水渠段:主要监测渠坡的表面沉降、深部滑移、渗透压力等。

⑤软土(岩)渠段:主要监测渠坡的表面沉降、深部沉降、深部滑移、渗透压力等。

⑥在渠道与建筑物结合部位进行水位监测。

(2)建筑物。

重点监测的建筑物类型包含梁式渡槽、涵洞式渡槽、渠道倒虹吸、排洪渡槽、排洪涵洞、河道倒虹吸、大型跨渠公路桥等不同形式。除穿黄工程因规模巨大,监测项目和测点布置比较特殊外,同一类型的河渠交叉建筑物,其监测项目与测点布置均基本类似,各类型建筑物的主要监测项目如下。

①梁式渡槽。

监测项目主要包括:典型槽段的承载桩应力、承台支座反力、槽体钢筋应力、槽体砼应力、槽体挠度、槽身水平变形等;进出口闸的表面沉降、基础沉降、闸墙倾斜、钢筋应力、混凝土应力、温度分布、外围土压力、外围水压力,以及进出口连接段的表面沉降等。

②排洪渡槽。

监测项目主要包括:典型承载桩的顶部荷载、典型大梁的表面变形和应力分布、进出口段的表面沉降变形等。

③涵洞式渡槽。

监测项目主要包括:渡槽垂直位移和倾斜、槽身结构变形、渡槽底板的变形、渡槽和箱涵应力应变、渡槽温度、渡槽渗流及地基反力、进出口闸的表面沉降、基础沉降、闸墙倾斜、钢筋应力、混凝土应力、温度分布、外围土压力、外围水压力、水位监测等。

④排洪涵洞。

监测项目主要包括:进出口翼墙沉降和倾斜、涵管的沉降和外水压力、交叉干渠的表面沉降等。

⑤河道倒虹吸。

监测项目主要包括:涵管的表面沉降、基础沉降、外围土压力、外围水压力、混凝土应力、钢筋应力;进出口翼墙的表面沉降、倾斜变形;交叉干渠的表面沉降等。

⑥渠道倒虹吸。

监测项目主要包括：倒虹吸管垂直位移监测、基础沉降、外围土压力、外围水压力、混凝土应力、钢筋应力；进出口翼墙的表面沉降、倾斜变形、水位监测等。

⑦穿黄工程。

监测项目主要包括：南北岸建筑物、进出口边坡、进出口建筑物和南北岸竖井的变形、渗流和地下水位；邙山隧洞和过黄河隧洞的变形、渗流、渗漏量，接缝监测、应力应变和锚固力监测、进出口水位监测等。

⑧北京段 PCCP 压力输水管道。

监测项目主要包括：典型管段的椭圆度变形、地基沉降、钢筋应力、砼应力、管道覆土压力、外水压力、内水压力等。

⑨天津干线压力输水箱涵。

监测项目主要包括：典型管段的地基沉降、钢筋应力、砼应力、箱涵覆土压力、外水压力、内水压力等。

⑩大型跨渠公路桥。

监测项目包括：变形监测、应力应变监测、重点监测桥身段的挠度变形和主体结构关键部位受力情况等，并辅以必要的振动监测。

2.1.3　专项监测

1. 安全监测基准网

南水北调中线干线工程安全监测基准分阶段建立。2003 年京石段应急供水工程陆续开工，当时尚未建立全线统一的平面和高程基准，北京段坐标系统采用 63 北京地方坐标系，为三等网，河北段坐标系统采用 1954 年北京坐标系 3°带、1985 国家高程基准，为二等网。在两省市交界处，平面坐标及高程均存在较大差异。部分建筑物在建设时开展了安全监测，起算基准采用各自建立的施工控制网成果，如穿黄工程在开工初期即开展了多种形式的安全监测。2004 年底，南水北调中线干线工程施工测量控制网建立，自此安全监测基准基本上以施工测量控制网成果作为起算依据。

运行期安全监测基准网于 2017 年底建成，主要在原施工测量控制网及已有工作基点的基础上提升和优化了以下功能：

①建立了统一的安全监测基准网，在精度、稳定性和成果的时效性上真正满足监测需求；

②通过复测，实现定期对监测设施检查、校正和鉴定，保障了监测成果质量；

③优化了原有各等级监测基点，大大减少了监测基准复测工程量。

安全监测基准网分为水平位移基准网和垂直位移基准网。

水平位移监测坐标系统采用独立坐标系,挂靠 1954 年北京坐标系 1° 分带坐标,投影至建筑物平均高程面,按 B 级 GPS 网精度测量,水平位移监测位移量允许中误差±3mm。独立坐标系保证了新基准与建设阶段施工坐标系一致,同时提高了水平基准的精度,避免投影变形的影响。

垂直位移基准网采用 1985 国家高程基准,按一等水准要求测设,与施工测量控制网以及建设期监测基准系统保持一致。考虑到监测基准网与大地水准网的不同,基准网约每 40km 选取一个稳定点作为固定点,避免长线水准误差造成基准成果波动太大。

安全监测基准网提升了分阶段建设基准的系统功能,主要表现在以下方面。

①安全监测基准网功能得到了提升,同时平面和高程精度也提升了一个等级,基准网布置更趋合理。

②有利于区域沉降鉴别和显现。南水北调中线存在区域沉降的地区主要在天津段以及焦作煤矿采空区,如天津段局部区域的输水 PCCP 管和监测基准点均随地基下沉,这种沉降量并不能被日常监测到。基准网周期复测可以修正基准值,修正后的监测成果能显现区域沉降趋势和量级,也能显现局部建筑物形变。

③消除了相邻建筑物间监测体系差。相邻建筑物间监测体系差主要由启动不同安全监测基准以及采用不同期初始基准值造成的。

2. 膨胀土(岩)特性监测

南水北调中线工程总干渠中约 387km 的渠道穿越膨胀土(岩)地区。膨胀土(岩)因其特殊的工程特性,具有吸水膨胀、失水收缩和反复胀缩变形等特征,易造成渠坡失稳,对工程的安全运行影响很大。为此在新乡潞王坟膨胀岩试验段和南阳膨胀土试验段工程中,设计布设了膨胀土特性监测项目,主要包括渠坡膨胀土(岩)含水率、基质吸力。除此之外,辅以表面水平位移、孔隙水压力、土压力和气象(包括蒸发皿、雨量计、温度计、湿度计、风速、风向等)等监测项目,为研究膨胀土(岩)地段渠坡变形破坏机理及其有效处理设计提供基础资料和依据。

3. 地震反应监测

南水北调东线一期和中线一期主体工程全长近 3000 公里。线路所经大部分地区都属地震烈度在Ⅶ度以上的较强地震区。因此南水北调工程对于抗震设计要求较高。凡是位于基本地震烈度Ⅶ度、Ⅷ度区内的,都按照《水工建筑物抗震设计标准》的要求,按照《中国地震动参数区划图》的规定,设计地震动峰值加速度,进行抗震校核和采取相应抗震措施。例如,丹江口大坝加高和穿越黄河隧洞等重要工程,都由地震部门详细勘察工程场地地质条件后,进行专业的地震危险分析,确定设防等级。

丹江口大坝坝址区位于我国华南地震区江汉地震带内,地震活动相对较弱。历史地震对坝址的最大影响烈度为Ⅴ度，不存在发生 6 级以上地震的构造条件，但不排除发生 5 级地震的可能性。前期蓄水过程中地震监测研究表明，丹库的地震活动水平比蓄水前有显著提高，具有较明显的水库诱发地震特征。为全面监测丹江口水库大坝加高后，蓄水可能诱发的水库地震对大坝造成的影响，根据大坝的结构情况，在坝后发电厂建筑物所在地附近的 7 号和 44 号坝段设置 5 个强震监测点，分别位于高程 105m 基础廊道、高程 110m 基础廊道、高程 130m 监测廊道和高程 170m 监测廊道；在位于大坝中部的 17、18 号溢流坝段分别布置 3 个和 2 个强震监测点；在升船机坝段 186m 高程处布置 1 个监测点；在左右岸土石坝及坝肩结合处布置 3 个监测点。自由场测点布置在大坝下游，距大坝的距离约为大坝高度 1～2 倍且有基岩出露的位置。

穿黄工程在隧洞出口建筑物布设有强震监测项目，布置 1 台强震仪，安装时先根据强震仪尺寸浇筑 30cm 高的混凝土台，台内设 4 根钢筋，待混凝土台终凝后再按厂家要求固定强震仪及其保护装置。

4. 水力学监测

南水北调中线工程线路长、控制建筑物多，沿线地质条件复杂、地理环境和气候条件差异较大，其工程设计、建设及运行过程中的水力学问题突出且技术难度大。根据建筑物类别、等级，在工程运行初期进行了水力学监测，项目包括水流流态、渠内水位（水面线）、动水压强、水流流速、流量、冲刷（淤）变化、冰情与水温等。如沿线输水建筑物、分水口门进出口布置了水尺、水位计和流量计监测渠内水位、流量等；天津干线西黑山陡坡布置了脉动压力传感器和加速度传感器，进行动水压力监测；从河南省境内的安阳河倒虹吸到北京市房山区境内的北拒马河渠段沿线共设置了 4 个固定水力观测站，分别配置 1 套多普勒流速仪和 1 套温深仪进行流速、流量、水温、水深观测，并配置冰凌观测设备、空中无人机、水下机器人、高清照相机等进行岸冰、流冰花、表面流冰层、冰厚、流冰及冰盖形成、稳定和融化过程，以及冰盖糙率、静冰压力观测。

2.1.4　环境量监测

环境量监测的目的是掌握环境量的变化对建筑物监测效应量的影响。其主要监测内容包括上下库（渠道、左排建筑物）水位、降水量、气温、水温、风速、波浪、冰冻、冰压力、坝前淤积和坝后冲刷、所穿（跨）越河道水位、冲淤及走势等。环境量监测应遵循《水位观测标准（GB/T50138）》、《降水量观测规范（SL21）》、《水文普通测量规范（SL58）》、《河流冰情观测规范（SL59）》等水文、气象标准的要求。

环境量监测设备主要有水尺、水位计、标准气象站、压力传感器、温度计、地温计、测波标杆（尺）、测深仪、全站仪、水下摄像机等。

南水北调中线陶岔大坝、总干渠渠道工程和左排建筑物的水位采用水尺和接入自动水位监测站的自记式水位计两种方式进行观测,所穿(跨)越河道水位在汛期采用水尺进行人工观测。降水量、气温采用自动雨量温湿度监测站进行观测。

　　自 2016 年以来,南水北调中线安阳河倒虹吸以北渠段开展了冬季冰期输水冰情原型观测和全线冰情巡查工作,取得了此期间的冰情、水力、气象参数等实测资料,初步建立了冰情观测云平台,供沿线工程运行管理人员完善冰情信息,掌握沿线冰情全貌。

2.2　典型建筑物安全监测布置

2.2.1　输水渠道

1. 填方渠道

填方渠道安全监测项目及监测仪器布置情况如下:

(1)重点监测断面的渠道底板及渠坡内布设有渗压计,用于监测渠底扬压力状态及渠坡渗流情况;

(2)渠底基础下布设有竖向安装的两点位移计,用于监测渠道基础不同深度的垂直位移及分布情况;

(3)两侧渠坡内布设有土体位移计,用于监测渠坡的水平位移情况;

(4)水位变动区域,在渠坡基础布设温度计,用于监测坡基的温度变化情况;

(5)渠道衬砌面顶部和背水侧各级马道布设有沉降标点,用于监测表面沉降变形情况;在渠顶和背水侧埋设沉降管或多点位移计,用于监测渠堤内部沉降变形情况。

填方渠道典型断面监测仪器布置图如图 2.1 所示。

2. 挖方渠道

挖方渠道安全监测项目及监测仪器布置情况如下:

(1)在渠道底板及渠坡内布设有渗压计,用于监测渠底扬压力状态及渠坡渗流情况;

(2)渠坡马道上布设有测斜管,安装固定测斜仪或使用活动式测斜仪,监测渠底深层位移情况;

(3)在渠坡和渠底埋设含水量仪和土体位移计,用于对比监测干渠过流对土体含水量和土体变形的影响;

(4)水位变动区域,在渠坡基础布设温度计,用于监测坡基的温度变化情况;

(5)渠道衬砌面顶部和各级马道布设有沉降标点,用于监测渠坡表面沉降情况;在马道上布设水平位移测点,用于监测渠坡表面水平位移情况。

挖方渠道典型断面监测仪器布置图如图 2.2 所示。

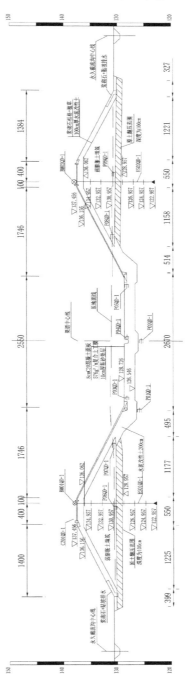

图 2.1　填方渠道典型断面监测仪器布置图

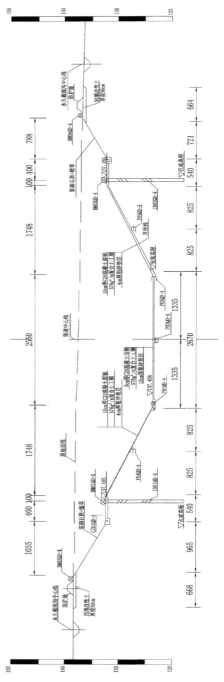

图 2.2　挖方渠道典型断面监测仪器布置图

2.2.2　输水渡槽

南水北调中线陶岔渠首至石家庄段工程共有河渠交叉渡槽 32 座，其中，总干渠输水渡槽 28 座，其他 4 座为排洪渡槽。具体如表 2.1 所示。

表 2.1　河渠交叉渡槽一览表

序号	工程名称	设计单元	建筑物名称
1	陶岔渠首至沙河南段工程	淅川段	北排河排洪渡槽
2			刁河梁式渡槽
3			严陵河梁式渡槽
4		湍河渡槽	湍河梁式渡槽
5		南阳市段	潦河涵洞渡槽
6			十二里河梁式渡槽
7		方城段	贾河梁式渡槽
8			草墩河梁式渡槽
9		澧河渡槽	澧河梁式渡槽
10		鲁山南2段	澎河涵洞式渡槽
11	沙河南至黄河南段工程	沙河渡槽段	沙河梁式渡槽
12			沙河-大郎河箱基渡槽
13			大郎河梁式渡槽
14			大郎河-鲁山坡箱基渡槽
15		宝丰郏县段	肖河涵洞式渡槽
16			兰河涵洞式渡槽
17		新郑南段	双洎河支渡槽
18		双洎河段	双洎河渡槽
19		潮河段	大辗卢沟渡槽
20			老张庄沟渡槽
21		荥阳段	索河涵洞式渡槽
22	黄河北至漳河南段工程	汤阴段	汤河涵洞式渡槽
23			淤泥河涵洞式渡槽
24	漳河北到古运河南段工程	磁县段	滏阳河梁式渡槽
25			牤牛河南支梁式渡槽
26		洺河渡槽	洺河梁式渡槽
27		沙河市段	沙沟排洪渡槽
28		邢台市段	牛尾中支排洪渡槽
29		内丘县段	小孟村排洪渡槽
30		临城县段	午河梁式渡槽

序号	工程名称	设计单元	建筑物名称
31	漳河北到古运河南段工程	高邑县至元氏县	汦河梁式渡槽
32			沋河梁式渡槽

河渠交叉渡槽一般由进出口渠道连接段(包括退水闸、排冰闸在内)、进口渐变段、进口闸室段、进口连接段、槽身段、出口连接段、出口闸室段、出口渐变段等组成。

1. 梁式渡槽

21 座输水梁式渡槽通常选择典型槽段布置监测设施，常规布置包括：

(1)在典型基桩的上、中、下部各布设钢筋计和应变计，用于监测承载桩内应力分布情况；

(2)在典型承台支座上布设支座反力计，用于监测槽墩顶部支座受力情况；布设应变计和无应力计，用于监测承台混凝土应力分布情况；

(3)在典型槽段不同位置布置监测断面，根据结构应力计算成果，在各断面上布设钢筋计、应变计和无应力计，以监测槽体钢筋应力和混凝土应力分布及变化情况；布设锚索(杆)测力计，用于监测预应力锚索(杆)轴力变化情况；

(4)在槽体纵梁底部布设收敛测点，并在下部河滩地上对应设置收敛测点，用收敛观测方法监测槽体在槽内水位作用下的挠曲变形情况；

(5)进出口部位布设沉降标点，用于监测结构沉降变形情况。

2. 涵洞式渡槽

7 座输水涵洞式渡槽安全监测项目包括：①水平、垂直位移监测；②应力应变观测；③温度及伸缩缝开合度观测；④地基应力观测；⑤侧压力观测；⑥扬压力观测；⑦绕渗水位观测；⑧基础位移观测。各建筑物安全监测仪器设施具体布置情况如下。

(1)南阳市段潦河涵洞式渡槽：内观仪器 136 支(孔)，包括渗压计 15 支、土压力计 10 支、钢筋计 41 支、应变计 36 支、温度计 11 支、无应力计 3 支、沉降计 14 支、测斜管 6 孔；外观设施 185 个(座)，包括 182 个沉降标点、1 座基准点、2 座工作基点。

(2)鲁山南 2 段澎河涵洞式渡槽监测仪器设备主要布置在进口节制闸、槽身段及出口检修闸。进口节制闸布置有 3 个断面，分别在闸室首部、闸室中部及闸室尾部布置。槽身段共布置有 3 个监测断面、6 个伸缩缝监测断面，位置分别在 1#槽身段、5#槽身段及 9#槽身段。出口检修闸共布置有 2 个监测断面，位置在检修闸首部及尾部。

(3)宝郏段肖河涵洞式渡槽:34 支渗压计、20 支土压力计、10 套两点位移计、103 支钢筋计、45 组双向应变计、53 支无应力计、25 支测缝计。

(4)宝郏段兰河涵洞式渡槽:34 支渗压计、20 支土压力计、10 套三点位移计、88 支单向钢筋计、4 组三向钢筋计、48 组三向应变计、48 支无应力计、34 支测缝计。

(5)荥阳段索河涵洞式渡槽:渗压计 10 支、土压力计 10 支、土体位移计 8 支、钢筋计 41 支、温度计 7 支、无应力计 3 支、应变计 36 支、测斜管 4 套、共计 119 支(套)。垂直位移测点:进口闸 10 个、出口闸 10 个、退水闸 6 个、槽身段 56 个、进口渐变段 8 个、出口渐变段 10 个、进出口连接段 32 个,共计 132 个。槽身段挠度测点 42 个、测压管 8 套。

(6)汤阴段淤泥河涵洞式渡槽共埋设 173 个(套)内观仪器设施,包括单向钢筋计 57 支、单向应变计 40 支、无应力计 11 支、测缝计 8 支、渗压计 21 支、三点位移计 9 套、界面土压力计 27 支。

(7)汤阴段汤河涵洞式渡槽共埋设 248 个(套)内观仪器设施,包括单向钢筋计 58 支、三向钢筋计 8 套、三向应变计 50 套、无应力计 50 支、测缝计 12 支、渗压计 28 支、三点位移计 16 套、界面土压力计 26 支。

3. 排洪渡槽

4 座排洪渡槽分别是淅川段北排河排洪渡槽、沙河市段沙沟排洪渡槽、邢台市段牛尾中支排洪渡槽、内丘县段小孟村排洪渡槽。安全监测项目如下。

淅川段北排河排洪渡槽安全监测项目包括:建筑物垂直位移、基底应力和混凝土应力应变。2#跨槽身和出口段安装混凝土表面应变计,0#槽台和1#槽墩安装压应力计,进出口段和槽身安装沉降标点,渡槽进出口附近布设水准工作基点。

沙沟排洪渡槽安全监测项目包括:建筑物垂直位移和槽身钢筋应力。中跨槽身左右槽底板安装钢筋计,在进出口段挡土墙、边墙和中墩布设沉降标点,渡槽进出口附近布设水准工作基点。

牛尾中支排洪渡槽安全监测项目包括:建筑物垂直位移、槽身钢筋应力、土压力、扬压力等。进口闸闸墩基础安装土压力计和渗压计,中跨槽身底板、边墙安装钢筋计。进出口段挡土墙、进水闸、涵洞、落地槽、槽身及槽墩上安装沉降标点,渡槽进出口附近布设水准工作基点。

内丘县段小孟村排洪渡槽安全监测项目包括:建筑物垂直位移和槽身钢筋应力。中跨槽身左右槽底板安装钢筋计,在进出口段挡土墙、底板布设沉降标点,渡槽进出口附近布设水准工作基点。

2.2.3　输水倒虹吸

南水北调中线陶岔渠首至石家庄段工程共有输水倒虹吸102座,天津干线工程共有输水倒虹吸 5 座。

输水倒虹吸安全监测仪器设施布置情况如下。

（1）在倒虹吸管和闸室基础部位钻孔埋设沉降计，以监测倒虹吸管和闸室基础的沉降变形情况。在倒虹吸管各节之间或管节与进出口结构之间的伸缩缝布设测缝计，监测伸缩缝开合度变化情况；在进口闸、出口闸和退水闸的左右侧墙内各埋设 1 根测斜管，监测闸室侧墙受外侧荷载作用下的倾斜变形情况；在各混凝土块体的顶部四角布设水准点，监测闸室表面沉降变形情况；在进口闸的混凝土块体分缝线上布设位错计，以监测各块体间因不均匀沉降引起的错动情况。

（2）在倒虹吸管斜管段和平直段监测断面内布设钢筋计、应变计和无应力计，以监测倒虹吸管的钢筋应力和混凝土应力分布情况；预应力结构布设锚索测力计，监测预应力锚索轴力变化情况；倒虹吸管周边布设土压力计和渗压计，以监测倒虹吸管所受处围荷载情况。

（3）在进出口闸的底部和侧墙不同部位布设渗压计和土压力计，以监测闸室所受外围土压力和水压力分布情况；在闸室混凝土结构内分部位埋设钢筋计、应变计、温度计，以监测闸室内钢筋应力、混凝土应力和温度分布情况。

（4）在进出口连接段合适位置刻画水尺，以监测流经倒虹吸的水位变化情况。

2.2.4　输水隧洞

1. 穿黄隧洞

南水北调中线穿黄工程是南水北调中线总干渠穿越黄河的关键性工程，其任务是将中线调水从黄河南岸输送到黄河北岸，向黄河以北地区供水，同时在水量丰沛时可向黄河相机补水，一期工程设计流量为 265m³/s，加大流量为 320m³/s。

穿越黄河线路即李村线位于郑州市以西约 30km 的孤柏湾处，起点为黄河南岸王村化肥厂南，终点为黄河北岸温县南张羌乡马庄东，渠段全长 19304.5m。起、终点设计水位差 10m，北调之水将自流穿过黄河。穿越黄河选定双线平行布置的隧洞方式，是穿黄工程最重要的建筑物，每条隧洞长 3.45km，隧洞内径 7m，邙山斜洞段长 800m。隧洞工程采用盾构掘进、管片衬砌与壁后注浆、隧洞环向预应力混凝土二次衬砌的整套先进技术进行施工。

根据穿黄工程各建筑物的结构特点及地质条件，分别对隧洞进出口建筑物、邙山隧洞、南北岸竖井和过黄河隧洞，以及部分交叉建筑物等进行系统地监测，具体如下。

1）隧洞进口建筑物

隧洞进口建筑物的监测部位有隧洞进口高边坡、隧洞进口 A 洞和进口闸等。安全监测项目包括：①高边坡垂直位移监测；②高边坡水平位移监测；③边坡地下水位监测；④闸墙垂直位移监测；⑤渗透压力和土压力监测；⑥进口水位监测。

在隧洞进口高边坡布设有 3 个监测断面，在 3 个监测断面的每一级台阶的外边缘上均布设 1 个垂直位移测点，在 140m 平台上各布设 1 个钻孔式渗压计，在 130m、140m 和 150m 平台外边缘各布设 1 根测斜管和 1 个水平位移测点。以上共计 30 个垂直位移测点、9 个水平位移测点，9 根测斜管和 3 个钻孔式渗压计。另外，在边坡的 8 个集水井内布设有电测水位计，进行地下水位监测，共计 2 支电测水位计。每个进口闸室的两侧闸墙上分别布设 2 个垂直位移测点，共计 8 个垂直位移测点。在上、下游隧洞水闸进口附近分别布设 1 组水尺。隧洞进口 A 洞布置渗压计 2 支，钢筋计 4 支，收敛测点 10 个。

2) 邙山隧洞

邙山隧洞安全监测项目包括：①垂直位移监测；②隧洞应力监测；③锚索锚固力监测；④收敛监测。主要的监测仪器设施有垂直位移测点、土压力计、渗压计、钢筋计、应变计、测力计和收敛测点。

在隧洞衬砌底部布设 25 个垂直位移测点，其中，上线洞 15 个，下线洞 10 个。为了监测土压力对外衬的影响，在上线洞隧洞桩号 5+058.57m 处的管片外周布设 3 支土压力计，在下线洞隧洞桩号 5+158.57m 处的管片外周布设 3 支土压力计。施工期在上线隧洞内衬布设 4 个收敛监测断面，每个收敛监测断面上分别布设 5 个收敛测点，共计 20 个收敛测点；在下线隧洞内衬布设 2 个收敛监测断面，每个收敛监测断面上分别布设 5 个收敛测点。

在上线隧洞桩号 4+909.459m、5+616.938m 处分别布设 1 个重要监测断面，在每个监测断面上分别布设 2 支渗压计、2 支钢筋计、3 支应变计、1 支无应力计、1 支测力计和 7 支测缝计。另外在隧洞选择 2 个断面分别布设 1 支渗压计。在下线隧洞桩号 5+617.735m 布设 1 个重要监测断面，在监测断面上布设 2 支渗压计、2 支钢筋计、3 支应变计、1 支无应力计、1 支测力计和 7 支测缝计。另外在隧洞选择 1 个断面布设 1 支渗压计。

3) 过黄河隧洞

选择上游隧洞为重点监测隧洞，下游隧洞为一般性监测隧洞，在各条隧洞采取重点监测断面和一般监测断面相结合的方式进行仪器布置，重点监测断面综合布置各类监测项目的仪器，而一般监测断面仅布置测缝计和垂直位移测点。两条隧洞监测项目基本相同，区别在于监测断面和测点数量不一样。过黄河隧洞的监测项目有：①渗透水压力监测；②接缝开合度监测；③环向应变监测；④预应力锚索锚固力监测；⑤沉降或抬动监测；⑥渗漏水量监测。

在上、下线过黄河隧洞外衬各布设 10 个收敛监测断面，每个收敛监测断面上分别布设 5 个收敛测点。在上、下线过黄河隧洞布设 2 个应变监测断面，每个应变监测断面上分别布设 3 支应变计。

在上游隧洞布设了 131 个接缝开度监测断面,下游隧洞布设了 74 个接缝开度监测断面, 共布设 819 支测缝计。选择部分接缝监测断面在其内衬下部布设 1 支渗压计, 共布设 202 支渗压计。

上线洞选择 8 个重要监测断面, 分别在进口段设置 2 个, 出口段设置 2 个, 地层地质条件变化段设置 2 个, 主河槽段设置 2 个; 桩号分别为 5+661.048m、5+681.069m、6+935.609m、7+194.987m、7+896.267m、8+327.566m、9+089.062m 和 9+106.768m。在每个重要监测断面上分别布设 7 支钢筋计、8 支应变计和 1 支无应力计。下线洞选择 6 个重要监测断面, 分别在进口段、出口段、地层地质条件变化段设置。桩号分别为 5+661.552m、6+281.029m、7+087.876m、7+894.798m、8+327.098m 和 9+108.449m。在每个重要监测断面上分别布设 7 支钢筋计、8 支应变计和 1 支无应力计, 典型断面监测布置图如图 2.3 所示。

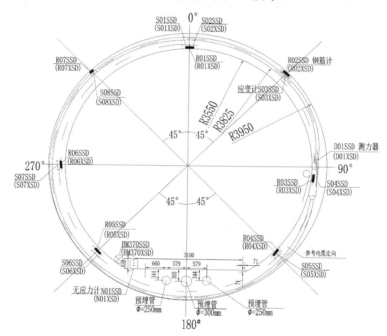

图 2.3　穿黄隧洞内衬典型断面监测布置图

此外在上线过黄河隧洞的 6 个重要监测断面(桩号分别为 5+661.048m、6+935.609m、7+194.987m、7+896.267m、8+327.566m 和 9+106.768m)中, 分别布设 7 支测缝计, 用来监测内外衬之间的接缝开合情况, 同时在其底部分别布设 2 支渗压计、1 支锚索测力计, 用来监测内衬渗流情况和预应力锚索锚固力。在下线过黄河隧洞的 4 个重要监测断面(桩号分别为 5+661.552m、7+087.876m、8+327.098m 和

9+108.449m)中,分别布设 7 支测缝计,用来监测内外衬之间的接缝开合情况。同时在其底部分别布设 2 支渗压计、1 支锚索测力计,用来监测内衬渗流情况和预应力锚索锚固力。

在上、下线过黄河隧洞平均每节内衬均设 1 个垂直位移测点,共计 740 个垂直位移测点。另外,在穿黄南岸布设双金属标 1 套,作为垂直位移的基准点。

利用上、下线隧洞底部全程布置的 3 条 PVC 管,通向出口竖井的集水井中,用于排水。相应在排水管通入集水井的出口各安装 1 台管口流量计。

4)隧洞出口建筑物

出口建筑物安全监测项目有:①闸墙垂直位移监测;②闸底板渗透压力和地基应力监测;③出口水位监测;④强震反应监测。在隧洞出口闸布置垂直位移测点、渗压计、土压力计、水尺和强震仪。沿上游线出口闸室轴线,在闸底板下布设 2 支渗压计和 3 支土压力计;在上、下游隧洞出口闸分别布设 1 组水尺,共计 2 组水尺;在出口闸室的墙顶上布设 1 台强震仪;在左、右侧堰段、闸室段和消力池段分别布设 5 个垂直位移测点,共计 10 个垂直位移测点,布置垂直位移工作基点 1 组。

5)退水建筑物监测项目

退水建筑物安全监测项目包括:①临河高边坡垂直位移监测;②临河高边坡水平位移监测;③退水洞混凝土衬砌外水压力和土压力监测;④退水洞混凝土衬砌应力应变监测;⑤退水洞收敛变形监测。

退水闸两侧翼墙顶部布置 4 个垂直位移监测点,在退水洞布设了 2 个应力应变和渗流监测断面,在这 2 个监测断面上布设有钢筋计、无应力计、土压力计和渗压计。另外在退水洞布设有 5 个收敛监测断面,每个断面上布设 5 个收敛测点。以上共计 6 支渗压计、6 支土压力计、6 支钢筋计、1 支无应力计和 25 个收敛测点。在退水洞出口边坡处布设 2 个监测断面,在 2 个监测断面上每间隔 1 个台阶布设 1 个垂直位移测点,另外,在 1-1 监测断面布设 4 个水平位移测点、3 根测斜管和 2 支钻孔渗压计,在 2-2 监测断面布设 3 个水平位移测点。

2. 其他隧洞

南水北调中线工程除穿黄隧洞外,沿线布置安全监测项目的隧洞还有 7 座,均位于京石段工程的河北省保定市境内,分别为满城区雾山(一)隧洞、雾山(二)隧洞、吴庄隧洞、岗头隧洞、釜山隧洞、易县西市隧洞和涞水县下车亭隧洞。以下车亭隧洞为例,其安全监测布置情况如下。

下车亭隧洞单洞全长 705m,工程设计流量 60m³/s,加大流量 70m³/s。洞身掘进断面尺寸为 7.1m×7.197m～8.2m×8.197m(宽×高),过水断面尺寸为 6.4m×6.597m

（宽×高），为无压流马蹄型断面，根据围岩的类别分为 A、B、C、D、E、F 共六种衬砌形式，采用钢筋混凝土全断面衬砌，衬砌厚度根据围岩地质条件分为 25cm、50cm、60cm、70cm 四种。

下车亭隧洞左洞设计布置 4 个监测断面，断面序号和对应桩号分别为：4#断面（209+260.4）；1#断面（209+330.4）；2#断面（209+380.4）；3#断面（209+558.4）。典型断面监测仪器布置情况如图 2.4 所示。

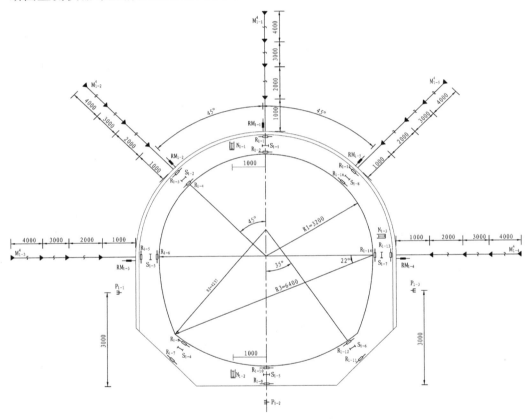

图 2.4 下车亭隧洞洞身典型断面监测仪器布置图

每个断面布设 5 组多点位移计、5 支锚杆应力计和 3 支渗压计，其中，1#和 4#断面多点位移计为 4 点式，各测点埋深分别为 1m、3m、6m 和 10m；2#断面多点位移计为 5 点式，各测点埋深分别为 1m、3m、6m、9m 和 13m；3#断面多点位移计为 3 点式，各测点埋深分别为 1m、2m 和 10m。此外，在 1#、2#和 4#断面的混凝土衬砌层内分别设 8 支应变计、3 支无应力计和 16 支钢筋计。

在隧洞进、出口左右洞闸室基础垫层部位沿中心线分别布置 2 支渗压计用于监测基底渗透压力。

2.2.5　输水暗渠（涵）

1. 陶岔渠首至石家庄段工程

陶岔渠首至石家庄段工程共有暗渠 13 座，详见表 2.2 所示。

表 2.2　输水暗渠一览表

序号	工程名称	设计单元	建筑物名称
1	沙河南至黄河南段工程	宝郏段	宝丰铁路暗渠
2	黄河北至漳河南段工程	焦作2段	山门河暗渠
3			峪河暗渠
4		辉县段	刘店干河暗渠
5			辉县东河暗渠
6		安阳段	张北河暗渠
7	漳河北至古运河南	邯郸市至邯郸县段	邯长铁路暗渠
8		沙河市段	沙河～午汲铁路暗渠
9			华柴暗渠
10			石～太线（一）暗渠
11		石家庄市区段	石～太线（二）暗渠
12			康庄暗渠
13			岳村暗渠

除邯郸市至邯郸县段邯长铁路暗渠、沙河市段沙河～午汲铁路暗渠、石家庄市区段石～太线（一）暗渠和石～太线（二）暗渠未布置安全监测项目外，其他 9 座暗渠设计布置的安全监测项目包括：①渗流监测；②土压力监测；③应力、应变监测；④伸缩缝开合度监测；⑤沉降监测；⑥洞身变形监测；⑦边坡变形监测。

2. 天津干线工程

南水北调中线一期工程天津干线西起河北省保定市徐水县西黑山村，起点设计桩号为 XW0+000，东至天津市外环河西，终点设计桩号为 XW155+206.667，全长 155.352km，途经河北省保定市的徐水、容城、雄县、高碑店，廊坊市的固安、霸州、永清、安次和天津市的武清、北辰、西青，共 11 个区县。天津干线的设计流量为 $18m^3/s \sim 50m^3/s$，加大流量为 $28m^3/s \sim 60m^3/s$。

天津干线采用全箱涵无压接有压全自流输水方案，其中，调节池以上为无压输水段，调节池以下为有压输水段，采用分段阶梯状设置保水堰的布置方式，以保证在任何输水工况下为有压流输水状态。

天津干线工程以现浇钢筋混凝土箱涵为主，除箱涵之外的主要建筑物共有 268 座，分别为西黑山进口闸枢纽(含排冰闸)1 座、调节池 1 座、检修闸 4 座、保水堰井 8 座、王庆坨连接井 1 座、子牙河北分流井 1 座、外环河出口闸 1 座、通气孔 69 座(Rt01 通气孔含在东黑山村东检修闸内)、分水口门 9 处、西黑山左岸排水涵洞 1 座、倒虹吸 61 座、铁路涵 4 座、公路涵 107 座。

安全设计范围包括：西黑山进口闸枢纽(含排冰闸)、西黑山左岸排水涵洞、陡坡、调节池、4#分水口上游地下水监测、Rt31 通气孔上下游箱涵监测、王庆坨连接井、子牙河北分流井、外环河出口闸、检修闸 3 座、保水堰井 8 座、通气孔及分水口附近箱涵 19 座、倒虹吸 10 座、铁路涵 4 座、公路涵 5 座、穿越土坑段箱涵 2 座。

(1)西黑山进口闸枢纽(含排冰闸)。

进口闸共设 6 个监测断面，重点监测断面位于闸室段中间位置，桩号为 XW0+160.000，主要设变形、扬压力、土压力、应力应变等监测项目；闸室段、消力池段及消力池出口段接缝位置各设 1 个一般监测断面，设扬压力和分缝开合度监测项目。闸室段和消力池段设水位计，闸室边墙及消力池边墙顶部设沉降标点进行沉降监测。

排冰闸闸室段和矩形槽段连接缝设开合度监测项目，闸室段底板以下设扬压力监测项目，蓄冰池主要设渗流监测项目。排冰闸边墙顶和蓄冰池马道上设沉降标点进行沉降监测项目。

(2)西黑山左岸排水涵洞。

排水涵洞共设 8 个监测断面，顶部矩形槽设 5 个监测断面，主要设接缝开合度监测项目；排水涵洞设 3 个监测断面，重点监测断面位于排水涵洞中部，桩号为 XW0+271.000，主要设外水压力、土压力、应力应变等监测项目；排水涵洞连接缝设开合度监测项目；排水涵洞顶部矩形槽侧墙设沉降标点，下游至陡坡进口段箱涵顶部设高标。

(3)东黑山陡坡。

东黑山陡坡共设 15 个监测断面，重点监测断面分别位于陡坡段(桩号 XW1+372.500)、箱涵段(桩号 XW1+447.248)和消力池段(桩号 XW1+510.377)位置，主要设位移、外水压力、土压力及应力应变等监测项目；一般监测断面设接缝开合度、扬压力、位移、水位等监测项目。侧墙顶部设沉降标点进行沉降监测。

(4)文村北调节池。

文村北调节池共设 6 个监测断面，从上游渐变段开始至下游渐变段结束。其中，重点监测断面位于调节池段中部，桩号为 XW10+643.500，主要设钢筋混凝土应力应变和分缝开合度、土压力、扬压力、倾斜及水位等监测项目。进口闸段与上游渐变段和扩散段各设 1 个监测断面，主要监测扬压力和分缝开合度。调节池段与斜坡 3 段和明槽段各设置 1 个监测断面,主要监测扬压力、沉降及分缝开合度。明槽段和下游渐变段设置 1 个监测断面,主要监测分缝开合度。调节池顶部设沉降标点进行沉降监测。

(5)雄县(4#)分水口上游地下水监测。

雄县(4#)分水口上游地下水监测主要为 XW61+480～XW62+600 箱涵地下水监测。箱涵地下水监测共有 10 个监测断面,在桩号 XW61+480～XW62+080 及 XW62+240～XW62+600 的范围内每隔 120m 设置一个监测断面,在监测断面左边墙外侧垫层下埋设 1 支渗压计,监测地下水压力变化情况,仪器电缆全部引入桩号为 XW63+586(雄县口头分水口)的监测站进行观测。

(6)Rt31 通气孔上下游箱涵监测。

Rt31 通气孔上下游箱涵分缝监测共有 12 个监测断面,主要监测箱涵两侧伸缩缝的开合度、上下错动以及伸缩缝的止水效果。每个箱涵分缝监测断面两侧对称部位各安装 1 支纵向和 1 支竖向测缝计。渗压计监测共设 4 个监测断面,在箱涵分缝监测断面两侧各安装 1 支渗压计。Rt31 通气孔上下游箱涵共安装 48 支测缝计和 8 支渗压计,仪器电缆引入 Rt31 通气孔监测站进行观测。

(7)王庆坨连接井。

王庆坨连接井共有 9 个监测断面,主要监测断面位于进口闸段和连接井段。主要监测项目为建筑物结构应力应变和接缝开合度、土压力、扬压力及沉降变形、倾斜变形。

(8)子牙河北分流井。

子牙河北分流井共有 9 个监测断面,主要监测断面位于工作闸门位置。主要监测项目为建筑物结构应力应变和接缝开合度、土压力、扬压力及沉降变形、倾斜变形。

(9)外环河出口闸。

出口闸共设 6 组监测断面,自进口渐变段开始至出口保水堰段结束。出口闸闸室段为重点监测断面,主要设钢筋及混凝土应力应变和分缝开合度、土压力、扬压力监测,出口扩散段和保水堰段主要设扬压力和分缝开合度监测。出口闸顶部设沉降标点以及倾斜仪进行外观变形观测。

(10)检修闸。

检修闸监测仪器主要包括测缝计和渗压计,分别监测检修闸分缝开合度、相对沉降和底板扬压力,测缝计分别布置在检修闸上下游连接缝处,渗压计布置在检修闸底板下,分别布置在底板四周中心位置。

(11)保水堰。

在保水堰上游渐变段与堰井段分缝、堰井段、堰井段与明槽段分缝,以及明槽段与下游渐变段分缝分别埋设监测仪器,典型断面监测仪器布置如图 2.5 所示。堰井段为重点监测断面,主要设钢筋及混凝土应力应变、土压力、扬压力、倾斜变形

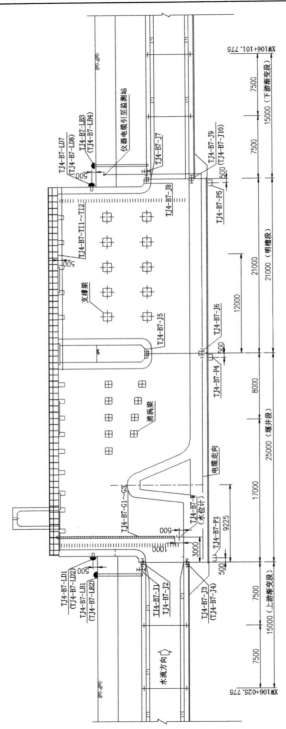

图 2.5　保水堰典型断面监测仪器布置图

等监测项目。进口渐变段与堰井段接缝处、明槽段与出口渐变段接缝处、堰井段与明槽段接缝处各设置 1 个监测断面主要监测扬压力和分缝开合度。保水堰建筑物侧墙设沉降标点进行外观变形监测。保水堰监测仪器包括钢筋计 6 支、应变计 4 支、无应力计 1 支、压力计 5 支、测缝计 10 支、倾斜仪 2 支、水位计 1 支以及外水压力计 5 支等。

（12）通气孔及分水口附近箱涵。

箱涵监测部位包括全断面监测仪器布置和标准监测断面仪器布置，全断面监测仪器布置如图 2.6 所示。全断面监测仪器包括 Rt14 通气孔上游箱涵和 Rt57 通气孔下游箱涵，仪器布置在箱涵左孔、中孔和右孔，共装 12 支应变计、2 支无应力计、26 支钢筋计、3 支压力计及 5 支渗压计（2 支外水压力计、3 支内水压力计）。在断面中孔上下游分缝顶板和底板止水带外侧各布置 1 支测缝计，通气孔上、下游 7 节箱涵顶板共设 14 支高标进行箱涵沉降监测。

其余箱涵监测部位为标准监测断面仪器布置，仪器布置在箱涵左孔和中孔，共安装位移计 2 支、压力计 3 支、渗压计 5 支（2 支外水压力计、3 支内水压力计）、应变计 8 支、无应力计 1 支、钢筋计 16 支。在断面中孔上下游分缝顶板和底板各布置 1 支测缝计，通气孔上、下游 7 节箱涵顶板共设 14 支高标进行箱涵沉降监测。

（13）倒虹吸。

倒虹吸监测断面布置基本一致，设 1 个重点监测断面和若干个一般监测断面。一般监测断面布置在箱涵接缝位置，设开合度监测项目。重点监测断面位于河槽段中间箱涵中间部位，设 1 个标准箱涵监测断面，主要包括外水压力、土压力、内水压力及应力应变等监测项目。在箱涵顶部设高标，检修通气孔侧墙设沉降标点进行外观沉降变形监测。

（14）穿越铁路公路涵。

铁路穿越主要设测缝计和渗压计，对分缝开合度和内水压力进行监测。箱涵顶板设高标进行外观沉降变形监测。

公路穿越主要设测缝计和渗压计，对分缝开合度和内外水压力进行监测。

（15）穿越土坑段箱涵。

工程在保定市 1 段和廊坊市段两个土坑设置了沉降标点，对土坑穿越段的箱涵沉降进行监测。

3. PCCP 管道

PCCP 管道工程为南水北调中线京石段应急供水工程北京段的 10 个单项工程之一，工程上接惠南庄泵站工程，下接大宁调压池工程。管道长 54.702km，为双排 DN4000mm 预应力钢筒混凝土管。

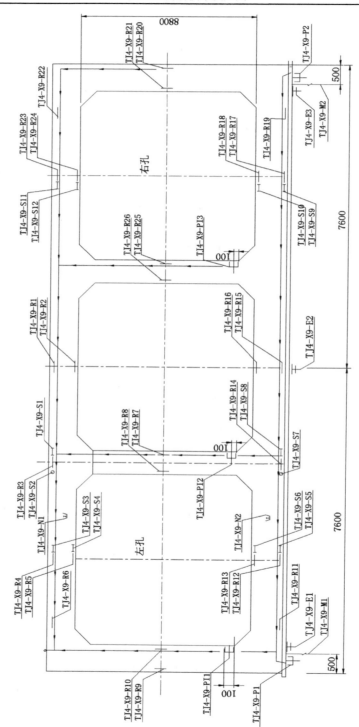

图 2.6 箱涵全断面监测仪器布置图

　　PCCP 管道共设置 49 个监测断面，埋设各类监测仪器 908 支。监测项目包括镇墩及包封结构混凝土应力应变、基础应力、管道接缝变形、接触压力、管周填土压力、地下水位、渗压及沉降变形等。

2.2.6　泵站

　　南水北调中线惠南庄泵站工程位于北京市房山区大石窝镇惠南庄村东，与河北省涿州市相邻，距北京市区约 60km。泵站前接北拒马河暗渠，后接 PCCP 管道。主要建筑物包括进水闸、前池、进水池(间)、进水管、主厂房、副厂房、小流量输水管、出水管、测流站等。

　　安全监测部位包括进水闸、前池、进水池(间)、主厂房、副厂房等主体工程，监测项目包括变形监测、应力应变监测、渗流监测以及日常巡视检查等。

　　安装埋设观测仪器设施 669 支(个)，其中，单向应变计 218 支、无应力计 51 支、钢筋计 244 支、测缝计 18 支、渗压计 33 支、土压力计 28 支、水准标点 77 个。

2.2.7　陶岔枢纽

　　陶岔渠首枢纽工程，位于丹江口水库东岸的河南省淅川县九重镇陶岔村，其既是南水北调中线输水总干渠的引水渠首，也是丹江口水库的副坝，初期工程于 1974 年建成，渠首闸顶高程 162m，承担引丹灌溉任务。南水北调中线一期工程建成后，陶岔渠首枢纽工程担负着向北京、天津、河北、河南等城市输水的任务，是南水北调中线工程的重要组成部分。易址重建的陶岔渠首枢纽位于原工程下游约 80m 处，由左、右岸混凝土重力坝、引水闸和电站等组成。一期工程渠首枢纽设计引水流量 350m³/s，加大流量 420m³/s，年均调水 95 亿 m³；后期规模设计引水流量 500m³/s～630m³/s，加大流量 630m³/s～800m³/s，年调水 120 亿 m³～140 亿 m³，电站装机容量为 50MW。水闸上游为长约 4km 的引渠，与丹江口水库相连，水闸下游与总干渠相连。坝顶高程 176.6m，轴线长 265m，共分为 15 个坝段，其中，1#～5#坝段为左岸非溢流坝，1#～3#坝段宽度为 16m，4#～5#坝段宽度为 17m，轴线长 82m；6#坝段为安装场坝段，坝段宽度为 29m，轴线长 29m；7#～8#坝段为厂房坝段，7#坝段宽 18m，8#坝段宽 17m，轴线长 35m；9#～10#坝段为引水闸室段，各段宽度均为 15.5m，轴线长 31m；11#～15#坝段为右岸非溢流坝，除 11#、12#坝段宽为 17m 外，其余均为 18m，轴线长 88m。

　　陶岔渠首枢纽工程共布置、埋设各类监测仪器 260 支(条、套)，其中，设计图纸数量 204 支(套)，包含测缝计 17 支、基岩变形计 8 支、倒垂线 2 条、引张线 1 条、双金属标点 1 套、水准网点 6 个、精密水准点 35 个、渗压计 12 支、测压管 36 孔、量水堰 3 个、应变计 4 支、无应力计 8 支、钢筋计 30 支、压应力计 3 支、温度计 34 支、水尺 2 组、水位计 2 支。

2.2.8　控制性建筑物

南水北调中线干线工程控制性建筑物包括分水口门、输水建筑物进出口节制闸、退水闸、排冰闸等。

1. 分水口门

陶岔渠首至石家庄段工程共有分水口门 61 座，天津干线工程共有分水口门 11 座。设计布置安全监测项目包括：①水平、垂直位移监测；②渗流监测。一般沿进出口管身两侧设置测压管，测压管内放入渗压计，闸室段在闸墩安装沉降标点，进出口地基稳定处设置工作基点，进行垂直位移监测。

2. 节制闸

节制闸分布在输水建筑物的进出口，陶岔渠首至石家庄段工程共有 98 座，天津干线工程共有分水口门 20 座。设计布置安全监测项目包括：①水平、垂直位移监测；②渗流监测；③土压力监测；④混凝土应力、应变监测；⑤水位监测。

3. 退水闸

陶岔渠首至石家庄段工程共有退水闸 41 座，设计布置安全监测项目包括：①水平、垂直位移监测；②渗流监测；③土压力监测；④混凝土应力、应变监测。

4. 排冰闸

陶岔渠首至石家庄段工程共有排冰闸 13 座，天津干线工程有 1 座。设计布置安全监测项目包括：①水平、垂直位移监测；②渗流监测；③土压力监测；④混凝土应力、应变监测。

2.2.9　排水建筑物

1. 排水倒虹吸

陶岔渠首至石家庄段工程共有排水倒虹吸 261 座。设计布置安全监测项目包括：①水平、垂直位移监测；②渗流监测。

2. 排水涵洞

陶岔渠首至石家庄段工程共有排水涵洞 40 座。设计布置安全监测项目包括：①水平、垂直位移监测；②扬压力监测；③绕渗水位监测；④倾斜变形监测。

3. 排水渡槽

陶岔渠首至石家庄段工程共有排水渡槽 53 座。设计布置安全监测项目包括：

①水平、垂直位移监测；②承载桩荷载监测；③混凝土应力监测；④挠曲变形监测。

4. 渠渠交叉渡槽

陶岔渠首至石家庄段工程共有渠渠交叉渡槽 22 座。设计布置安全监测项目是水平、垂直位移监测。

5. 渠渠交叉倒虹吸

陶岔渠首至石家庄段工程共有渠渠交叉倒虹吸 76 座,天津干线工程有渠渠交叉倒虹吸 1 座。设计布置安全监测项目包括：①水平、垂直位移监测；②渗流监测。

6. 渠渠交叉涵洞

陶岔渠首至石家庄段工程共有渠渠交叉涵洞 3 座,分别是宝郏段引汝大牛涵洞、磁县段民有南干渠涵洞、临城县段方等村渠涵洞。设计布置安全监测项目包括：①水平、垂直位移监测；②渗流监测。

7. 河渠交叉暗涵

陶岔渠首至石家庄段工程共有河渠交叉暗涵 9 座,设计布置安全监测项目包括：①水平、垂直位移监测；②渗流监测；③土压力监测；④混凝土应力、应变监测。

2.2.10　跨渠桥梁

陶岔渠首至石家庄段工程共有跨渠桥梁 760 座。其中,南阳段设计单元重要公路桥(程沟公路桥、姚湾公路桥与孙庄公路桥)典型系杆梁和典型拱架安装了表面应变计,桥面安装了垂直位移测点,附近布设基准点和工作基点。其他设计单元工程因跨渠桥梁在工程建设和运行过程中均由地方部门负责,因此其安全监测内容不纳入本工程范围内。

京石段工程共有跨渠桥梁 240 座,设计布置安全监测项目是水平、垂直位移监测。

2.3　安全监测自动化系统

2.3.1　系统组成

南水北调中线干线安全监测自动化系统是分布式数据采集系统,系统由 1 个监测总中心、5 个监测分中心、48 个监测管理处、数百个现地站构成,各级系统的拓扑结构如图 2.7～图 2.9 所示。系统中各种设备均连接在通讯主干网上(自动化调度业务内网),其中,无线通信设备通过 GPRS、互联网、无线数据采集 PC 连接到通讯主干网，构成数据采集、分析、预警、发布的安全监测自动化系统。

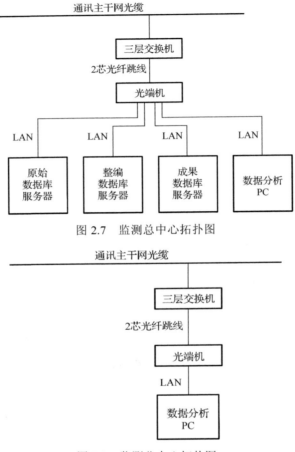

图 2.7　监测总中心拓扑图

图 2.8　监测分中心拓扑图

现地站设备主要由若干台 MCU、供电设备、通信转换设备组成。根据现地站条件数据传输采用两种方式，一种是光纤通信，即通过自动化调度系统网络的业务内网传输；一种是通过移动网络(GPRS)无线通信，即通过移动公司的通用分组无线业务连接到 Internet 实现数据传输。

现地站供电分为 220VAC 供电和太阳能供电两种方式。220VAC 供电时配有蓄电池、带稳压功能的逆变器，220VAC 有电时为 MCU 和光端机供电，同时蓄电池处于浮充状态，停电时带稳压的逆变器将蓄电池的 12VDC 逆变为 220VAC 为设备供电，确保停电 7 天内现场设备正常工作，如图 2.10 所示。特别说明，每台 MCU 内部都有 1 个蓄电池，也可确保停电 7 天内正常工作。

太阳能供电的现地站、MCU 及无线通信模块均使用 12VDC 供电，有阳光时太阳能极板输出 17～18VDC 直接为 MCU 供电、为蓄电池充电，通过充电控制器输出 12VDC 为无线通信模块供电；无阳光时蓄电池通过充电控制器为无线通信模块提供 12VDC 电源，MCU 则依靠内部自动带的蓄电池维持工作，确保 7 天内正常工作，如图 2.11 所示。

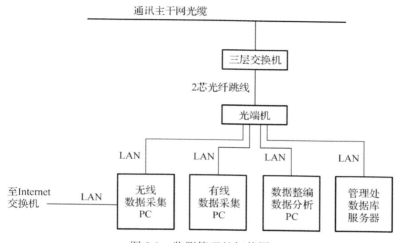

图 2.9　监测管理处拓扑图

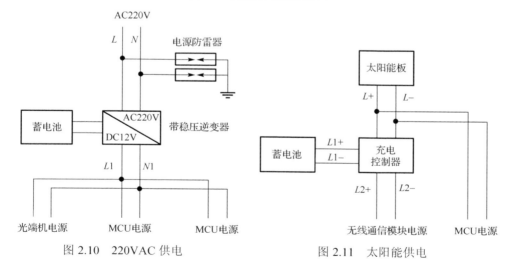

图 2.10　220VAC 供电　　　　　图 2.11　太阳能供电

系统运行管理分为三级，即监测总中心、监测分中心、监测管理处。监测总中心设在北京总公司；监测分中心设在各省市的分公司(渠首、河南、河北、北京、天津)；监测管理处设在各分公司之下，其中，渠首分公司下设 5 个监测管理处，河南分公司下设 19 个监测管理处，河北分公司下设 17 个监测管理处，北京分公司下设 3 个监测管理处，天津分公司下设 4 个监测管理处。

每个监测管理处下设若干个现地监测站(闸站和独立观测站)。

2.3.2 系统设备

系统中采集单元 MCU 采用的是美国基康公司的 GK-8021 型 Micro-1000 自动数据采集单元(图 2.12、图 2.13)。它是一套专门针对野外恶劣环境条件下使用的实时工程数据采集及控制装置,可提供各种仪器接口、激励、测量、信号处理、系统控制及通信功能。

图 2.12　GK-8021-1 型数据采集设备

图 2.13　GK-8021-2 型数据采集设备

Micro-1000 的主要硬件采用的是美国 CAMPBELL 公司的产品,其中,遥测控制主机是 CR1000、传感器激励与测量模块是 AVW200、电源模块是 PS100、两个通信模块(一个是 MD485 用于 RS-485 或 RS-232 接口，另一个是 NL120 用于以太网接口)、传感器通道扩展模块是 GK-8032。

MCU 装置内部结构如图 2.14 所示，采用全分布式、模块化结构，其主要硬件设备均为插接式标准组件。

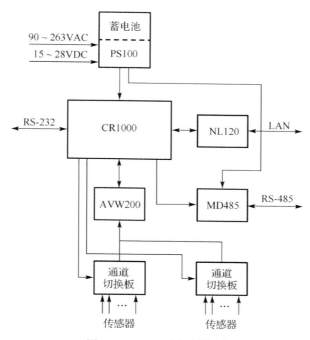

图 2.14　MCU 内部结构图

Micro-1000 是一台集微机、时钟、率定器、扫描器、计时器、计量器及控制器为一体的测量控制单元，是置于现场测站的网络"神经元"，其既可在网络中心监测站监控下运行，也可完全脱离网络监测站自动完成对其所控制的采集单元接入的传感器进行激励、率定、量测、数模转换、数据处理、数据寄存、报警检测、数据传输、反馈控制等。

Micro-1000 可以直接连接各种仪器，包括振弦式、差动电阻式、开关量、脉冲量、电阻式、电流式、电压式、电位计式等，仪器测量采用混合测量，可按工程情况将上述各类仪器同时接入同一测量单元各通道，完全满足工程需要。

每个 Micro-1000 最多可以连接 8 个仪器通道扩展模块。每个仪器通道扩展模块可以连接 16 支三芯、四芯或五芯输入的各种类型的传感器，如振弦式、差动电阻式、应变片式、电位计式等，对于各种两芯测量类型的传感器则可以连接 32 支。单套测量单元接入仪器的能力，按四芯传感器可接入 16～128 支，按两芯传感器则可接入 32～256 支。

2.3.3　应用系统软件

应用软件是指在特定操作系统的环境下，为满足用户的特定应用需要及完成某些特定功能而开发的专用程序。南水北调监测自动化系统的应用软件按照功能划分，采用模块化编制，每个模块分别执行不同的功能，并且模块之间有一定的联系和依赖关系，这些模块按照用户的需要整合起来共同完成特定系统的监控任务，南水北调安全监测自动化系统软件模块主要包括业务模块、功能模块、内外部接口以及数据库。

1. 主要业务模块

南水北调中线干线工程安全监测自动化系统服务于南水北调中线干线总公司、分公司、管理处三级用户，为各级用户提供管辖范围内安全监测数据采集、实时状态查询、报警管理、安全监测状态分析、监测数据管理、综合信息查询以及基础信息管理等业务。

(1)监测数据采集模块主要是实现工程安全监测数据的实时自动采集、传输、存储，以及人工采集数据录入管理等业务。

(2)实时状态查询业务模块基于地理信息平台实现对全线全部建筑物和监测站的安全状态情况进行显示和查看。

(3)报警管理业务模块基于安全监测综合分析推理，实现对危险或异常的建筑物进行自动报警或人工报警，及时告知相关工作人员了解危险情况。

(4)安全监测状态分析模块通过在线分析和离线分析对测点的监测量及巡视检查结果进行综合分析和推理，为工程安全决策提供技术支撑。

(5)监测数据管理模块针对各类安全监测点的监测数据进行入库、整编、校核、查询统计等业务管理，保证监测数据安全、可靠。

(6)综合信息查询模块为相关管理人员提供系统中常用到的监测信息、分析结果、报表等业务，提供方便快捷的查询查看。

(7)基础信息管理模块针对系统运行所必需的建筑物、测点等静态信息进行维护管理及查询查看，为系统运行提供基础支撑。

2. 主要功能模块

南水北调中线干线安全监测自动化系统具备监测数据采集功能、监测系统管理功能、监测数据管理功能、监测数据分析功能、综合查询和输出功能、报警功能以及系统维护管理等功能。

1)数据采集功能模块

数据采集功能模块包括系统配置、自动数据采集、采集数据存储管理、系统自检和报警，以及远程通信功能。该功能主要是要明确系统配置然后进行数据采集。MCU 设置分为 IP 地址设置和采集配置两部分。

（1）IP 地址设置。

采集装置出厂时是临时 IP，单站调试时需要对采集设备进行 IP 配置。设置时使用坎贝尔公司的 Device Configuration Utility 软件配置数据记录器，如图 2.15 所示。设置方法如下：

①用 RS-232 线连接电脑和 MCU（即 CR1000）；

②运行 Device Configuration Utility 程序，选择设备类型为 CR1000，设置串口号、通信波特率，然后点击连接；

③输入要设定的 IP 地址、子网掩码、网关；

④点击应用，退出，即完成了设置。

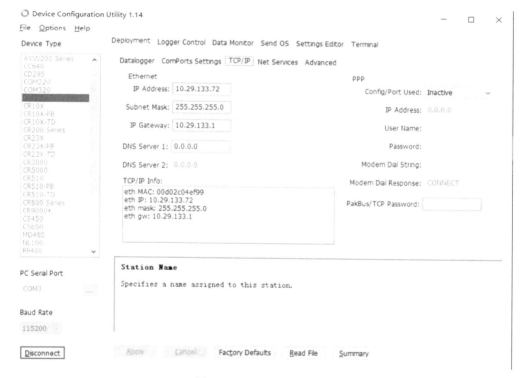

图 2.15　IP 地址设置窗口

（2）采集配置。

CR1000 的基本操作系统在出厂时已经配置好了，现在所说的配置是对 MCU 单一采集时间间隔、各通道的传感器类型、报警阈值等进行配置，对于不使用以太网通信的项目还要配置 MCU 编号。配置采集需使用基康公司提供的 MultiLogger 专用软件，该软件有如下功能。

①能与上一级管理计算机和监测站进行网络通信，并接收管理计算机的命令向监测站数据自动采集装置转发指令。

②具有可视化用户界面，能方便地修改系统设置、设备参数及运行方式；能根据实测数据反映的状态进行修改，选择监测的频次和监测对象。系统配置设置界面友好、明晰，易于学习及掌握。

③具有对采集数据库进行管理的功能，软件提供多用户管理及数据查看的功能，用户可设定不同的权限对系统进行配置设置、数据查询浏览等。

④具有图形、报表的编辑功能。

⑤具有系统自检、自诊断功能，并实时打印自检、自诊断结果及运行中的异常情况，作为拷贝文档。

⑥能提供远程通信、辅助维护服务支持，支持包含 TCP/IP 网络协议在内的远程系统配置、远程数据的采集、数据浏览及数据输出等。

⑦当设置有报警阈值时，具有超限等自动报警功能。

⑧具有运行日志、故障日志记录功能。

⑨支持包括 TCP/IP 网络、GPRS 或 CDMA 在内的多种采集方式和功能要求。

MultiLogger 现在的版本是 5.4，可在 Windows XP、Windows 7 系统上运行。

在电脑上安装 MultiLogger 程序，通过以太网线或 RS-232 线与 MCU 连接，运行 MultiLogger 程序。

运行 MultiLogger 程序，可配置 MCU 编号、单一采集时间间隔、各通道的传感器类型及参数等，然后可采集观测数据，有关 MultiLogger 软件操作部分详见《MultiLogger 软件操作手册》。

2) 监测系统管理功能模块

监测系统管理功能模块属于信息管理的一部分，包括工程文档管理、建筑物管理、监测部位管理、监测项目管理、测点管理、监测站管理、巡视检查管理和 MCU 管理。其中，测点管理包括测点基本信息、仪器类型管理、计算公式管理和测值参数管理。

3) 监测数据管理功能模块

该功能模块包括监测数据整理整编、监测数据校核、监测数据查询和编译，以及巡视检查管理。

4) 监测数据分析功能模块

该功能包括在线分析和离线分析。

(1)在线分析模块是一个运行于服务器后台的程序，它没有运行界面，客户端可以对它进行启动、停止、设置运行频率等。在线分析模块主要由各类标准检查、单线信息定量化、在线综合推理、在线安全评估及预警四个模块组成。

（2）离线分析主要包括过程线分析、相关图分析、分布图分析、特征值统计、监控模型分析、离线综合分析推理以及离线安全评估和预警。

5）综合查询和输出功能模块

该功能包括综合查询和报表管理。

（1）综合查询包括实时状态查询、仪器测点查询、监测数据查询、特征值查询、监控模型查询、巡视检查信息查询、工程安全文档查询和综合分析结果查询。

（2）报表管理包括仪器考证表、日报、月报、年报、年鉴、特殊报表和图形报表等的管理。

6）报警功能模块

该功能包括实时报警、人工报警和历史报警查询。

7）系统维护管理功能模块

该功能包括系统安全管理、系统文件管理、数据库管理、远程控制、系统日志与警报管理、软件自动升级、接口管理和系统配置。

3. 内、外部接口软件

（1）内部接口的主要功能为导入导出接口、打印接口、数据访问接口、图形处理接口、文件处理接口、异常处理接口。

（2）外部接口包括应用支撑平台集成接口、数据存储与管理系统集成接口、工程运行维护管理系统接口、水量调度业务处理系统接口、决策会商支持系统接口、闸站监控系统接口和工程防洪系统接口。

4. 数据库软件

数据库软件主要用于完成数据的管理功能，包括实时及历史数据库的加载，处理其他程序对数据库的存取要求，并按照功能规定完成对数据的运算或其他处理任务等。南水北调中线干线安全监测自动化系统数据库主要存储静态特征数据、系统类数据、历史数据、实时数据、整编数据、模型数据、文档和报表数据、知识库数据、分析推理类数据、图形分析模板数据和报警类数据。

2.3.4　运行管理

南水北调中线安全监测自动化系统维护工作由工程运行管理单位招标外委专业单位承担，工作内容主要包括：系统维护、对相关人员的培训、建立相关规程及规章制度、专项维护、应急抢修、系统的性能评价及 MCU 装置的人工比测等。通过维护，确保了工程安全监测自动化系统稳定、正常运行。

自动化系统相关运行管理要求概况如下。

(1)系统的监测频次:试运行期 1 次/天,常规监测不少于 1 次/月,非常时期可加密测次。

(2)所有原始实测数据必须全部输入数据库。

(3)监测数据至少每 3 个月做 1 次备份。

(4)每半年对自动化系统的部分或全部测点进行 1 次人工比测。

(5)运行单位应针对本工程特点制订监测自动化系统运行管理规程。

(6)每 3 个月对主要自动化监测设施进行 1 次巡视检查,汛前应进行 1 次全面检查。

(7)每 1 个月校正 1 次系统时钟。

(8)日常检查自动化系统电源线路、系统总电源电压、各测站设备电压、电源系统接地、电源防雷及接地等是否符合要求。日常检查自动化系统网络布线线路、网线防雷及接地是否符合要求。电源、防雷、通信装置的日常检查周期不超过 30 天。

(9)日常检查计算机、软件及其相关外部设备的工作状态、运行环境,包括工作电源、防雷接地、计算机病毒查杀等。

(10)按说明书和相关规范要求对监测自动化系统设备进行检查和维护。

(11)根据监测自动化设备的故障性质,配备足够的备件,对不满足要求的监测装置及时更换。

(12)远程进行诊断和维护时,应处于受控状态,对于远程登录诊断和维护应履行规定的许可手续,由系统管理员和专业维护员完成,工作结束应及时关闭登录访问功能。

2.4 安全监测系统鉴定与优化

2.4.1 安全监测系统鉴定

1. 开展安全监测系统鉴定的必要性

工程安全监测系统中的监测仪器是评价建筑物运行性态的重要设施和手段,对监测仪器进行定期鉴定、评价,确定监测系统的工作状态,对保障工程安全运行具有重要的意义。

经过长期运行的监测仪器,随着时间的推移,一些监测量趋于稳定,一些监测量会失去作用,需要适时对监测仪器进行全面的清理、检查和鉴定。通过监测仪器的综合评价,监测项目该部分停测的应停测,测次该减少的应适当减少,这样不仅可以大大减少日常观测和资料整编分析的工作量，更重要的是增强监测资料的典型性和可用性，避免庞杂和烦琐；对于可更换的和必须增补的仪器设施，需要及时进行更换和增补，确保工程安全监控的完整性和可靠性。

南水北调中线干线工程施工期安装埋设的安全监测仪器设备已投入使用多年，尤其是京石段工程已超过 10 年。受监测仪器设备自身的特性和恶劣外界条件的影响，部分测点的设施已出现了不同程度的性能变化。因此，不论从时间来讲，还是从仪器环境因素的影响上来讲，该工程的监测系统均应进行一次全面的评价。通过对监测仪器设施的鉴定，分析判断目前的仪器工作状态是否正常，从中找出仪器存在的误差和仪器异常的原因，评定可继续运行的仪器和应停测的仪器。对于监测物理量变化确认为稳定的，通过监测物理量的变化趋势分析和预测后，可以调整监测频次的，提出监测频次优化的建议。

2. 鉴定工作组织

工程运行管理过程中，南水北调中线各管理处根据内观仪器的历年观测资料情况对仪器工作状态进行了初步评价，结果分为 A、B、C、D 四类。

(1) A 类——"正常，继续观测"，仪器工况良好，测值基本稳定且合理，无测量粗差或粗差较少。

(2) B 类——"可继续观测"，测值近期或阶段性不稳定，测量粗差较多，但具备一定参考价值。

(3) C 类——"停测封存"，仪器近期无读数，或测值完全不可信。

(4) D 类——"报废"，仪器已经损坏，或其他原因弃用。

在上述分类的统计结果的基础上，南水北调中线建管局组织安全监测咨询单位提出了监测仪器设备初步评价清单，确定了首次鉴定的范围和实际数量，编制了《南水北调中线干线工程安全监测仪器设备鉴定设计方案》，并印发至各分局，要求各分局组织开展安全监测仪器鉴定工作。此项工作已于 2018 年 12 月前由各分局组织完成。

3. 鉴定范围

鉴定工作的范围包括以下四类。

(1) 应对全线所有内观仪器设备进行初步评价，根据评价后确定的仪器设备工作状态等级，将 B、C、D 级别的监测仪器设备纳入本项鉴定工作的范围。

初步评价为 B、C、D 级别的监测仪器设备主要涉及以下几类：

①仪器读数不稳定、计算物理量明显超限或不合理(如出现较大负值的土压力计、测值不合理的沉降仪等)等现象；

②仪器近期无读数，或已经损坏，或其他原因弃用。

(2)测压管是用于监测渠堤内渗流压力、混凝土建筑物与填土接合部位渗流情况和边坡内地下水的一种监测设施,其监测结果的准确性反映了渠堤内、混凝土建筑物与填土接合部位渗流状况和边坡内地下水变化情况,进而可计算分析判断渠堤渗流稳定、建筑物抗滑稳定和边坡稳定情况。但根据工程建设期和运行期间的测压管监测结果来看,绝大部分测压管的监测结果不能反映工程实际,如左排建筑物洞身或边坡外部已发现明显渗水,测压管却没有反映。因此,应将测压管灵敏度检测纳入本项鉴定工作的范围。

(3)测斜管是用于监测渠堤和边坡内水平位移的一种监测设施,其监测结果的准确性是计算分析判断渠堤和边坡稳定性的重要依据。目前工程运行期间一些渠段已出现了边坡不稳定,而测斜管监测结果显示边坡内部水平位移指向坡内,明显与实际不符,这表明测斜管导槽存在扭转问题。因此,应将膨胀土渠段测斜管导槽扭角检测纳入本项鉴定工作的范围,根据鉴定结果为测斜管监测成果的修正提供必要的基础资料。

(4)全线接入自动化系统的监测仪器设备数量大约占总量的70%,未接入的仪器包括应变计、无应力计、沉降管、测斜管和测压管等。其中,接入自动化系统的监测仪器设备,在进行自动采集数据与人工测读数据比对过程中发现部分仪器设备存在频率模数或温度偏差大、人工有读数而自动化没有读数等不符合相关规范要求的问题,应将这部分仪器设备纳入本项鉴定工作的范围,分析查找原因,提出解决措施。

4. 主要鉴定方法

工程安全监测仪器鉴定应在收集、查阅设计、施工、运行资料、对工程实体进行状态检查、对其监测设施进行现场测试和检测鉴定、对历年监测资料进行对比分析等工作的基础上进行,其成果是对现有监测设施提出报废、封存停测、继续监测等意见和建议。

主要分四步进行鉴定:基础资料评价、现场检查和测试、历史测值评价、监测仪器综合评价。依据钢弦式/差动电阻式监测仪器鉴定技术规程等,每一步鉴定工作均对应设定有评价标准。本次鉴定在现场检查和测试环节中对钢弦式监测仪器引入了频谱分析法,即通过专业的检测设备和软件测量仪器的频谱,绘制各支监测仪器的频谱,进行频谱分析,结合仪器频率值、对地绝缘电阻、芯线电阻和相间电阻检测结果,综合判断仪器钢弦状态是否正常,如图2.16所示。

安全监测系统鉴定项目承担单位以管理处为单元,编制了44个管理处的安全监测仪器设备鉴定报告,为下一步开展安全监测系统优化提供了基础资料。

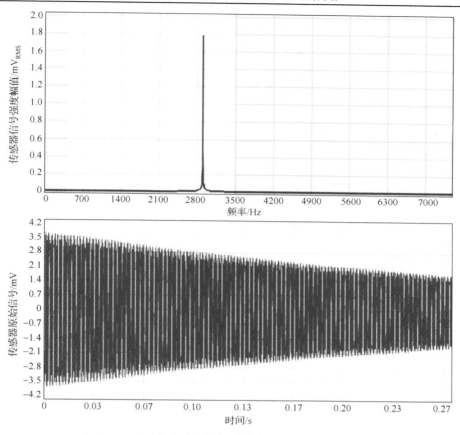

图 2.16 　 工作状态良好的钢弦式监测仪器典型频谱信号

2.4.2 安全监测系统优化

1. 开展安全监测系统优化的依据

根据安全监测相关规范及制度要求,在工程运行期间,工程管理单位应结合工程运行状态和监测成果,对监测内容和重点进行完善和优化调整。

2. 工作内容

1)安全监测系统评价阶段工作内容

(1)监测设施可靠性评价。

本项工作内容包括:

①监测系统结构调查,对监测系统管理、观测工作进行评价;

②监测设施检查、检测鉴定,以监测设施测点为单元,进行检测鉴定和评价;

③自动化监测系统检测，分别对软、硬件进行检测鉴定。

（2）安全监测设施历史观测资料可靠性分析评价。

本项工作内容包括：

①历史观测资料整理，绘制过程曲线、比对曲线、相关曲线等图件；

②分析评价观测资料可靠性；

③观测资料可靠性现场调查。

（3）监测设施完备性评价。

本项工作内容包括：

①渠道监测设施完备性评价，按工程渠段（高填、深挖、半挖半填）进行评价；

②建筑物监测设施完备性评价，按重点建筑物（输水渡槽、输水倒虹吸、输水隧洞、输水暗涵）进行评价；

（4）编写监测系统评价的报告。

2）安全监测设施优化阶段工作内容

（1）依据评价报告和有关评价资料分别对监测设施、监测方法、监测频次等逐项、逐个提出优化结论。

（2）编写监测设施优化建议方案。

3. 优化内容

从监测系统结构、监测设施、监测方法、监测频次四个方面进行优化。

1）监测系统结构优化

监测系统结构层次是否合理，对于整个系统能否高效可靠地运转关系重大，是首先需要研究优化的课题。

建议的二级监控网络模式为：现场（管理处）数据采集为一级，分局监控中心数据分析为二级的结构模式比较合理。

优化的内容是：在二级监控网络结构中，各级的功能划分需要明确，各级的功能需要强化。

第一级监控功能的强化内容如下。

（1）数据采集。按监测需要，自动定时控制各数据采集单元进行数据采集，人工干预随机控制某测点的采集。

（2）输入人工观测的数据。把观测数据键入或通过软件输入子系统。

（3）检查检验采集设备的工作状态，确认传感器的工作状态和采集到的信息是否正确。

（4）验证数据。对采集到的数据进一步验证，以检查其在一段时间内变化趋势的一致性及合理性。

(5) 数据初步处理及存储。对已验证过的数据做初步统计处理，将其结果存入数据库，并复制作为档案。

(6) 数据显示、制表、作图。测点数据编制特征值数据表和曲线图，实时在屏幕上显示。

(7) 记录安全监测自动化系统运行状况日报，编写初步分析月报，并上报分局安全监测管理部门。

(8) 数据传输。定时或随时将经过验证的初步处理过的数据传到分局安全监测管理部门。

(9) 对本管理处所管辖的渠段和建筑物使用监控标准进行安全监控。

第二级监控功能的强化内容如下。

(1) 接收所管辖的各管理处传送来的监测信息，按不同的项目进行分类管理，并存入相应的数据库。

(2) 根据所管辖工程段的安全监测资料数据绘制各种图形、编制表格，进行管理。

(3) 对所管辖工程段的各个测点(特别是关键断面或部位的测点)可随时人工干预进行测量和数据采集，并可实时跟踪显示。

(4) 对关键断面(或部位)使用监控模型或标准进行安全监控。

(5) 对所管辖工程段的安全监测数据、资料、图形、表格具有自动备份、口令、访问权限等安全措施。

(6) 负责对所管辖工程段的安全监测数据管理系统软件的升级或更新。

(7) 对渠道和建筑物运行性状和安全状态做实时综合安全分析评价，提出工程安全监测报告，包括年报、汛期或异常状态的日报或紧急报告。

(8) 与全线工程的信息管理系统联网，传送监测信息。

2) 监测设施优化

具体优化规则如下。

(1) 经检测鉴定评价，不满足监测设施完备性评价要求的部位，应进行必要的完善；针对监测项目重复、范围偏大、部分监测设施偏多、个别监测方法还不尽合理等情况，减少多余的监测项目和监测设施，在比选和论证的基础上，选用新的可靠的监测手段；对于工作正常、测值稳定可靠、规律性良好、观测精度满足要求的，根据其变化规律、变化周期、变化趋势和变化速率，调整监测频次。

(2) 经检测鉴定评价，对于测值稳定性和规律性较差、有时异常、观测精度较差的监测设施，应停测，研究存在问题的原因。

(3) 经检测鉴定评价，对于勉强可以测出数据、观测精度差、测值可靠性低等不能满足规范要求的监测设施，应停测，按有关处理标准要求提出封存、报废处理申请。对监测设施完备性有影响的，应提出恢复、更换或增补的处理方案申请。

(4)一般监测断面(或部位),监测物理量变化趋于稳定或振荡变化,累计量小于稳定标准,变化速率处于下降或小于稳定标准的测点,应做停测或定期检测处理。

(5)对外部变形监测设施的优化,本次主要考虑以下几个条件:

①已有5年以上监测数据,性状已稳定的一般监测部位,外部变形监测设施建议停测,正常维护,如左排建筑物进出口(个别建筑物包括渠堤测点)、退水建筑物出口段、半挖半填渠段等;

②经检查一般监测部位确认处于稳定状态,监测标点不可靠的建议停测,正常维护;

③已有5年以上监测数据,确认处于稳定状态,标墩位于观测难度大的部位,建议停测,正常维护;

④监测标点安装在经常性过水的部位,长期不具备观测条件,建议停测;

⑤全线工作基点数量较多,部分工作基点处于长期闲置状态,少数建筑物或部位附近的工作基点遭到破坏或被覆盖、掩埋,基于此类情况,对沿线工作基点进行优化,为建筑物或部位提供有效的工作基点个数,减少工作基点复测工作量。

(6)监测设施增补和完善的具体条件如下。

渠道需要增加的监测设施应主要具备下列条件:

①边坡坡度大于14°,挖方深度大于15m的深挖方渠段边坡和挖方深度小于15m但已发现存在运行安全问题,目前没有安装监测仪器设施的边坡;

②已安装了监测仪器设施的边坡,存在稳定性问题而监测仪器设施又没有覆盖的部位;

③经鉴定,监测设施失效比例超过50%,需要完善的监测断面。

建筑物监测设施增补和完善的条件:

①建筑物关键部位或监测断面,经监测设施完备性评价论证为不完备,需要加强监测的;

②存在安全隐患的部位,经监测设施完备性评价论证为不完备或基本完备,需要加强监测的;

③运行期发现监测异常的部位,经监测设施完备性评价论证为不完备或基本完备,需要加强监测的;

④监测物理量变化处于等速增加或振荡上行,不见收敛,变化速率大于0.01(计量单位)/d的部位,经监测设施完备性评价论证需要加强监测的;

⑤已布置了监测设施的监测断面或部位,但监测设施大量失效,比例超过50%,经监测设施完备性评价论证需要继续监测的。

(7)监测设施优化结果。

内观监测设施:共计44892支,评价优化后保留继续观测设施34207支,占比

76.2%，优化减少内观设施 10685 支，占比 23.8%；外观监测设施：共计 38389 个测点，评价优化后保留继续观测设施 32325 个测点，占比 84.2%，优化减少 6064 个测点，占比 15.8%。

3）监测方法优化

监测方法优化从以下几个方面考虑。

（1）优化自动化采集系统。内部监测设施经优化后的测点全部进入自动采集系统（包括应变计、无应力计以及土压力计、渗压计的温度芯线），清除已接入的测点中失效的、停测的、初值不可靠的测点，其中停测的测点可采用人工年检。

（2）外部变形监测。关键监测断面（或部位）、重点监测断面（或部位）和存在险情的监测断面（或部位），研究采用自动观测方法（如北斗、三维扫描、测量机器人和现场数据无线发送系统）；一般监测断面（或部位）的测点，经优化后按不同变化梯度调整观测频次或采用年度检测处理。

（3）对监测系统完备性有影响的、在安全监控中较为重要的监测项目，以及需要增补的仪器设施（如补充混凝土实体检测、槽身接缝开合度监测项目、裹头和高填方渠段渗流（浸润线）监测、高边坡变形自动化监测等）采用现场数据自动采集无线发送系统，进入自动化监测系统。

（4）土压力监测。由于仪器自身与填土材料刚度不同以及安装方法等原因，造成土压力测值为负或不均匀系数明显不合理，建议进行专题分析论证后统一处理，在此之前可先降低观测频次，但监测数据仅供参考，不作为评判工程运行状况的依据；渡槽挠度监测采用跨中悬挂垂线的方法，观测精度不满足要求，且在河道过水时也不具备观测条件的，建议按封存停测处理。

（5）监测效率低下、实时性较差的监测方式（如采用测压管由人工进行渗流监测）按不同时段或不同变化梯度调整观测频次；经监测设施完备性评价论证需要加强监测的，如测压管、测斜管等，采用现场数据自动采集无线发送系统，进入自动化监测系统。

4）监测频次优化

监测频次优化主要针对外部变形测点和内部监测中人工数据采集测点的监测频次。

监测频次优化的基本原则是，依据测点的重要性、测点数据变化梯度和测点监测时段需要，在设计、规范和相关技术文件规定的监测频次要求的基础上，实时进行优化，调整监测频次；监测频次优化时，需要加密频次的，可先行后报批，需要降低频次的，应报批后再执行。

监测频次优化涉及以下几个方面。

（1）表面变形监测中，半挖半填渠段非临水侧、高陡边坡存在观测安全隐患以及左排建筑物进出口部位和跨渠桥梁，建议观测频次优化为 1 次/年；输水倒虹吸、暗涵和左排建筑物管身常年过水或积水，无法观测的测点按报废处置。

（2）可靠性评价为停测的土压力计、应变计等监测设施，建议观测频次优化为 1 次/季。

（3）对于优化后的内观监测仪器，建议人工采集频次优化为 1 次/季度。但每半年需对自动化采集数据与人工采集数据进行一次比对。

（4）上述优化后的观测频次在特殊时段或工程出现异常情况时，可根据实际情况再进行调整。

第3章 基于InSAR和无人机遥感的边坡监测技术及应用

3.1 基于卫星雷达遥感技术的渠道边坡变形监测

本节以南水北调中线工程渠道边坡为工程背景，结合中分辨率和高分辨率雷达数据，介绍包括硬件设备建设、数据资源建设、软件系统和数据处理服务建设等工作在内的卫星雷达遥感技术应用。

3.1.1 数据资源

数据资源采集分为高分辨率商业卫星数据购买和中分辨率免费卫星数据收集，其中，高分辨率商业卫星数据采用德国TerraSAR-X卫星的条带(stripmap)采集模式，中分辨率采用欧空局哨兵1号(Sentinel-1)卫星的IW采集模式提供的免费卫星数据。

TerraSAR-X stripmap的数据覆盖范围如图3.1所示，由升轨和降轨两个轨道组成，其中，降轨同时覆盖长葛-禹州渠段，升轨仅覆盖长葛渠段，数据分辨率为3m。Sentinel-1雷达卫星在河南境内只有升轨数据，覆盖某段渠道边坡的影像如图3.2所示，共由5个框幅组成，分别为Path113的Frame106和Frame111，以及Path40的Frame107、Frame112和Frame117。Sentinel-1影像空间分辨率为距离向5m，方位向20m。两颗雷达卫星的基本技术指标如下。

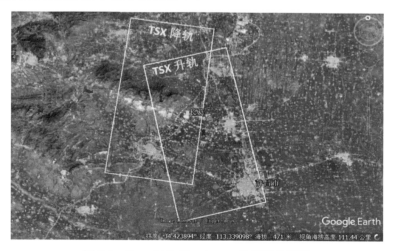

图3.1 TerraSAR-X stripmap数据覆盖范围

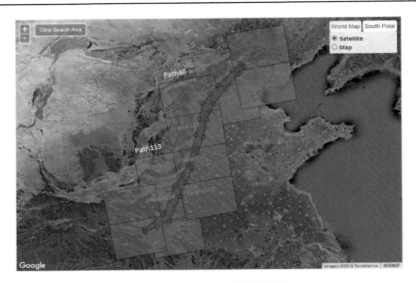

图 3.2　Sentinel-1 数据覆盖范围

1) 高分辨率 TerraSAR-X 雷达卫星

TerraSAR-X 卫星是德国研制的一颗高分辨率雷达卫星，于 2007 年 6 月发射，携带一颗 X 波段 SAR 传感器，可以聚束式、条带式和扫描式三种模式成像，并拥有多种极化方式，成像模式如图 3.3 所示。聚束模式可细分为聚束（spotlight，SL）、高分聚束（high Resolution spotlight，HS）和凝视聚束（staring spotlight，ST），扫描模式细分为扫描式（scanSAR，SC）和宽幅扫描式（wide scanSAR，WS），具体参数如表 3.1 所示。

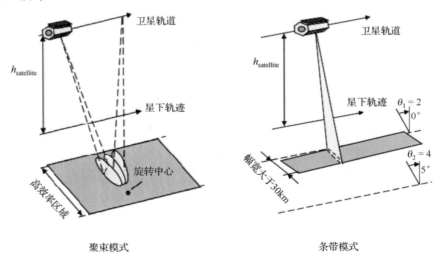

聚束模式　　　　　　　　　　　　　　条带模式

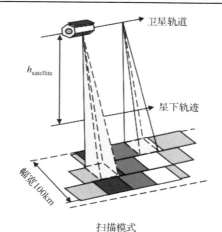

图 3.3 　TerraSAR-X 成像模式示意图

表 3.1 　TerraSAR-X 成像模式参数

成像模式	影像大小/km	分辨率/m	极化方式	入射角/(°)
凝视聚束	4×3.7	0.6×0.24	VV,HH	20～45
高分聚束 (300 MHz)	10×5	0.6×1.1	VV,HH	20～55
高分聚束	10×5	1.2×1.1 1.2×2.2	VV,HH HH+VV	20～55
聚束	10×10	1.2×1.7 1.2×3.4	VV,HH HH+VV	20～55
条带	单极化30×50 双极化15×50	1.2×3.3 1.2×6.6	VV,HH HH+VV,HH+HV,VV+VH	20～45
扫描式	100×150	1.2×18.5	VV,HH	20～45
宽幅扫描式	270×200	1.7～3.3×40	VV,HH,VH,HV	15.6～49

注：VV 表示垂直发射垂直接收；HH 表示水平发射水平接收；VH 表示垂直发射水平接收；HV 表示水平发射垂直接收

2) 中分辨率 Sentinel-1 雷达卫星

Sentinel-1 卫星是欧空局哥白尼计划(GMES)中的地球观测卫星，由两颗卫星组成，载有 C 波段合成孔径雷达，其中，Sentinel-1A 卫星于 2014 年 4 月 3 日发射，Sentinel-1B 卫星于 2016 年 4 月 25 日发射。Sentinel-1 单颗卫星的最短重访周期为 12 天，双星串联飞行最短重访周期为 6 天。Sentinel-1 卫星采取全球业务化运行模式，且向全球用户免费开放所有数据。

Sentinel-1 有多种成像模式，包括条带模式、干涉宽幅模式、超宽幅模式和波普模式，亦可实现单双极化方式，成像模式几何示意图如图 3.4 所示，相应的参数如表 3.2 所示。其中，干涉宽幅模式为默认对地观测模式，采用 TOPS 成像技术，扫描幅宽为 250km，方位向和距离向分辨率分别为 20m 和 5m。

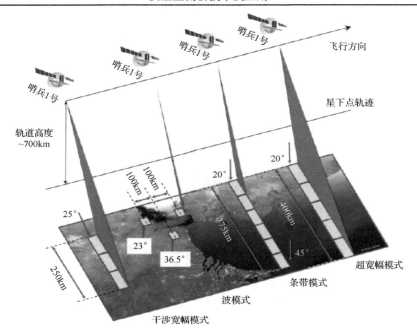

图 3.4　Sentinel-1 卫星成像模式示意图

表 3.2　Sentinel-1 成像模式参数

成像模式	入射角/(°)	分辨率/m	幅宽/km	极化方式
条带	20～45	5×5	80	HH+HV,VH+VV,HH,VV
干涉宽幅	29～46	5×20	250	HH+HV,VH+VV,HH,VV
超宽幅	19～47	20×40	400	HH+HV,VH+VV,HH,VV
波浪模式	22～35 35～38	5×5	20×20	HH,VV

3.1.2　软件系统

软件系统包括一套针对渠道边坡变形监测的 InSAR 数据处理系统。采用 C++ 和 MATLAB 语言研发针对南水北调渠道边坡变形监测的 InSAR 数据处理系统，简化数据处理流程，满足基本的数据处理需求，其具备以下功能模块：

①雷达影像的精密配准；

②雷达影像地理编码；

③角反射器识别与定位；

④三维形变提取；

⑤形变监测结果可视化；

⑥线性工程高效处理。

结合信息化系统常用性能标准，系统性能需满足以下主要需求。

（1）数据处理性能需求：新的 SAR 数据获取后，在 7 天内完成河南分局工程范围内普查数据处理工作。

（2）形变测量精度需求：通过与现场水准测量或 GNSS 测量结果对比，渠道边坡形变测量普查精度不大于 5mm，增加角反射器部位渠道边坡形变测量精度不大于 3mm。

（3）分辨率需求：高分辨率数据分辨率不大于 3m×3m。

（4）系统功能需求：系统应具备形变监测需要的常用汇总统计、制表制图、分析计算等功能。

3.1.3　数据处理及分析

以南水北调中线工程渠道边坡为工程背景，应用卫星雷达遥感技术分别针对渠道边坡进行了普查和某一变形渠道边坡进行精细化监测。

（1）渠道边坡形变隐患普查。

基于雷达数据的大范围覆盖特征，利用时间序列 InSAR 技术提取河南分局管辖区渠道边坡沿线地表形变速率图，通过分析速率异常值，即不稳定区域，进行大范围潜在变形区域的普查工作，找出通水以来渠道存在较大变形的区域。

（2）渠道边坡的精细化监测。

选取某一变形渠段为重点区域，订购该区域的高分辨率 TerraSAR-X 雷达卫星数据，提取该区域边坡的详细变形信息，通过融合 TerraSAR-X 升轨和 Sentinel-1 升轨数据，反演边坡三维变形。

上述两项工作分别涉及时间序列 InSAR 技术和三维形变反演技术，数据处理步骤如下。

使用 InSAR 技术监测两处发生形变的渠道边坡，并将 InSAR 结果与地面水准测量进行了详细比对，从图 3.5～图 3.8 可以看出，InSAR 技术能够精确地测量渠道边坡的形变信息，给出清晰的变形空间分布格局，而且具有较高的空间分辨率和空间覆盖；InSAR 与水准测量的结果吻合极好，说明 InSAR 技术手段具有较高的可靠性。

图 3.5　填方渠道边坡 InSAR 监测结果

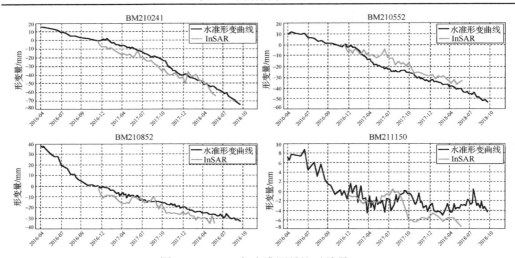

图 3.6　InSAR 与水准测量比对结果 1

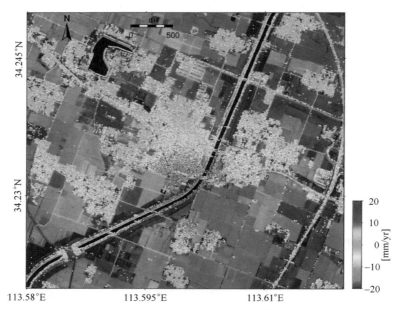

图 3.7　挖方渠道边坡 InSAR 监测结果

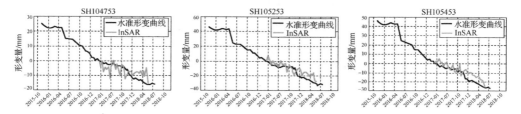

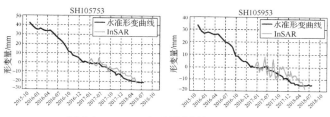

图 3.8　InSAR 与水准测量比对结果 2

3.2　基于无人机遥感技术的渠坡变形巡测系统

无人机的高精度渠坡变形巡测系统的核心建设目标是通过基于无人机的高精度渠坡变形巡测技术研究，实现对渠坡形变相关数据的自动化采集，通过数据分析实现渠坡三维变形的毫米级测量，最终实现渠道边坡的自动化观测。巡测方案选取 1.6km 长的高填方渠道边坡，采用基于无人机的高精度渠坡变形进行试点。

3.2.1　系统建设

系统建设主要包括无人机性能的优化、图像的自动化采集和高精度三维变形量的获取。具体建设任务如下。

（1）无人机性能的优化。

无人机为了能够完成对大范围渠道边坡的图像采集，其续航能力必须要提高，以扩大单次作业范围，提升作业效率。此外还要保证飞行过程中的安全性和稳定性。

（2）图像的自动化采集。

无人机能够按照预先规划的航线自主飞行并完成图像的自动化采集。图像采集的分辨率、画幅大小、重叠度等参数对测量精度和自动化作业效率有显著影响。因此，相机选型、拍摄角度、飞行高度和飞行轨迹等参数也需要进行优化以使系统在满足毫米级精度要求的情况下具有较高的自动化作业效率。

（3）高精度三维变形量的获取。

对采集的图像和数据进行高效处理，得到渠坡毫米级精度的三维变形量，并对变形监测结果的精度进行验证。

3.2.2　现场测试

在监测段中选取长 200 m 的渠道，设置两个监测断面，进行方案的精度测试和效率评估。现场实验通过测试后再进行全面的系统建设。

实验流程如图 3.9 所示，现场勘查完成后进行地面点和检核点的布设。然后规划无人机在实验区域内的飞行航线，并进行首次无人机影像采集。以后每次无人机采集影像之前，移动检核点下方三轴平台的水平和高程各 2mm，检核点移动后再次利用无人机进行影像采集，如此一共移动检核点 5 次并采集影像数据 6 组。最后对 6 组图像处理分析，计算出检核点的位移量并进行精度分析。

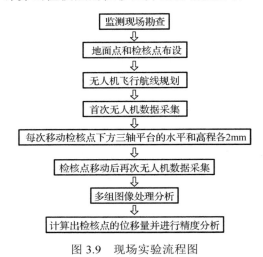

图 3.9　现场实验流程图

1) 地面点和检核点的布设

在监测断面上的防浪墙、路肩及二级马道上各放置一个检核点，在监测断面的左右两侧均匀放置两条由地面编码点形成的条带，如图 3.10 所示。采用的检核点也是人工编码点，校核点放置于 XYZ 三轴移动平台上。该移动平台的水平控制精度为 0.03mm，高程控制精度为 0.1mm，满足实验要求。

2) 移动检核点并进行无人机影像采集

飞机航线规划完毕后，点击一键起飞，无人机便可按照规划的航线进行自主飞行，并在飞行过程中控制相机拍照，任务结束后自动降落到起飞点，完成首次无人机影像采集。记录无人机飞行过程的耗时和耗电量等飞行效率信息。

以后每次无人机采集影像之前，移动检核点下方的三轴平台，检核点的位移量通过高精度三轴移动平台每次控制为水平+2mm 和高程−2mm。检核点移动后再次利用无人机进行影像采集，如此一共移动检核点 5 次，检核点的累计位移量为水平+10mm 和高程−10mm。最终，加上首次采集的影像，一共采集了 6 组影像，以及 6 次飞行过程的耗时和耗电量等信息。

3) 数据处理与分析

对采集到的影像采用图像算法进行处理，计算得到三个检核点在移动过程中的位移量，并记录所用电脑的配置以及每次计算出检核点位移量的耗时。

对比验证的精度主要是校核点的水平位移精度和高程位移精度，对比验证的形式是通过比较校核点位移过程的计算值和真值的差异，即将 5 次检核点位移量的计算值与真值进行对比，其样式如图 3.11 和图 3.12 所示。

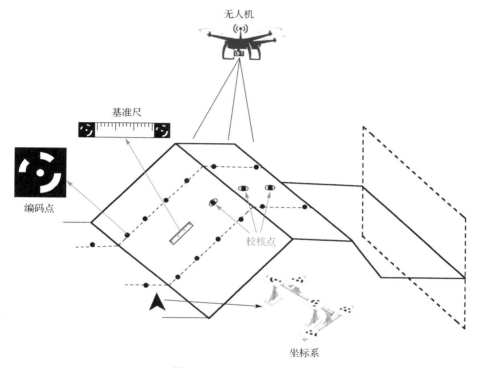

图 3.10　现场实验布置图

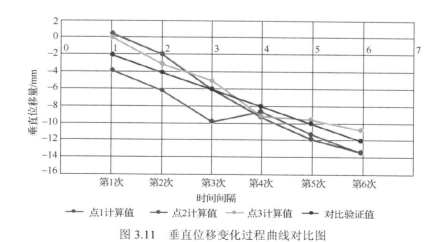

图 3.11　垂直位移变化过程曲线对比图

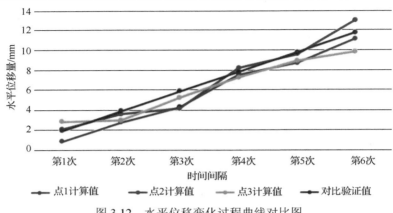

图 3.12　水平位移变化过程曲线对比图

3.2.3　系统试运行

基于无人机的高精度渠坡变形巡测系统，融合了最新的无人机技术和基于编码点的高精度摄影测量技术，实现对渠坡变形量的高精度量测。其建设实施流程如下：①首先对监测区域进行现场勘察，并依照现场条件进行地面点布设；②将无人机放置在叶县管理处的屋顶上，飞行检查完毕后点击一键起飞，无人机便按照预先规划的航线进行自主飞行，并在飞行过程中对渠道边坡拍摄，任务结束后自动降落到起飞点，完成影像的自动化采集；③通过对同一区域不同时间采集得到的两组数据对比分析得到该区域监测点的变形量，将变形测量成果根据要求的格式进行整理和存储。

1）地面点布设

现场地面点的布设分为三级布设。第一级为工作基点布设，埋设在稳定区域，在观测期间稳定不变点。第二级为观测点布设，边坡体上的观测点布置在各级边坡马道上，观测断面间距为100m。对有可能形成的滑动带、重点部位及可疑点应加深、加密布点。第三级为地面辅助点布设，旨在增加地表的纹理特征，提供图像拼接过程中的优质连接点，提高变形测量的精度。边坡的地面点布置示意图如图3.13和图3.14所示。

2）工作基点

根据观测的对象、周期以及周边的环境，工作基点可埋设混凝土标石。工作基点应埋设在坡底的稳定原状土层内，埋设应牢固可靠。一般在每个监测断面上设立6个工作基点。选择好工作基点位置之后，挖除表土并开挖一个0.3m×0.3m且深度约0.4m的方坑，用混凝土浇筑底盘至地面高度5cm，并在底盘中心埋设编码图板。编码图板如图3.15和图3.16所示，由0.25m×0.25m的不锈钢背板和四个地脚螺栓组成。

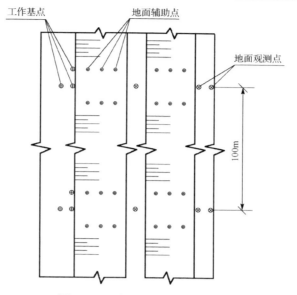

图 3.13　现场地面点平面布置图

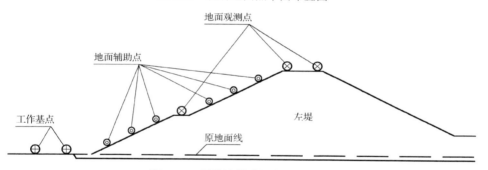

图 3.14　渠道边坡监测断面布置图

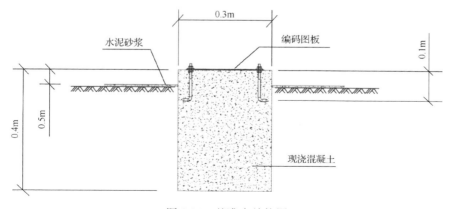

图 3.15　基准点结构图

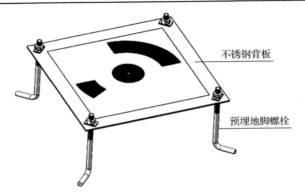

图 3.16　编码图板结构图

3) 观测点

观测点直接埋设在要测定的变形体上。点位应设立在能反映变形的特征部位，不但要求设置牢固、便于观测，还要求形式美观、结构合理，且不破坏变形体的外观和使用。根据设计图纸，观测点布置在防浪墙、路肩以及二级边坡马道上，观测断面间距为 100m。对有可能形成的滑动带、重点部位及可疑点应加深、加密布点。

4) 地面辅助点

地面辅助点布设旨在增加地表的纹理特征,提供图像拼接过程中的优质连接点,提高变形测量的精度。地面辅助点的结构图如图 3.17 所示，在渠道边坡宽 0.2m 的排水沟上用结构胶固定一个 0.25m×0.25m 的不锈钢背板，不锈钢背板上粘贴编码图案。为保证一定的拼接精度，辅助点的间距不超过 5m。

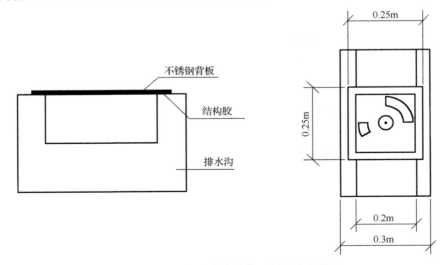

图 3.17　地面辅助点的结构正视图和俯视图

3.2.4　数据自动化采集

　　地面点布设完成后，在地面站软件上对航线进行规划，并对飞行参数进行设置。航线规划和飞行参数根据无人机搭载相机的性能来设计。无人机搭载的工业高清相机为德国制造高信噪比 CMOS 相机，分辨率为 1200 万像素，像元尺寸为 3.45μm，快门时间最快可达 2μs，相机无畸变，另外配备了焦距为 50mm 的镜头。为了使亚像素级精度的定位算法应用到影像上能够达到变形监测毫米级精度的要求，影像的地面分辨率至少为 4mm。那么无人机的飞行高度必须低于 58.0m，单张影像覆盖区域的最大尺寸为 16m×12m。相机设置为每秒采集 3 张影像，为了保证影像在航向上 60% 的重叠度，无人机的飞行速度不超过 14.4m/s。因此，为了保证影像的质量，本方案中设计的飞行高度为 50m，飞行速度为 10m/s。无人机在渠道上的典型航线如图 3.18 和图 3.19 所示，采用循地模式在监测断面上方沿坡面飞行。

　　在项目实施过程中，可将无人机放置在屋顶上，飞行检查完毕后，点击一键起飞，无人机便按照规划的航线进行自主飞行，并在飞行过程中控制工业相机拍照，任务结束后自动降落到起飞点，完成图像的自动化采集。

图 3.18　地面站软件航线规划

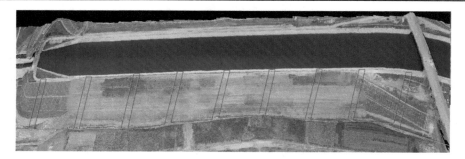

图 3.19　渠道边坡上拟规划的飞行航线图

3.2.5　数据处理分析

影像采集完成后，可通过一系列图像算法处理获得监测点的三维坐标，主要涉及的算法有编码点识别和定位、生成三维点云、光束法平差等步骤，其中三维点云生成可用成熟商业软件算法实现，各算法具体成果如下。

(1)将影像进行编码点识别和定位，提取各个监测编码点的信息，如图 3.20 所示。

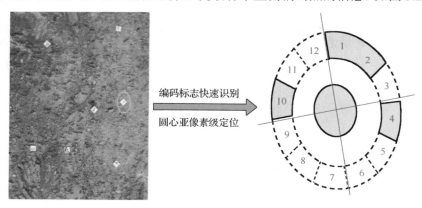

图 3.20　编码点识别和定位

(2)将影像进行三维拼接，生成监测区域的三维点云，如图 3.21 所示。这一步骤可以使用成熟商业软件算法实现，如 Smart3D、GodWork 等，其中，Smart3D 效果最好。

(3)通过对监测区域编码点进行光束法平差、空三交互等算法处理，得到编码点的高精度三维坐标。

通过对算法不断地优化，最终实现对采集图像和数据处理的高效性，得到渠坡毫米级精度的三维变形量，并最终满足垂直位移、水平位移相对于工作基点测量中误差不超过 ±2.0mm 的要求，如图 3.22 所示。

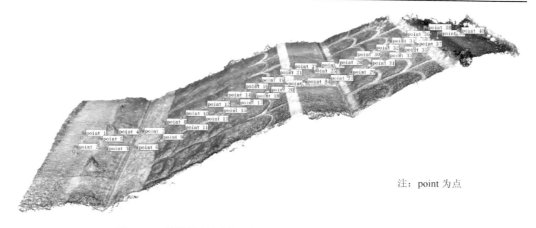

注：point 为点

图 3.21　某渠坡监测断面的点云及标志点的三维坐标分布

注：point 为点

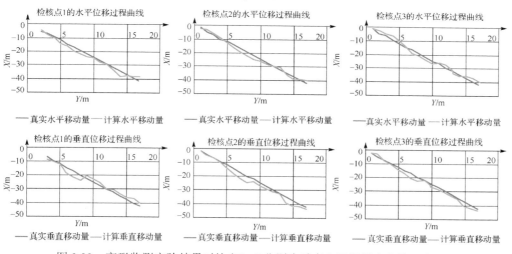

图 3.22　变形监测实验结果对比(X，Y 分别为垂直和沿渠道方向的形变量)

第4章　监测自动化技术及应用

自动化监测技术是 20 世纪 60 年代发展起来的一种全新的监测技术，它是随着计算机技术、网络通信技术的发展而发展起来的。

自动化监测可分为三种形式，第一种是数据处理自动化，也叫"后自动化"；第二种是实现了数据采集自动化，俗称"前自动化"；第三种是实现了在线自动化采集数据和离线数据分析，叫"全自动化"。自动化监测主要包括数据采集的自动化、数据传输的自动化、数据管理的自动化和数据分析的自动化等。目前依靠传感器技术的内观监测基本实现了自动化，而外观监测主要还是人工观测，自动化程度比较低。对于平面位移的高精度监测已逐步实现自动化，高精度的沉降监测主要还是采用直接水准法，除读数实现自动外，基本靠人工操作。

4.1　外观监测自动化技术

按照监测仪器来分，目前外观监测自动化应用最多和最成熟的当属测量机器人自动化监测和 GNSS 自动化监测。

4.1.1　测量机器人自动化监测技术

测量机器人(measurement robot)或称测地机器人(georobot)的概念首次由奥地利维也纳技术大学的卡门教授提出，第一台测量机器人也是由卡门教授等人于 1983 年使用视觉经纬仪改制成功的，并且将其用于监测矿区的地表移动。以 Leica 公司生产的测量机器人为例，其特点是：带有 CCD 摄像机和马达伺服机构；具有自动精确照准、自动观测、自动记录和数据转换功能，可实现对大型工程建筑物或地表的全自动变形监测；配备相应的图像处理软件后，用两台测量机器人通过模式识别和影像相关匹配，可实现大量自然特征点的高精度快速无接触实时测量，该方法不需要在目标点上设置特殊标志，在近距离内，精度达到了±0.12mm，可用于大型工业构件的形状监测；具有自动跟踪特殊目标功能，配以全向棱镜，可实现对运动载体的自动跟踪测量，适合于水上测量；只观测方向时，无须准确照准，通过 CCD 获取的像点坐标对相应的目标点进行视准轴偏差改正，从而求得正确的方向值，这样可以提高观测速度。

测量机器人技术组成包括坐标系统、操纵器、换能器、计算机和控制器、闭路控制传感器、决定制作、目标捕获和集成传感器等八大部分。

(1)坐标系统为球面坐标系统，望远镜能绕仪器的纵轴和横轴旋转，在水平面360°、竖面180°范围内寻找目标；

(2)操纵器的作用是控制机器人的转动；

(3)换能器可将电能转化为机械能以驱动步进马达运动；

(4)计算机和控制器的功能是从设计开始到终止操纵系统、存储观测数据并与其他系统接口，控制方式多采用连续路径或点到点的伺服控制系统；

(5)闭路控制传感器将反馈信号传送给操纵器和控制器，以进行跟踪测量或精密定位；

(6)决定制作主要用于发现目标，如采用模拟人识别图像的方法(称试探分析)或对目标局部特征分析的方法(称句法分析)进行影像匹配；

(7)目标捕获用于精确地照准目标，常采用开窗法、阈值法、区域分割法、回光信号最强法以及方形螺旋式扫描法等；

(8)集成传感器包括采用距离、角度、温度、气压等传感器获取各种观测值；由影像传感器构成的视频成像系统通过影像生成、影像获取和影像处理，在计算机和控制器的操纵下实现自动跟踪和精确照准目标，从而获取物体或物体某部分的长度、厚度、宽度、方位、二维和三维坐标等信息，进而得到物体的形态及其随时间的变化。

有些自动全站仪还为用户提供了一个二次开发平台，利用该平台开发的软件可以直接在全站仪上运行。利用计算机软件实现测量过程、数据记录、数据处理和报表输出的自动化，从而在一定程度上实现了监测自动化和一体化。

1. 系统设计步骤

(1)基点站房。

建设观测房、配套用电和通信等辅助设施。观测基点布设在观测房内，基点上安装测量机器人。为实现自动化观测，在观测房配备全自动电动玻璃窗，玻璃窗在测量机器人观测前后可自动开闭，同时保证基点站房内外温度等环境因素一致性，满足测量机器人观测精度要求。

(2)位移标点。

为实现自动化观测，位移标点配备观测棱镜及保护装置。保护装置在满足观测精度的前提下，也要满足防盗的要求。保护装置避免了在每次观测前，人工安装棱镜的工作，实现了无现场工作人员的完全自动观测。

(3)系统组网、通信。

系统一般采用光纤通信方式，将终端机器人测读的相关数据传回监测管理站内的工控机。

(4)系统防雷接地。

由于测量机器人监测系统处于室外，需要设置防雷设备，系统的接地采用一点接地方式，以避免由于接地电位差而混入交流波干扰等，防雷接地系统需覆盖整个自动化监测系统，其接地电阻应小于 4Ω。

(5) 系统供电。

采用专用线路对系统供电，系统的供电电源采用 220V、50Hz 的单相交流电，该单相电源专线敷设至系统所用的配电柜，其电源波动范围在+5%～−10%之内，并配有 UPS 给基点站房提供不中断电源。

2. 测量机器人设备

测量机器人是一种能代替人进行自动搜索、跟踪、辨识和精确照准目标并获取角度、距离、三维坐标以及影像等信息的智能型电子全站仪，它可以连续跟踪目标测量，或按照已经设定的程序自动重复测量多个目标，可以实现测量的全自动化、智能化。

目前市面上各主流仪器厂商均有代表性的测量机器人，本文以瑞士徕卡 Nova TM50 型测量机器人(图 4.1)为例来说明测量机器人的相关主要参数。

图 4.1　徕卡 Nova TM50 型测量机器人

徕卡 Nova TM50 集成了市场上最高精度的测角和测距系统，自动照准距离达 3000m，角度精度达 0.5″，从而确保 TM50 无与伦比的监测精度。此外，仪器具备 IP65 超高防尘防水等级、高分辨率的图像测量技术、智能电源管理系统和高效便捷的 WLAN 传输模块等，保障了仪器在恶劣环境下高精度、高效率、全天候智能化地完成监测工作。

测量机器人的技术指标如下。

测距精度：≤±(0.6mm+1ppm)；

测角精度：≤±0.5″(0.3mgon)；

自动照准作业最大距离：≥3km；

自动照准精度：基本精度±1mm；

1km 精度±2mm；

2km 精度±4mm；

3km 精度±7mm。

(1) 具有小视场角技术；能实现远程图像摄影及传输；有效棱镜自动识别距离达到 3km，在小角度视窗范围内可搜索识别多个棱镜。

(2) 测量机器人投入使用前，按国家规范要求进行检定，监测期定期进行设备检查、维护等，保证测量机器人能正常完成各项监测任务。

　　（3）将测量机器人安装在观测房内观测墩的强制对中基座上。通过程控开关盒连接至 Y 型天线上，Y 型天线的一端连接供电装置，另一端接通信装置。

　　（4）与测量机器人配套安装气象传感器装置，含温度和压力传感器，数字读数，气象数据自动传输至监测管理站，进行测量机器人观测数据的气象改正。

　　3. 测量机器人监测系统软件

　　测量机器人监测系统软件，如徕卡 GeoMos 软件等，具备自动监测、数据处理分析功能。测量机器人监测系统软件主要包括工程管理、系统初始化、学习测量、自动测量、数据处理、数据查询、成果输出、工具、帮助等功能模块。

　　工程管理：将变形监测项目作为一项工程来管理，对应一个数据库文件，保存所有该变形监测项目的所有数据，如初始设置信息、原始观测值和计算分析成果等。

　　系统初始化：计算机与测量机器人的串口通信参数设置；测量机器人初始化，如自动目标识别、目标锁定、补偿器开关状态；搜寻范围、测距模式设置；距离、角度、温度、气压的单位设置；测前测量机器人的检校，如 2C 互差、指标差和自动目标识别照准差等。

　　学习测量：通过初始训练获取目标点概略空间位置信息。

　　自动测量：按设计的观测方案及观测限差控制测量机器人自动做周期观测。观测方案包括总观测期数、两期观测间隔时间、每期测回数、是否盘右观测等。自动观测中，软件能自动处理一些异常情况，如超限时，自动判断并指挥测量机器人按要求重测；若目标被挡，软件会控制测量机器人做三次重测尝试，不成功则暂时放弃，待其余目标观测完毕再试，若仍不成功则等待一段时间（一般 1/10 期间隔）后补测，还不成功则会最终放弃并记录相应说明信息。自动报警用声音或屏幕提示等方式在测量过程中实现。

　　数据处理：包括对原始观测值做特殊的距离差分和高差差分处理、目标点坐标的计算和变形分析。

　　数据查询与成果输出：查询和用报表的形式输出选定时期和目标点的观测、计算和分析成果。

　　工具：提供自由设站观测与计算工具，用来检查基站的稳定性或在基站不稳定的情况下得到基站的精确坐标。

4.1.2　GNSS 自动化监测技术

　　GNSS 的全称是全球导航卫星系统，泛指所有的卫星导航系统，包括中国北斗系统（BDS）、美国 GPS 系统、俄罗斯 GLONASS 系统和欧洲 GALILEO 系统等全球的、区域的卫星导航系统。GNSS 技术具有全天候、全时域、定位精度高、测量时间短、测站之间无须通视和可同时测定点位的三维坐标等优点。

变形监测就是利用先进的仪器设备和测量方法对变形体发生的形态变化现象进行监测，同时对变形体的变形形态进行数据分析、统计和预测等工作。变形监测研究首先要得到及时精确的变形数据信息，并且尽可能地通过这些数据信息来分析研究变形的内在规律、变形机理和外界影响，从而达到对变形体变形的影响进行预测、预报的作用。但是要对变形监测进行及时准确的预测预报，就需要高精度、实时化的变形监测系统。而 GNSS 技术是一种可实现远程自动化测量的高精度的变形监测技术。近年来，我国 GNSS 对地观测技术发展迅速，目前主要应用于大地测量、变形监测、地震地质和地球动力学研究等方面，并取得了良好的效果。

1. 系统设计步骤

(1)基准站建设。

新建或者利用稳定的标石(观测墩)组建 GNSS 监测系统的水平位移监测控制网，基准站建设一般必须满足下面条件：场地稳固，最好有稳定基岩或打桩；接收器接收范围内障碍物的高度与监测设备之间的角度不宜超过 15°；远离干扰，如大功率无线电发射源和高压输电线等，与干扰源之间的距离不得小于 50m；尽量采用无线数据传输方式，如没有条件，网络连接应方便；观测标志应避免较大振动，远离机械、车辆等振动源。

(2)系统组网与通信。

系统采用光纤通信方式，将 GNSS 观测数据传回监测管理站内的工控机。

(3)系统防雷与接地。

由于 GNSS 监测系统处于室外，需要设置防雷设备，其接地电阻应小于 4Ω。

(4)系统供电。

采用专用线路对系统供电，系统的供电电源采用 220V、50Hz 的单相交流电，该单相电源专线敷设至系统所用的配电柜，其电源波动范围在+5%～-10%之内。并配备后备电源，采用后备电源单独供电时，至少能维持基准站设备连续工作 12 小时。

2. GNSS 设备

全球卫星导航系统具备全天候连续提供全球高精度导航的能力，除了能满足运动载体高精度导航的需要外，还能服务于高精度大地测量、精密授时、交通运输管理、气象观测、载体姿态测量、国土安全防卫等多个领域。GNSS 加无线通信、变形监控软件、数据库管理软件、变形分析软件构成自动监测系统，可用于滑坡、大坝、大桥、高层建筑物变形监测。

本书所讨论的基于 GNSS 的自动化监测方法，是利用 GNSS 信号接收元件，采取差分观测的方法接收 GNSS 定位信息，并将采集到的数据传输给主控站计算机。进而利用特定的解算软件，进行滤波解算，对解算后的数据进行显示及与阈值对比评估，并反馈于预警系统，预警系统做出自动化响应，达到实时监测、自动预警的效果。

用于自动化监测技术的 GNSS 设备须采用高精度的专用于精密大地测量和精密工程测量的测地型接收机，以天宝 Zephyr Geodetic 3 型天线和 R9s 型 GNSS 接收机为例说明 GNSS 设备的相关参数。

（1）美国天宝 Zephyr Geodetic 3 大抑径板天线（图 4.2）技术指标如下。

①天线相位中心稳定性：≤1.0mm；

②噪声：<2.0dBi；

③基准站型大抑径板天线，支持四星技术；

④跟踪波段：GPS：L1、L2E、L2C、L5；GLONASS：L1、L2、L3CDMA；GALILEO：E2-L1-E1、E5A、E5b、E5a+b、E6；北斗：B1、B2、B3L；

⑤防护等级：IP67；

⑥工作环境：温度-40℃～70℃，湿度 100%。

图 4.2　天宝 Zephyr Geodetic 3 大抑径板天线

（2）美国天宝 R9s 型 GNSS 接收机（图 4.3）技术指标如下。

①精度：平面≤±（3mm+0.1ppm）；高程≤±（3.5mm+0.4ppm）；

②通道数及信号：≥440 信道（R9s 接收机）；

③相位测量精度优于±0.5mm，观测量至少有 $L1$、$L2$ 载波相位，能捕获 99% 的高度角在 10 度以上的卫星，低信噪比稳定跟踪，抗粗差和多路径；

④数据输出频率：0～20Hz；

⑤防护等级：IP67；

⑥工作环境：温度-40℃～65℃，湿度 95%。

图 4.3　天宝 R9s 接收机

（3）GNSS 接收机投入使用前，按国家规范要求进行检定，监测期定期进行设备检查、维护等，保证 GNSS 接收机能正常完成各项监测任务。

（4）GNSS 天线一般安装在观测墩的强制对中基座上，接收机放置在观测房内，天线馈线牵引至观测房内的接收机上。接收机连接供电装置和通信装置，将观测数据自动传输至监测管理站。

3. 监测系统软件

目前市面上主流监测软件平台一般共分三个模块。

（1）数据采集模块：具备数据采集、传输和本地存储的功能。

（2）数据处理模块：完成本地数据接收、控制、异地数据处理、显示、评估等工作。

（3）数据存储模块：完成数据存储和管理工作。

从功能方面分，主要包含 GNSS 系统基线解算及 GNSS 系统监控和分析功能。

（1）GNSS 系统基线解算。

基线解算结果满足《全球定位系统（GPS）测量规范（GB/T18314）》中相关要求，可自动输出 RINEX 格式的数据载波相位观测值。

（2）GNSS 系统监控和分析。

包括通信、网络管理、数据采集传输、基线网平差、坐标转换、数据分析和曲线、报表输出等功能。

4.1.3　陶岔渠首监测自动化方案设计及实现

1. 项目背景

陶岔枢纽工程是南水北调工程的渠首，位于河南省淅川县九重乡陶岔村、丹唐分水岭汤山禹山垭南侧，是丹江口水库的副坝，也是南水北调中线工程的进水闸。陶岔渠首枢纽作为丹江口水利枢纽的副坝，也是南水北调中线工程的渠首工程，其工程等别为 I 等工程。主要建筑物引水闸、河床式电站、两岸连接坝段等挡水建筑物为 1 级建筑物，次要建筑物副厂房、开关站，以及上、下游导水墙等为 3 级建筑物。由于上游引渠段及闸下游消能建筑物亦为总干渠输水渠道一部分，故也按 1 级建筑物设计。

重力坝坝顶高程 176.6m，防浪墙顶高程 177.8m，最大坝高 53.1m，轴线长 265m，共分 15 个坝段。其中，1#～5#坝段为左岸非溢流坝，坝段宽均为 16m，轴线长 80m；6#坝段为安装场坝段，坝段宽均为 31m，轴线长 31m；7#～8#坝段为厂房坝段，7#坝段宽 16m，8#坝段宽 19m，轴线长 35m；9#～10#坝段为引水闸室段，坝段宽均为 15.5m，轴线长 31m；11#～15#坝段为右岸非溢流坝，除 11#坝段宽为 16m，其余均为 18m，轴线长 88m。

为实现安全监测外观观测自动化，提高南水北调工程的高效智能化管理。实施陶岔渠首大坝及上下游岸坡外观监测自动化建设项目。

2. 设计原则

(1)基本原则。

自动化观测系统具备独立的测记功能，所得到的监测数据分析评价科学快捷，监测成果能够为大坝安全运行及地质灾害预测预报提供依据。

(2)科学合理性原则。

监测设备运行稳定，满足连续正常运行需要，监控成果及时可靠。

(3)经济实用性原则。

①在保证长期可靠有效的前提下，采用最经济的技术方案；

②操作均采用最简洁的设置，做到直观方便、性能稳定及维护简单。

(4)系统可扩展性原则。

①系统输出的数据信息采用国际或国内通用的标准格式，便于系统功能扩充和监测成果的开发利用；

②软件系统支持其他监测设备数据分析、支持人工巡检记录等。

3. 自动化监测方案

1)总体方案

外部变形自动化观测系统包括 2 套子系统：GNSS 监测系统和测量机器人监测系统。其中，GNSS 监测系统由 4 点构成水平位移监测控制网，与测量机器人同轴同基础作为监测系统的基准点。

(1)水平位移控制网。

水平位移监测控制网由 4 个基准点组成，采用 GNSS 手段进行控制网自校核。

(2)大坝水平位移监测。

大坝外部水平位移采用测量机器人实现自动化观测。大坝布设 6 个水平位移测点，4 个重点坝段(6#坝段、7#坝段、9#坝段、11#坝段)和 8#坝段、10#坝段共 6 个坝段作为大坝变形的主要监测断面，并在 6#、9#坝段布设 GNSS 设备与测量机器人相互验证。

(3)上下游库岸。

枢纽上下游库岸(即上游引渠边坡、下游渠道边坡)外部水平及垂直位移均采用测量机器人进行自动化监测，共计 32 个测点。

2)基准点布置

依据渠首工程大坝和边坡的布置，在上、下游边坡的左、右岸较高处，各选取 1 个地质条件较为稳定、GNSS 信号条件较好的区域布置 1 个基准点，共 4 点。其中，下游两点为 GNSS 控制点。在基准点上架设 GNSS 设备、测量机器人设备、气象设备、配备供电装置、通信装置、防雷装置。

基准点布置如图 4.4 所示。

图 4.4　基准点布置示意图

为将 GNSS 监测系统和测量机器人监测系统相结合。利用 GNSS 监测系统 4 点构成水平位移监测控制网，实时对测量机器人监测系统的基准点进行修正。同轴同基础安装 GNSS 天线、测量机器人。建筑设计图、实例图分别如图 4.5 和图 4.6 所示。

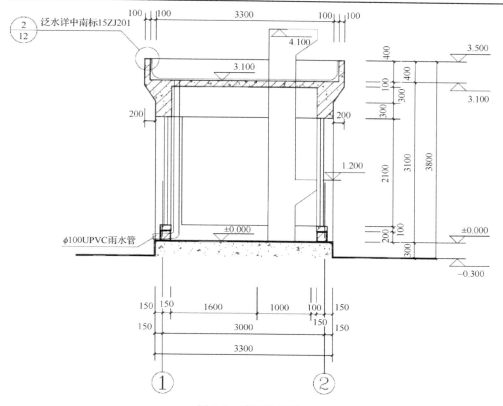

图 4.5 建筑设计图

图 4.6 实例图

3) 监测点的布置

(1) 大坝坝顶。

在大坝的 4 个重点坝段(6#坝段、7#坝段、9#坝段、11#坝段)和 8#坝段、10#坝段共 6 个坝段的每个断面坝顶上游侧各布置 1 个自动化监测点,共 6 点。

(2) 上游边坡。

上游左右岸边坡距大坝 50m、100m、150m、200m、300m、400m、600m 共 7 个断面作为上游边坡变形的主要监测断面。在距大坝 50m、100m、150m 每个断面的左岸 2 级马道、左岸坡顶、右岸 2 级马道、右岸坡顶处各布置 1 个自动化监测点,计 12 点;在距大坝 200m、300m、400m、600m 每个断面的左岸 2 级马道、右岸 2 级马道各布置 1 个自动化监测点,计 8 点;总共 20 点。

(3) 下游边坡。

下游左右岸边坡距大坝 60m、120m、240m 共 3 个断面作为下游边坡变形主要监测断面。在每个断面的左岸坡底、左岸坡顶、右岸坡底、右岸坡顶处各布置 1 个自动化监测点,共 12 点。

监测点布置示意图如图 4.7 所示。

图 4.7　监测点布置示意图

4) 自动化观测方案

GNSS 基准网为监测网提供起算基准,通过架设的 4 台 GNSS 构成同步观测,全天候无人值守连续自动监测,取得 GNSS 测点坐标和测量机器人测站坐标。GNSS 采用 WGS-84 坐标系。通过 T4D 软件直接将 WGS-84 坐标系转换到坝轴坐标系,监测点观测直接采用坝轴坐标系。

监测点包括坝顶和左右岸边坡共 38 个测点,每个测点上安装一个 360°棱镜,采用测量机器人全自动模式观测。测量机器人测站之间互相通视,由 2 个控制点采用后方交会方法实时得到另外 2 个基准点坐标，再利用极坐标法监测边坡及大坝测点的变化量。

（1）GNSS 设备的自动化观测。

①将所有测站的点名、天线类型、天线高输入到 T4D 软件中，并设置好采样频率、高度角等信息。

②检查接收机电源电缆和天线等各项连接无误后，启动 GNSS 监测系统。

③定期检验有关指示灯与仪表显示是否正常。

④接收机开始记录数据后，使用专用功能键和选择菜单，查看测站信息、接收卫星数、卫星号、卫星健康状况、各通道信噪比、相位测量残差、实时定位的结果及其变化、存储介质记录和电源情况等。

⑤接收机记录的数据通过光纤将数据传输到管理站实现 GNSS 数据解算及数据管理。

GNSS 采用基线向量解算，利用多个测站的 GNSS 同步观测数据，确定这些测站之间坐标差的过程。其解算的流程如图 4.8 所示。

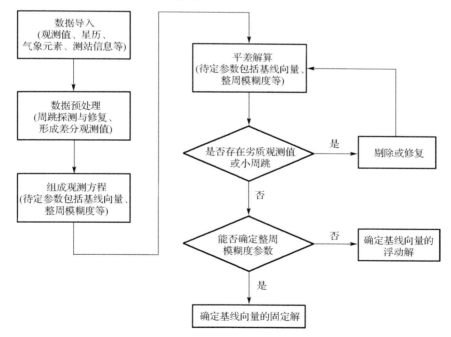

图 4.8　基线向量解算流程图

（2）测量机器人的自动化观测。

徕卡 TM50 测量机器人在 GeoCOM 软件和 GeoMoS 许可码的配合下，自主完成监测点的棱镜搜索、后视定向、坐标测量、数据记录和成果导出。观测成果上传至数据解算服务器端即可进行计算，并自动形成相应的测点观测记录和分析图表。按《水电水利工程施工测量规范(DL/T 5173-2003)》要求，各测回均后视起始方向，盘左盘右各测两个测回，1 测回内照准并测量 4 次坐标。并配置气象传感器满足自动化采集温度、气压改正信息和测量数据的测记功能。

测量机器人自动监测采用极坐标方式观测，为固定式全自动持续监测。极坐标法包括单测站极坐标测量和双测站极坐标测量，观测示意图如图 4.9 和图 4.10 所示。

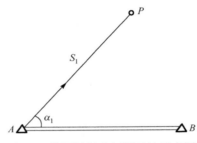

图 4.9　单测站极坐标测量法示意图

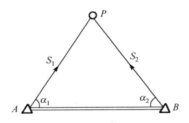

图 4.10　双测站极坐标测量法示意图

4.1.4　膨胀土渠段北斗自动化变形监测

利用北斗卫星定位技术监测沟渠边坡的表面变形，能克服传统监测技术所存在的缺陷，可以更全面地了解渠段各时期的变化，甚至瞬时变化，实现非常时期(如暴雨等)连续观测与数据的自动处理，更有效地掌握沟渠的运行状态，及时发现边坡的病态状况，提供更可靠的边坡形变监测资料。

1. 系统建设

南水北调中线干线膨胀土北斗自动化监测系统中变形监测系统软件解算精度需要达到：水平：3mm + 1ppm；高程：5mm + 1ppm。

膨胀土渠段北斗自动化变形监测系统基站的位置充分考虑了现场的工程地质、地形条件，并与拟实施的安全监测基准网相适应，在某一长 1.35km 深挖方膨胀土渠段选取稳定区域，建立在地基稳定的地点，共布设 2 个北斗参考站(基准站）。

表面变形监测内容包括垂直位移和水平位移。表面变形监测点采用监测断面形式布置，监测横断面一般不少于 3 个，监测横断面间距为 100m。强膨胀土深挖方布设 3 个渠段，共布设监测点 58 个。典型断面布置图如图 4.11 所示，具体布置如下。

（1）在本渠段上游长 300m 渠道选取 4 个断面，每个断面布设 4 个测点，本渠段共设置北斗位移测点 16 个。

（2）在本渠段中部长 300m 渠道选取 3 个断面，每个断面布设 6 个测点，本渠段共设置北斗位移测点 18 个。

（3）在本渠段末端长 300m 渠道选取 4 个断面，每个断面布设 6 个测点，本渠段共设置北斗位移测点 24 个。

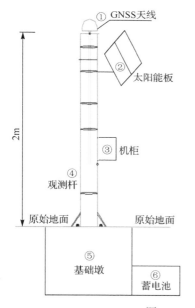

编号说明表		
编号	名称	备注
①	GNSS天线	
②	太阳能电池板	2块100W太阳能电池板
③	机柜	50×40×21
④	观测杆	监测点观测杆高2m，壁厚4.5mm，直径219mm
⑤	观测基础墩	监测点：80×80×100
⑥	蓄电池	150AH

图 4.11　北斗自动化变形监测测点安装示意图

2. 数据处理

本次测试参考站稳定性分析计算采用美国麻省理工学院和斯克里普斯海洋研究所联合开发的 GAMIT/GLOBK 软件；监测站精度分析采用上海华测 CGO2.0 软件；卫星数据质量分析采用上海华测 CHCdata 软件进行分析。

使用 IGS 的 BJFS 站作为基站，使用精密星历进行长基线解算，内符合精度可达到 0.12～0.3ppb。监测区域距离 BJFS 站在 1000km 以内，内符合精度优于 0.5mm。BJFS 与待校验的基站位置如图 4.12 所示。

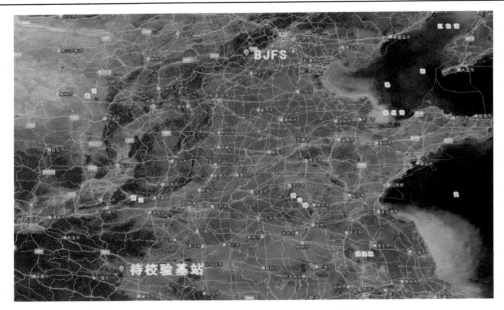

图 4.12　BJFS 与待校验的基站位置图

解算过程中，可能影响解算结果的重要参数配置如下：

①历元间隔为 30s；

②截止高度角为 25°；

③处理模式为基线解(固定卫星轨道)；

④电离层约束为 0.0mm+8.0ppm；

⑤对流层误差模型用延迟改正(saastamoninen)模型和缺省气象参数；

⑥天顶延迟参数个数为两小时一个；

⑦电离层延迟模型用消除电离层的 LC_AUTCLN 观测量；

⑧参考站坐标先验约束(北、东、高方向)为 0.05m、0.05m、0.10m；

⑨待解算站点坐标先验约束(北、东、高方向)为 1m、1m、2m；

⑩参考框架为 ITRF08_EURA。

网络平差涉及内容相对复杂，概括而言，可能影响解算结果的重要参数配置如下：

①固定卫星轨道及卫星天线相位中心改正；

②极移改正(x, y)先验约束为 0.25mas，0.25mas；

③旋转改正先验约束为 0.25mas；

④框架固定过程中，因仅涉及区域框架转换，故选择只估计框架的平移参数。

北斗站点的坐标序列重复性 WRMS 分析是网络平差结果精度和可靠性的重要检查手段。坐标重复性的定义为

$$WRMS = \sqrt{\frac{\dfrac{n}{n-1} \cdot \displaystyle\sum_{i=1}^{n} \dfrac{(c_i - c_m)^2}{\sigma_{c_i}^2}}{\displaystyle\sum_{i=1}^{n} \dfrac{1}{\sigma_{c_i}^2}}}$$

式中，n 为站点的观测时段(天)数；c_i 为站点在第 i 个时段(天)的观测量；c_m 为所有时段(天)的加权平均值；σ_{c_i} 为第 i 时段(天)的方差。根据上式可知，站点越稳定，WRMS 的值越小。

3. 监测站精度分析

通过数据处理软件计算两个基站与测站组成的闭合环。依据《全球定位系统 (GPS)测量规范(GB/T 18314-2009)》，闭合环应满足如下条件：

$$W_X \leqslant 3\sqrt{n}\delta$$
$$W_Y \leqslant 3\sqrt{n}\delta$$
$$W_Z \leqslant 3\sqrt{n}\delta$$
$$W_S \leqslant 3\sqrt{n}\delta$$
$$W_S \leqslant \sqrt{W_X{}^2 + W_Y{}^2 + W_Z{}^2}$$

其中，n 为闭合环边数，本项目均为 3，δ 为对应的处理级别规定精度。

解算过程中，可能影响解算结果的重要参数配置如下：

①历元间隔为 30s；

②截止高度角为 15°；

③处理模式为基线解(固定卫星轨道)；

④使用 CGCS2000 坐标系，中央子午线为东经 111°(默认使用 3 度带)；

⑤卫星系统选择 BDS+GPS+GLONASS(就目前而言,GPS 和 GLONASS 对于北斗的补充还是有很大作用)，配置上和项目使用的北斗自动化变形监测软件 HCMonitor 保持一致。

参与校核的点位共计 58 个,随机选取某一日统一环境历史数据进行监测系统精度分析，通过华测数据处理软件进行解算，获取 58 个监测站位数据统计表如表 4.1 所示。

表 4.1　结果统计信息

方向	最大值/mm	最小值/mm	平均值/mm	标准差/mm
X	5.57	−5.04	−1.59	2.26
Y	6.02	−4.67	2.7	2.62
Z	3.19	−4.42	0.83	1.46

由表 4.2 可看出，X，Y，Z 方向的变化在 4mm 以内的值分别占 81.1%，62.3% 和 98.1%，而在 6mm 以内分别达到 100%，98.1%和 100%，其统计结果表明，X，Y，Z 方向的标准差，即精度指标分别为 2.26mm，2.62mm 和 1.46mm，即平面和高程方向精度分别达到 3.46mm 和 1.46mm。考虑两参考站间的距离约为 2.78 km，项目中的技术指标在此情况下分别为 5.78mm 和 7.78mm，因此本次系统解算获得的整体精度指标优于项目要求的设计指标。

表 4.2　数值分布情况

方向	区间分布/占样本比例			
	−2~2mm/%	−4~4mm/%	−6~6mm/%	>6 mm/%
X	22/41.5	43/81.1	53/100	0/0
Y	15/28.3	33/62.3	52/98.1	1/1.9
Z	40/75.5	52/98.1	53/100	0/0

边坡测点在北斗自动化观测的同时还定期进行人工观测，自动化数据与人工监测数据进行对比如图 4.13 所示。

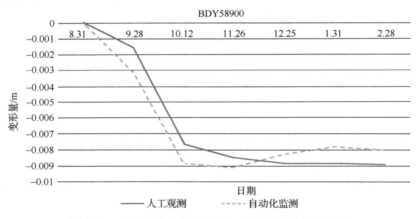

图 4.13　北斗自动化变形监测与人工观测成果对比图

4. 主要应用结论

(1)使用 IGS 站，通过 GAMIT 软件计算可以得出，参考站目前稳定。

(2)监测站解算精度符合标称精度。

(3)北斗数据质量在监测区域信号整体优于 GPS。

4.1.5　真空激光准直系统

大坝变形观测是大坝安全监测不可缺少的主要项目之一，也是研究大坝性态变化规律、发展坝工技术的一种重要手段。理想的大坝变形观测方法应该满足快、准、及时三个基本要求，并具备实现自动化遥测的条件。在过去的几十年里，大坝变形观测技术经历了经纬仪测量、精密水准仪测量、视准线法、引张线法、激光照准法及波带板激光衍射准直法等，其中，激光照准法与波带板激光衍射准直法统称为大气激光法。上述方法中大气激光法的观测效率及观测精度均较高，但其受大气折光差的影响，很难在长距离中应用。

真空激光准直就是把波带板真空激光准直和一套真空管道合理地结合，使激光束在真空中传输，以消除大气折光差对测量精度的影响。该方法不但高效率、高精度，还可在长距离变形观测中应用，该方法可同时测量水平位移与垂直位移，可以说是观测精度、作业效率及作业条件最好的一种变形观测方法。

1. 真空激光准直变形监测系统原理

真空激光准直变形监测系统，是把三点法激光准直系统和一套适合大坝变形观测特点的软连接动态真空管道系统合理地结合起来的新系统。三点法激光准直又称为波带板激光准直。波带板又称菲涅尔透镜，采用铜版制造，有方形和圆形两种。它是把菲涅尔半周期带交替地做成通光带和遮光带的一种特殊设计的光栅。这种光栅被激光点光源发出的一束可见的单色相干光照射时，它的遮光带会拦住衍射后将产生负干涉的激光束光线，和聚焦透镜相类似，在光源中心和波带板中心延长线上的一定距离处，形成一个中心特别明亮的衍射图像：十字亮线（方形波带板）或亮点（圆形波带板）。

如果在像点处设有固定的图像捕获装置，只要固定其中两点，就可以准直第三点，"三点法激光准直"也因此而得名。

如图 4.14 所示，若在大坝两端稳定的地点分别固定点光源 A 和光斑成像装置 C（如果两个端点非稳定不变，可采用倒垂线及双金属标法获得端点位移），在需要观测变形的各坝段测点上设相应焦距的波带板 B，当测点（波带板中心）位移了一段距离 δ（BB'，它的水平分量 δx 就是该点的水平位移，垂直分量 δz 就是该点的垂直位移），在光斑成像装置处的光斑像点也位移了一段距离 Δ（CC'）。通过图像捕获装置测出 Δ 在两坐标轴上的分量 Δx、Δz，由下列公式即可计算出测点 B 的水平、垂直两向位移值：

$$\delta x = \Delta X \cdot \frac{u}{L}$$

$$\delta z = \Delta Z \cdot \frac{u}{L}$$

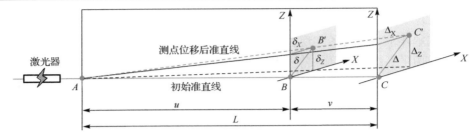

图 4.14　三点法激光准直测坝变形原理图

限制三点法激光准直精度的主要因素是传输空间折射率梯度及其变化的影响。这种影响可以分为两部分：一是由于折射率梯度引起光束偏折，使像点位移，即折光差；二是由于折射率梯度的瞬间变化——气体湍流引起光束漂移，表现为像点抖动（位置变化）和闪烁（能量变化）。

通过大量的实验得知：测点位移测值中包含的折光差和测点到两端点的距离的乘积成正比，有极值存在，中间测点的折光差最大，向两端递减。折光差还和温度梯度成正比，和气压成反比。如果设置真空管道，使激光束在真空中传输，由于气压大大减小，折光差也将大大减小。同时根据真空技术理论和试验可知：当真空度达到 10Pa 的低真空度时，气体流动状态不再是湍流而变为层流，流动的气体层平行，可以完全消除像点的拉动和闪烁现象。

2. 真空激光准直变形监测系统组成

南水北调中线渠首分局陶岔枢纽大坝真空激光准直系统选用的是中水东北勘测设计研究有限责任公司生产的 DB3200 系列真空激光准直系统。系统由发射端装置、测点装置、真空管道、接收端装置、抽真空设备及测控装置等组成。可同时监测各测点上下游方向相对两端点的水平位移和垂直位移。配合端点位移监测装置（倒垂线装置）改正水平位移，可得到各测点相对基础岩石的绝对位移。真空激光准直变形监测系统组成部分如图4.15所示。

1) 发射端装置

发射端装置由密封点光源、密封段、观测平台等组成。密封点光源设在真空管道外端，由激光电源、激光管和定位扩束装置三部分组成。发射端采用全密封设计，防护等级 IP67，可在高温度及粉尘环境下长期工作，各项技术指标如下。

①激光器：He-Ne 激光管，波长稳定；

②采用小孔定位扩束，定位精准扩束均匀；

③激光管电源受接收端控制器自动控制，确保系统安全；

④激光管工作电源：电压 AC220V±10%，频率 50Hz ± 2%，功率 5W；

⑤工作温度：−10℃～+40℃；

⑥工作湿度：＜100%。

真空激光准直变形监测系统发射端装置如图 4.16 所示。

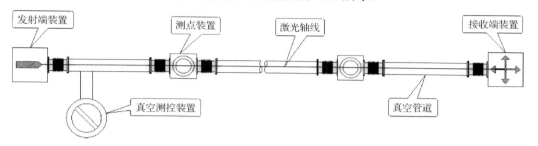

图 4.15　真空激光准直变形监测系统硬件组成

图 4.16　真空激光准直变形监测系统发射端装置

2) 接收端装置

接收端装置由接收端密封段、激光接收幕、激光坐标仪、观测平台等组成。

激光坐标仪由两个直线平移台、一个网络摄像机、一个人工瞄准镜组成，它有两个作用，一是人工观测的读数仪器，二是自动观测的摄像机固定架。人工观测时瞄准镜中心对准激光光斑中心，在直尺上读整数部分，在测微鼓上读小数部分。自动观测前要将坐标仪移动到指定的坐标位置，使用摄像机与激光轴线保持固定的相对位置。

激光接收幕由两部分组成。一是光斑成像幕，光线在空中无法成像，所以设置了一个正面成像背面可视的激光接收幕。二是网格标定幕，此幕有两个作用：网格的右下角为自动观测的原点，自动的 X、Z 读数均是相对于此点；幕中的网格间距为 5mm，线宽为 0.5mm，是为修正摄像机非线性误差而设置的。真空激光准直变形监测系统接收端装置如图 4.17 所示。

图 4.17　真空激光准直变形监测系统接收端装置

3）测点装置

测点装置由测点箱体、波带板、波带板起落装置、测点控制盒、测点底板等组成。其中，测点控制盒可通过采集服务器遥控控制波带板进入和退出光路，进入时波带板落下，退出时波带板竖起。

（1）测点箱安设在所测坝段，并与坝体结合。其内安放测点控制器及波带板起落装置。系统产品中有多种型号可供用户选择，对应的真空管道的管径也提供多种型号，分别为 Φ159、Φ219、Φ273、Φ325。测点箱严格按照真空设计标准及规范设计加工，真空密封可靠；测点箱两端开口通过不锈钢波纹管与真空管道实现软连接。

（2）测点控制器主要完成通过 RS485 通讯总线控制波带板翻转的功能，各项技术指标如下。

①采用工业标准模块化设计；

②具有现场人工调试功能；

③提供完善电源、通讯指示及故障编码指示功能，方便用户的维护；

④工作电源：电压 AC220V±10%，频率 50Hz ± 2%，功率 5W；

⑤工作温度：−40℃～+60℃；

⑥工作湿度：＜100%。

（3）波带板起落装置主要受测点控制器控制，完成波带板的抬起及落下功能，本系统的波带板起落装置具有以下先进性：

①特殊设计，具有自然悬垂及断电后自动翻起功能，个别测点故障不影响整个系统的观测；

②起落控制装置与波带板固定架采用分离式设计，更换控制装置对系统测量无任何影响；

③翻转重复精度达 0.01mm。

（4）波带板采用平整的黄铜板作为基板，采用高精度激光雕刻，成像准确，亮度均匀。具有更换精确定位功能，最大限度减少因波带板更换对系统的影响，精确定位精度＜±0.02mm。

真空激光准直变形监测系统测点装置如图 4.18 所示。

图 4.18　真空激光准直变形监测系统测点装置

4）真空测控装置

真空测控装置由真空泵、电磁阀门，电磁差压阀门、真空检测仪表、冷却循环水装置组成。本系统的真空控制经过多年的经验总结及技术革新，其工作方式、控制方式及保护措施均较国内其他同类产品具有较大的技术优势。

①提供手动控制及自动控制，可实现远程控制；

②采用 PLC 为核心，一键完成循环水、真空泵、电磁阀等抽真空动作的启动或停止，确保工作顺序正常；

③具有真空泵过热保护及真空泵故障检测功能，可有效防止因真空泵故障而导致真空泵油被吸入真空管道；

④具备多种机电保护，如过流、过压、断相等；

⑤通讯协议：RS485；

⑥工作电源：电压 AC220V±10%，频率 50Hz ± 2%；

⑦工作温度：−10℃～+40℃；

⑧工作湿度：<85%。

真空激光准直变形监测系统真空测控装置如图 4.19 所示。

5）真空管道

真空管道由无缝钢管、松套法兰焊接而成。真空管道可为激光束传送提供一个压强在 66Pa 以下的低真空环境，采用无缝钢管。管道内径由波带板最大通光孔径、测点位移量引起的像点的最大位移量、抽真空时管道的导流、钢管本身的弯曲，以及放样、安装误差等多种因素决定。真空管道通过不锈钢波纹管与测点箱、发射端密封段、接收端密封段实现软连接，发射端密封段与接收端密封段末端用大型平面平行平晶密封，在通过激光的同时可以减少折射。波纹管如图 4.20 所示。

图 4.19　真空激光准直变形监测系统真空测控装置　　　　　图 4.20　波纹管

3. 真空激光准直变形监测系统技术指标

中水东北勘测设计研究有限责任公司生产的 DB3200 系列真空激光准直系统主要技术指标如下。

（1）真空激光系统整体性能参数。

①可同时监测水平、垂直两向位移；

②测量范围：从发射端最近测点 Φ10mm 至接收端 Φ200mm；

③光斑位置测量分辨力：人工观测≤0.01mm，自动观测≤0.01mm；

④真空激光准直装置在两个"半测回"测得的偏离值之差≤0.3mm；

⑤系统综合误差：≤0.4mm；

⑥自动观测速度：≤15s/点次；

⑦系统通信方式：局域网。

（2）真空度。

①测量真空度：≤66Pa；

②系统漏气升压率：≤120Pa/h；

③保持真空度：≤20kPa；

④抽真空速度：从大气压抽至观测真空度≤1h。

（3）激光发射装置。

①小孔光阑的直径使激光束在最靠近激光发射装置的波带板处，形成的光斑直径大于波带板有效直径的 1.5～2 倍；

②激光器发射角在 1mrad～3mrad 之间、光功率适在 1mW～3mW 之间；

③发射端防护等级不小于 IP67。

（4）波带板起落装置。

①波带板保证成像质量满足测量要求；

②波带板起落采用微电机驱动，由激光接收装置控制；

③波带板断电后自动退出光路，以保证某个测点故障时不影响整个系统的观测。

（5）真空管道。

①每个测点箱和两侧管道间设软连接段，软连接段采用波纹管，其内径和管道内径匹配，长度依据管道的长度、温差等因素确定；

②两端的平晶密封段具有足够的刚度。

（6）抽真空系统设备。

①真空泵配有电磁阀门和真空度测量仪表；在真空泵和真空管道之间装设金属减震波纹管；

②真空泵控制系统具备手动控制、自动控制、远程控制；

③真空泵设备要配备循环水系统进行冷却，循环水系统具备一键控制功能；

④真空泵具有过热保护及真空泵故障检测功能；

⑤电机具备多种机电保护功能；

⑥供电：12kW/AC380V，三相五线制。

（7）激光接收装置。

①激光接收装置具有自动和人工观测功能，有良好的防尘、防水性能；

②激光系统的交流回路与外壳及大地之间的绝缘电阻值大于 50MΩ；

③图像采集设备：通信方式为网络通信，分辨率满足观测精度要求；

（8）真空激光测控电缆。

①通信、电源电缆均为轻型聚氯乙烯双护套软线；

②芯线面积：$\geqslant 0.5mm^2$；

③电缆布置在真空管道内。

4. 真空激光准直变形监测系统布置

在陶岔枢纽大坝原引张线位置设置真空激光准直系统，真空激光系统的总长度约为 307m，每个坝段设置 1 个测点，发射端设置在左坝头观测房内，接收端设置在右坝头观测房内。利用原有倒垂孔，更换光学垂线坐标仪，作为真空激光准直系统水平位移监测基准点。

(1)激光管道及测点箱布置。

真空管道采用 Φ219×7mm 无缝钢管，真空管道安设在坝顶原引张线槽内。

真空激光准直系统测点的安装位置在 1#～15#坝段中原引张线测点观测坑内，共计 15 个测点。两端点平晶密封段与其相邻测点间均用真空管道连接，实现系统的密封，激光束、测点电源电缆、通信电缆在管道内通过。

(2)激光发射端布置。

激光发射端布置在左岸坝头观测房，主要设备设置在同一基座面板上，面板与混凝土墩牢固结合，确保变形的同步性。观测房内有永久电源。

(3)激光接收端布置。

激光接收端布置在右岸坝头观测房，采集控制柜等设备布置在观测房内，激光管道沟内铺设通信光缆，实现激光接收端与发射端设备的在线控制，观测房内设有永久电源。

(4)抽真空设备布置。

抽真空设备布置在发射端观测房内，主要设备有真空泵、真空电磁阀、真空泵冷却装置、抽真空控制箱。抽真空控制箱的通讯线与激光管道内的通讯线相连，接受上位机控制。

5. 真空激光准直变形监测系统应用效果

陶岔大坝真空激光准直变形监测系统自2021年2月份运行以来，系统运行稳定，效果良好，取得了大量的观测数据，测量结果与人工测量的结果相符，通过数据分析确认测量数据能够真实反映大坝的变形，表明系统观测数据可靠。

(1)经过测试系统的升压速率平均为 0.3Pa/h，满足规范小于 120Pa/h 的要求。

(2)经过测试系统在测量状态下，关闭真空泵，168h 后管道内的真空度约为 84Pa，一月后真空度约为 336Pa，满足技术指标中保持真空度小于 20kPa 的要求。

(3)对所有测点进行 6 次重复性观测，各激光测点均能采集到有效数据，各测点的读数中误差最大值 X 向为 0.056mm、Z 向为 0.093mm，均小于 0.2mm 的控制标准，满足技术指标中"两个'半测回'测得的偏离值之差不得大于 0.3mm"的要求。

4.2　测斜管自动化技术

4.2.1　柔性测斜仪概况

柔性测斜仪作为一款灵活柔韧的、标准的三维测量系统，使用一组密实的阵列 MEMS 微机电系统和经过验证的模型计算程序测量二维、三维变形值。柔性测斜仪没有优先轴，可自由弯曲，安装方式多样，可以竖直安装、水平安装或环形安装，通过测量加速度计在不同轴向上的加速度变化量来反应对应轴向与重力方向的角度变化量，通过角度的变化量推算相应节点的位移变化量。柔性测斜仪利用先进的测控技术、重力加速度测量技术、传感器温度补偿技术、核心算法模型技术等技术，实现对监测物体 X、Y、Z 三维变形量的实时在线监测。

通过安装伺服加速度传感器和 MEMS 传感器进行自动化改造，根据国内固定式测斜仪和阵列式柔性位移计的原理，现场安装调试过程，运行维护的方便性、长期使用的可靠性、数据真实性等方面确定传感器的具体结构形式。

通过元器件选择和电路优化，采用相关低功耗设计，实现仪器和系统故障的自诊断。

通过仪器本身受环境影响程度和安全监测预警的需要，通过接收网络环境信息，考虑到降雨情况和特殊季节对滑坡影响，在相应时段加密测次。

通过梯度算法，在滑坡加速蠕变条件下实现采样频次的提高。

采用活动式安装方式，接收测扭仪的检测数据，实现对变形数据的修正。

测斜传感器分别采用双轴伺服加速度固定倾斜传感器和 MEMS 传感器，固定式测斜仪双轴倾斜传感器输出电压信号，测量模块采集该信号进行高精度 A/D 转换成角度或位移；MEMS 传感器采用 RS485 信号输出。

4.2.2　柔性测斜仪技术指标

柔性测斜仪通过不锈钢管与滑轮组件连接后，安装在带导槽的标准测斜管中与测斜管同步移动，以监测结构的倾斜、水平位移或沉降变形。安装多个传感器，可获得沿测斜管轴向的扰度变形曲线。

测量类型：双轴伺服加速度；

标准量程：±10°（垂直）；

灵敏度：＜10 弧秒（±0.05mm/m）；

精度：±0.1%FS；

温度范围：−20℃～+80℃；

供电电压：12V；

输出电压：±3V@±10°；

输出成果：倾角（或弧度）/数字。

柔性测斜仪通过测量各段的重力场，可以测出各段轴之间的弯曲角度 θ，通过弯曲角度和各段轴长度 L（30cm 或 50cm 或 100cm），计算出 $\Delta X = \Delta\theta X \cdot L$，$\Delta Y = \Delta\theta Y \cdot L$，$\Delta Z = \Delta\theta X \cdot L$，再对各段算术求和 $\sum\Delta X$、$\sum\Delta Y$、$\sum\Delta Z$，可得到距固定端点任意长度的 X、Y、Z 三维变形量。

主要技术指标如下所示。

量测方向：X、Y、Z 三维；

角度：0～360°；

解析度：≤25600LBS/g（节）；

传感器：微机电加速度式；

量测方向：3D 变形；

使用温度：−40℃～+60℃；

采集频率：1Hz（或定制）；

输出：数字式，RS485 输出；

系统稳定性：≤±0.5mm/20m；

抗扭转精度：优于 1°；

电器功耗：DC12V 3.2Ma/节点；

防水保证：≥2MPa；

抗拉保证：≥320kgf；

长度规格：0.5m/节。

4.2.3 柔性测斜仪安装

在某一渠道现有一个 65m 深测斜管上安装 1 套 65m 柔性测斜仪，同时采用钻机钻孔增设深 100m 柔性测斜仪 1 套。

柔性测斜仪安装方法如下。

第一步：先灌一桶（特制桶）水泥砂浆和速凝剂用以凝固孔底沉渣，随后再灌一桶水泥砂浆用以固定柔性测斜仪的锚头。

第二步：现场对柔性测斜仪设备通电采集数据，检验设备是否正常工作。用卷扬机把柔性测斜仪缓慢放入孔内直至孔底，然后对柔性测斜仪第二次通电采集数据，确保柔性测斜仪灌浆前正常工作。安装示意图如图 4.21 所示。

第三步：使用灌浆机从孔底至孔口灌注水泥砂浆，直至灌满为止。

第四步：灌浆完成后，第三次对柔性测斜仪通电采集数据检查柔性测斜仪的工作状况。检测完成后，定好柔性测斜仪标志线的方向并记录好标定结果（云平台需要设置基本方向线），做好孔口保护装置，按规范要求详细填写安装记录等。

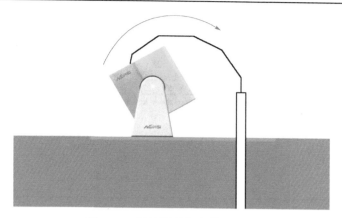

图 4.21 柔性测斜仪安装示意图

第五步：将采集器、蓄电池固定在柜子的面板上，连接电源，并将测斜仪接口接入数据传输器，调试设备至测试正常。

4.2.4 采集集成方法

柔性测斜仪监测系统运行后，采集器根据系统预设的采集频率对柔性测斜仪发送采集命令，柔性测斜仪收到采集器上传数据命令后，将当前时刻每节柔性测斜仪的原始重力加速度数据(485 信号)传输到记录器(并实时备份保存到存储器，防止数据丢失)，转换器把 485 信号转换成 232 串口电平信号，然后通过 4G 网络通信模块把数据实时传输到云平台或自建服务器，用户通过登录云平台或自建服务器系统查看、管理数据。采集集成工作流程如图 4.22 所示。

ADMS　　　　　　数据记录　　　　　　数据传输　　　　　　数据浏览

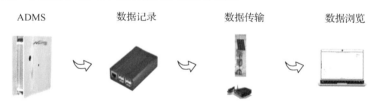

图 4.22 柔性测斜仪监测系统采集集成工作流程示意图

4.2.5 柔性测斜仪系统框图

柔性测斜仪监测系统由柔性测斜仪、数据采集层、数据传输层、监测预警云平台组成，柔性测斜仪实现对深层形变位移、表面形变位移、倾斜角度等要素进行实时监测，通过有线或无线的方式将监测数据实时传送给监测预警云平台来处理、分析、存储、展示和发布数据，并对危险区域提前预警，可通过系统主页、手机短信、邮件等多元化预警方式提醒，实现系统互联互动。柔性测斜仪监测系统框图如图 4.23 所示。

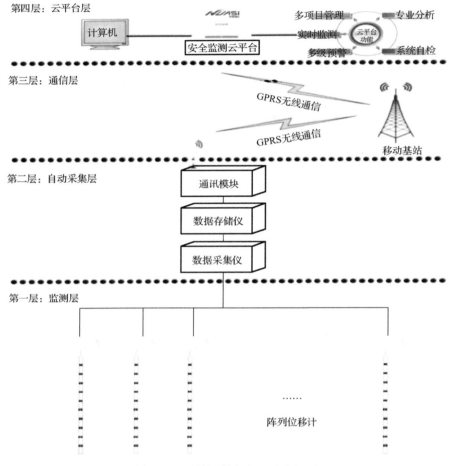

图 4.23　柔性测斜仪监测系统框图

4.2.6　监测分析预警

　　该系统采用私有云平台进行监测数据分析和预警，云平台具有监测数据实时获取、云端综合处理、多样化图表展示、专业相关性分析、灾害预警报警、报表统计上报等功能，可同时管理多项目多设备，提供安全可靠、实时全面、及时有效的信息服务。数据显示直观化，对采集到的数据按原理公式算出物理量，按测点、时间排序显示采集到的数据，将采集到的数据及时绘制成便于观察的数据图线。系统具有全自动、实时、连续、高可靠性；性能佳，高精度、稳定性好、量程大；功能全，可同时获得测点的 X、Y、Z 三维位移量等特点，并且可通过手机短信、邮件等方式发出预警。系统数据分析如图 4.24 所示。

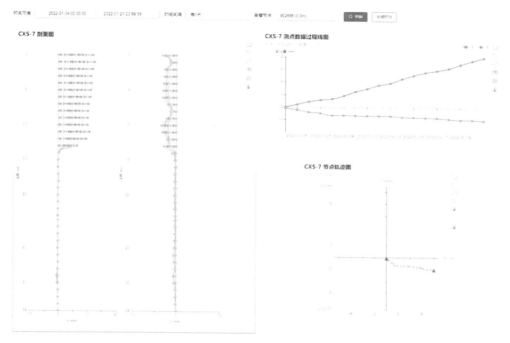

图 4.24　柔性测斜仪监测系统三维数据分析图

4.3　零散渗压计自动化技术

南水北调中线干线工程设置有较多的左排建筑物，部分设计单位在左排建筑物上游、下游左右岸均设置有渗压计，部分膨胀土渠道边坡为监测渠道边坡渗流情况也设置有大量渗压计。该部分仪器大多数分布于渠道左右两岸，较为分散，无法集中设置接入自动化系统，且安全监测自动化系统设计时未将该部分一起接入自动化系统。该部分仪器较为分散，人工观测极为不便。利用基于超低功耗窄带物联网技术的智能采集终端对该部分渗压计进行自动化改造，接入安全监测自动化系统。

4.3.1　数据采集设备

数据采集设备选用 HS-HDA 系列数据智能采集器，HS-HDA 系列数据智能采集器是分布式数据采集网络的节点装置，也是系统中最关键的设备，它由金属密封防水外壳、智能数据采集模块、电源模块、蓝牙读取模块、防雷模块和数据传输模块等组成，具有自动量测、信号处理、控制和无线通信功能，能在野外恶劣环境下长期可靠地运行。低能耗电池加保护箱体太阳能板设计可保证以每天采集一次的频率工作六年，且具有可靠的防雷抗干扰保护措施，平均无故障时间大于 10000 小时。可采用多种通信方式，包括 NB-IoT 窄带物联网与 HuasiMesh 智能自组网，便于系统组成和扩展。能接入压阻式、电感式、振弦式、电位器式等各种类型的传感器。振弦式测量模块及其主要技术指标如下。

①单台接传感器：1 支、2 支、3 支、4 支；

②无线通信形式：NB-IoT 或 HuasiMesh、蓝牙；

③接传感器式样：振弦式、电阻式、电流式、电压式；

④采集测量方式：间隔测量、定时测量、连续测量、单次测量、单点测量及巡测等；

⑤单台巡测时间：≤10 秒；

⑥定时测量间隔：1 分钟～30 天可调；

⑦数据存储容量：单点 8000 测次；

⑧数据保持方式：循环存储；

⑨单台整机功耗：待机<1mA，工作<150mA；

⑩信号测量距离：振弦式 1000m；

⑪系统工作环境：温度–40℃～+80℃，湿度≤95%；

⑫系统平均无故障时间：≥10000 小时。

4.3.2　采集设备安装

(1)按现场情况确定安装位置，安装位置要求考虑仪器接入并节约仪器电缆。

(2)设计需要综合考虑防雷和防暴雨等恶劣天气情况，支架安装高度不超过 50cm，但也不能太低。根据左岸渗压计的现场情况，智能采集装置安装固定在不锈钢防水保护箱中，采用不锈钢支撑支架和地面混凝土固定，不锈钢防水保护箱固定在不锈钢支撑架上。智能采集装置安装示意图如图 4.25 所示。

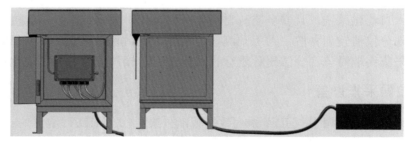

图 4.25　HDA 型测控装置内部安装示意图

(3)用人工采集仪对即将安装的液位计测值两次，同时记录仪器编号，以便和自动化采集测值对比。

(4)将太阳能充电线、通信线、接地线接入测控装置内相应的接线柱上。

(5)通电后采用手机+APP 的方式，启用智能采集装置中的蓝牙读取功能读取当前测值，同时记录仪器编号。

(6)通过人工比测接口用检测仪进行测量，要求两者的测值一致，满足有关规范要求。

(7)在计算机上安装数据采集软件并设置测点参数等信息，测试系统功能和性能。

4.3.3　渗压计自动化系统框架

自动化采集系统由监测传感器、数据采集、数据传输、监测云平台/监控中心四个核心单元组成。系统集成框架图如图 4.26 所示。

图 4.26　自动化采集系统集成框架图

四个核心单元功能如下。

监测传感器：渗压计测量渗压。

数据采集装置：测量单元可根据确定的参数、计划和顺序独立地完成各种传感器的观测数据采集、A/D 转换、工程单位转换及其计算和处理，并将结果存入存储器。

数据传输：负责数据采集终端与监测平台之间的双向数据传输(根据现场 NB-IoT 网络信号选取：NB-IoT 网络信号好时优先选择 NB-IoT 网络传输方式；NB-IoT 信号不好时，启用无线网格网络(Mesh)自组网络传输到 NB-IoT，或者在 4G 网络信号好的地方通过信号中继器统一传输)。

监测云平台/监控中心：监测云平台具有监测数据监视操作、输入/输出、显示打印等一般管理能力，存储系统所有监测数据，对测控装置传输来的原始测值进行初步处理，供运行人员进行浏览、检查、绘图、打印等。

4.3.4　渗压计自动化系统功能

系统功能如下。

(1)监测数据采集功能：监测数据的采集方法有巡测、定时巡测、选测、人工测量。采集周期根据工程要求，运行人员可在监测平台上设定或修改起始测量时间和定时自动测量周期，同时每台现场测量单元可根据确定的参数、计划和顺序独立地完成各种传感器的观测数据采集、A/D 转换、工程单位转换及其计算和处理，并将结果存入存储器。

数据采集功能有三种不同监测数据采集方式，具有较大的灵活性和可靠性。

①中央控制方式：由监测平台发出命令，测控装置接收命令、完成规定的测量，测量完毕将数据暂存，并根据命令将测量数据传送至监控主机内存储。

②自动控制方式(即无人值班方式)：由各台测控装置自动按设定的时间和方式(可由人工按需设定)进行数据采集，并将所测数据暂存，同时自动传送至监控主机内存储。该方式主要用于日常测量。

③人工测量方式：作为一种特殊情况下的后备方式，当监控中心或通信线路发生故障时，在通信线路恢复前，采用便携式计算机或手机进行数据采集或提取自动测量数据；在测控装置发生故障时，采用便携式采集仪进行人工数据采集；每个智能数据采集模块都具有蓝牙功能模块，只需在 PDA 或手机装上华思监测 APP 软件，通过蓝牙功能就可以作为临时中央控制装置，允许操作人员在现场进行检查、率定、诊断等，且不扰乱正常的日常数据采集和系统网络拓扑结构。智能采集终端可以设定时钟和管理中心同步。

(2)数据通信功能：智能采集终端采用 NB-IoT 无线通信技术，采集终端具备物联网或自组网通信方式功能，在物联网信号好的地方使用物联网，信号不好的地方采用自组网中继到信号良好区域进行数据传输或采用其他网络形式进行传输。

(3)数据管理功能：具备监测数据存储、初步处理、一般管理和数据越限报警等功能。可调度各级显示画面及修改/设置仪器的参数、修改/设置系统的配置、进行系统测试、系统维护等，完成系统调度、过程信息文件形成、入库、通信等任务；完成原始数据测值的转换、计算、存储等；可进行各类仪器的测值浏览，可以存储单点 8000 测次以上数据。

(4)电源管理、掉电保护功能。

电源管理：智能采集终端提供了低能耗的电能管理系统，同时系统所有设备采用太阳能和可充电锂电池相结合的供电方式，锂电池一次充满电，在每天测量两次的条件下可以独立运行 3 年，太阳能板和可充电锂电池结合的方式能保证测控装置连续工作 10 年，有力保障数据测量的连续性。

掉电保护：本装置具有掉电保护存储测量数据功能，测量数据可等待前方的数据采集网络管理计算机或便携式计算机提取，存储容量为 7000kB，存储空间存满后能自动覆盖，可存储 8000 测次的数据。存储在存储器内的测量数据可保存 10 年以上的时间不丢失。

（5）系统自检功能：系统具有自检功能，可对数据存储器、程序存储器、CPU、实时时钟、供电状况、电池电压、测量电路及传感器电路等进行自检，能在监控平台上显示系统运行状态、故障部位及类型等信息，以便及时维护系统。任何硬件和软件的故障都不危及系统设备和人身安全。

（6）防震、防尘、防潮功能：测控装置除采用可靠性高的工业级电子器件、CMOS 芯片外，所有电路板进行三防处理，接插件触点镀金，采用不锈钢防水机箱，内有温控加热去潮装置，能防尘、防滴水、防腐蚀、防潮、防结露、防昆虫及啮齿动物，以保证在水工恶劣环境中（工作温度-40℃～80℃，湿度≤95%）长期稳定工作。箱体可直接安装在任何能支撑的固定物上，其防护等级符合 IP56 标准。

4.3.5　数据管理与分析

渗压计自动化系统采用监测云平台进行数据管理和分析，云平台具有监测数据实时获取、云端综合处理、多样化图表展示、专业相关性分析、预警报警、报表统计上报等功能，可同时管理多项目多设备，提供安全可靠、实时全面、及时有效的信息服务。

（1）项目系统化管理。

监测系统云平台设置管理者账号和普通用户账号，管理者具备最高权限，普通用户权限由其界定。普通用户可以通过电脑或手机浏览器登录，实时查看监测信息（图表与原始数据）。

（2）设备项目化管理。

监测系统可以方便地对庞杂繁多的各类系统设备参数信息和各个设备的监测数据进行备份和恢复，既能保障系统的可靠与安全，又使系统的建立、维护和扩充更加方便。

（3）数据统一管理。

可定制的表格包括监测结果的年、季、月、周、日等各种周期定制化报表，表格风格随意多样，能适应任意复杂的格式，表格中数据的定义丰富齐全，包括普通测值、条件测值和各种特征值在内的几乎所有报表需要的数据都能轻松获得。数据管理平台如图 4.27 所示。

（4）数据智能分析。

数据显示直观化，对采集到的数据按原理公式算出物理量，按测点、时间排序显示采集到的数据，将采集到的数据及时绘制成便于观察的数据图线，如图 4.28 所示。越限数据报警，当采集到的数据计算出的物理量超过设置的报警值时会采用多种报警方法提示观测员，包括短信等方式。

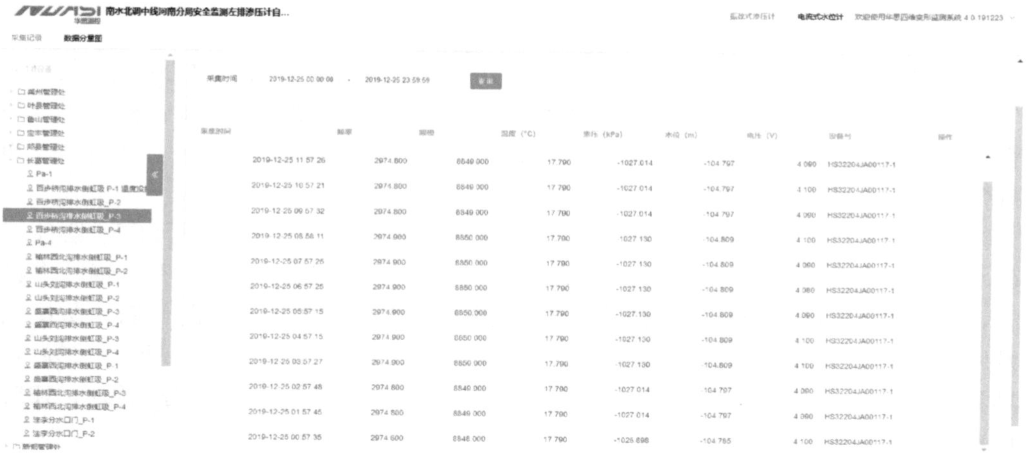

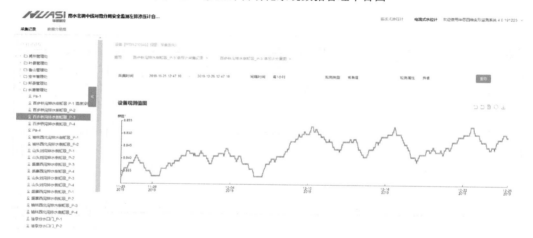

图 4.27   渗压计自动化系统数据管理平台图

图 4.28   渗压计自动化系统数据分析图

第5章 渗漏检测技术

南水北调中线干线主要采用明渠输水，渠道底板和边坡主要材质为素混凝土，极少数地段铺设钢筋网，结构强度较输水隧洞、倒虹吸、箱涵等弱，受各种影响，可能出现渗漏、破碎、错台、坍塌等情况，给引水工程带来运行风险。为防范此类工程隐患，避免重大损失，需要对输水渠道隐蔽部分(水下)进行定期检测。

引水工程运行期间，停水检修的困难大、频率低，输水渠道的健康状况不易及时掌握。因此，研究一套安全、高效的水下测量或者探测方式，寻求探测渠道缺陷的方法，对于工程的运营安全至关重要。

5.1 渠道水下渗漏检测技术

5.1.1 国内外水下渗漏检测技术发展现状

目前国内外关于水下渗漏检测技术的研究较多，但综合考虑都不尽成熟，无法满足高精度、高效率的检测要求，其中主要有以下三个方向。

(1)国内曾有针对渠道混凝土衬砌质量开展检测的试点，采用多模式浅地层剖面、侧扫声呐及地震剖面综合数据采集方法，对水下渠道衬砌质量进行检测。该方案的精度有限，且不能有效穿透青苔淤泥层，未能进入实用阶段。

(2)国内外有相关单位采用水下机器人对水下进行综合数据采集和分析，进而对水下进行综合探测的方案。其中最具代表性的就是美国海军的蓝鳍金枪鱼-21型水下机器人，其配置了高性能的455千赫侧扫声呐系统，解析度能够达到7.5cm，在与目标物相距75m内能辨识出相关物体；如果降低解析度，其辨识距离还能扩大到150m。但其最大的缺陷是精度较低，不适用于探测尺寸较窄的缺陷，另外其运维成本高。

(3)国内有公司针对海底地形、光缆、油气管线等开发的测量系统，主要利用图像声呐、多波束声呐、高清摄像、激光尺度仪等手段获取水底相关特性。该水下结构物声光成像测量系统提供了较全面的解决路径，精度较低，尚不能分辨渠道水底初期出现渗漏、破碎等情况。

5.1.2 渠道水下渗漏检测方案对比研究

1. 声呐探测

声呐技术是根据声波在水中以一定的速度传播，遇到目标后以声呐回波的形式反射回来的原理进行工作的。声呐系统一般是由发射机、换能器（水听器）、接收机、显示器和控制器等几个部件组成的。应用声呐技术开发的较成熟的设备有测深声呐、侧扫声呐、图像声呐系统等。

测深声呐主要可分为多波束测深和单波束测深两种。多波束的声波信号发射满足普通的波动原理。点源发射一个短暂声脉冲，扩散途中遇到水底，则反射回来，这种声波并不具有指向性；而多波束发射的波束带有指向性，是利用同时发射和同时接收多个波束对水底进行条带式全覆盖测量。相对于单波束，多波束的换能器是由多个换能器单元组成的阵列，工作时能同时发射和接收多个波束。

侧扫声呐由随船行进的发射机（拖鱼）产生两束与船行进方向垂直的扇形波束，声波遇到水底后返回的信号被接收放大，由于传送的距离和返回的时间不同，显示的灰度也不同。通过侧扫声呐的扫描线一条接着一条有序地排列起来形成一幅记录图像，用以描述水下微地貌的形态、分布的特征和位于水面下的目标。

通过采用目前较为先进的 Reson SeaBat T50-R 多波束声呐系统，对南水北调中线干渠进行 1km 扫描并获取数据，提前放置作为参照对比的预制块，预制块规格如图 5.1 和图 5.2 所示。

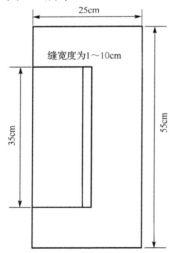

图 5.1　预制块尺寸示意图　　　　图 5.2　预制块顶面设计图及 2.5cm 缝隙预制件

数据处理后建立 10cm 网格图如图 5.3 所示。

图 5.3　10cm 格网全图

　　由于仪器开角和渠道内安全绳问题，渠道边缘和有障碍物的区域无法获取完整数据，通过对数据细节进行分析，预制块放置的区域上游 5m 处以下渠台阶作为参照物，预制块附近的 10cm 格网如图 5.4 所示。

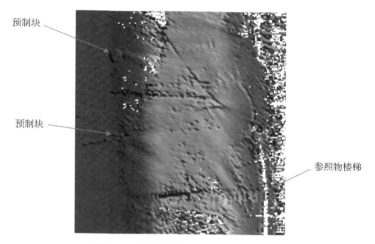

图 5.4　预制块附近的 10cm 格网图

其中，10cm 格网图中的预制块放大后如图 5.5 所示。

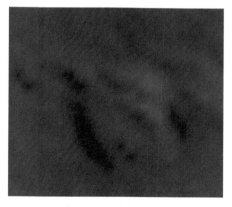

图 5.5　预制块细节图

　　从上图可看出，楼梯和预制块的轮廓明显可见；石块的缺陷模糊不显著，较难辨别。

　　通过对测线成果深入分析，包括单条测线、多条测线及全测绘成果等，我们可以获取更多细节信息。

　　(1) 单条测线在预制块附近的扫描结果如图 5.6 所示，单条测线在预制块附近的平面位置如图 5.7 所示。

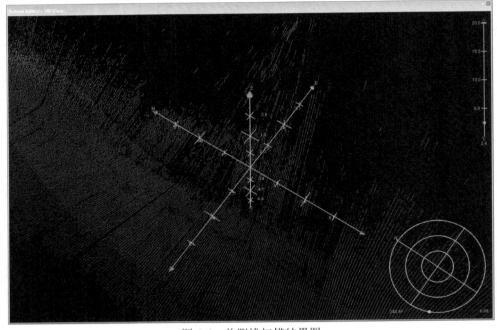

图 5.6　单测线扫描结果图

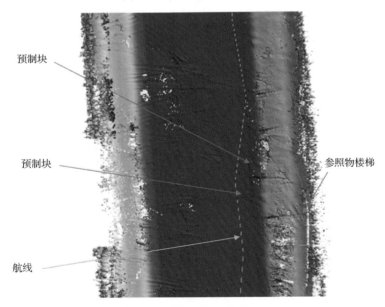

图 5.7　单测线扫描位置图

（2）多条测线在预制块附近的扫描结果如图 5.8 所示，可清晰地看到石块和参照物楼梯所在位置。多条测线在预制块附近的平面位置如图 5.9 所示。

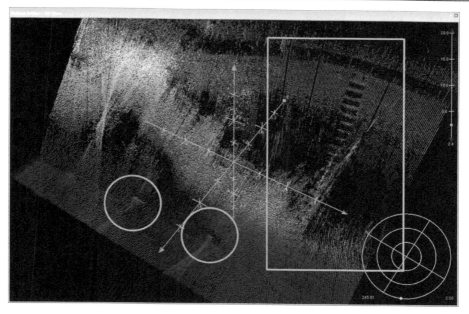

图 5.8　多测线扫描结果图

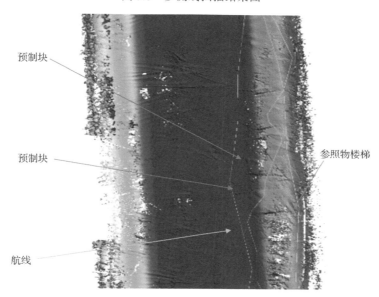

图 5.9　多测线扫描位置图

（3）所有测线在预制块附近的扫描结果如图 5.10 所示，所有方向的测线叠加后，反而因噪点和数据误差，不易发现目标物体。所有测线在预制块附近的平面位置如图 5.11 所示。

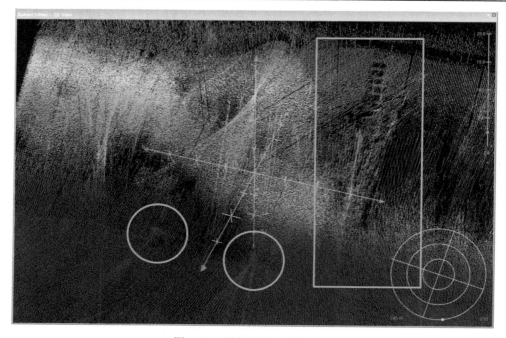

图 5.10　所有测线扫描结果图

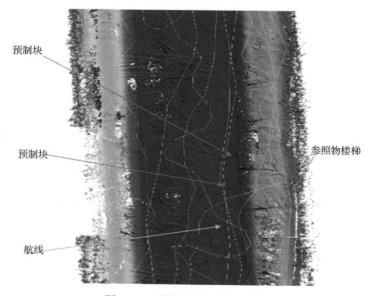

图 5.11　所有测线扫描位置图

　　由以上扫描数据比较可知，单条测线扫描范围有限，且密度不够，获得的扫描线不容易看出目标物体的特征；更多的测线对目标物体形状特征的刻画效果更好；

但测线过多且方向不一的情况下，较小的目标物体的形状特征容易被多条测线之间的误差所掩盖，从而失去特征。

另外通过采用 Shark-S900U 无人平台固定版侧扫声呐，对南水北调中线干渠进行 1km 扫描并获取数据，并同样提前放置作为参照对比的预制件，预制件规格如图 5.12 所示。

图 5.12 预制件成品

通过对如图 5.13 所示区域扫描的数据进行分析，我们能够分辨较多的细节特征。

图 5.13 侧扫扫描区域

　　预制件扫描结果：图 5.14 是渠道顺流方向侧扫时的成果截图，图中能够较明显地分辨出放置预制件的小车。通过软件量取缺陷宽度分别为 22cm 和 12cm，与实际的 20cm 和 10cm 宽度符合度较高。

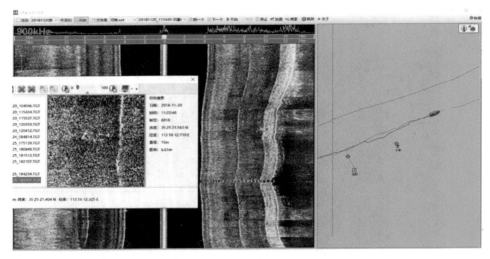

图 5.14　预制件顺流方向扫描图

　　该测段存在观测辅助台阶，如图 5.15 所示；在侧扫声呐图中，台阶形态也清晰可见，如图 5.16 所示。并且，现场量测的台阶平均宽度为 30cm，后处理软件量取的台阶宽度平均为 28cm，成果符合度较高。此外，卫辉段的渠底存在破损修补和潜水平台的修补，其位置和形态在侧扫声呐图中也可清晰地提取，如图 5.17 所示。

图 5.15　台阶实景

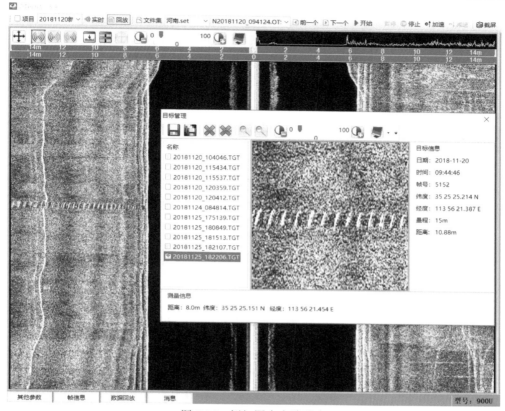

图 5.16 侧扫图中台阶形态

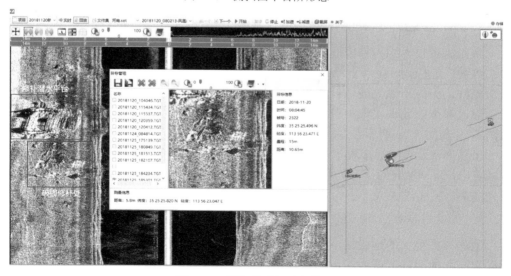

图 5.17 提取的破损处扫描图

2. 水下三维激光测量

水下成像技术在水下目标发现、水下材料探测及海洋地理工程中具有广泛而重要的应用价值，正受到各国研究者的日益重视。与平常所见空气中成像技术不同，水介质的特性是强散射效应和快速吸收功率衰减，因此直接将摄像机运用到水中，由于强散射效应，图像的噪声很大，且距离有限。

激光器的运用从某种程度上解决了上述问题，它能高速地向目标射出穿透性极强的激光束，再由光电元件接收目标反射的激光束。通过海量的激光束扫描获取物体或地形表面的三维坐标数据，就能快捷地对测量对象进行三维模型重构，从而完整地获取对象的原始测量数据。其工作示意图如图 5.18 所示。

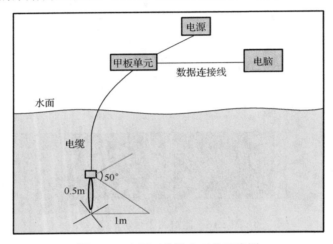

图 5.18　水下三维激光工作示意图

激光测量技术因为精度高、测量范围大、检测时间短、具有很高的空间分辨率等优势被广泛应用，在水下测量中也逐渐被引入。南水北调中线渠道水质为 II 类水，水质较好，为应用激光成像技术提供了一定的有利条件。

通过对南水北调实地渠段的数据采集，对同一对象进行了多次扫描，测试结果如图 5.19 和图 5.20 所示。

虽然南水北调中线工程水质较好，符合水下激光测量的基本条件，但是通过实验可以看出，水下激光对于激光波束与目标对象的角度有较高要求，对于非垂直射入的激光波束、夹角过大或过小均不能获取有效反馈信号，最终并未能获取有效数据。

3. 低温超导磁探测

地球存在稳定的地磁场，流经南水北调工程的水流因其含有微量的磁性元素，所以水流在地磁场背景中的运动过程中，会产生微弱的磁场。另外，水流和混凝土的相对磁导率和周围的土壤及地层有细微的不同。当混凝土存在缺陷时，缺陷的相

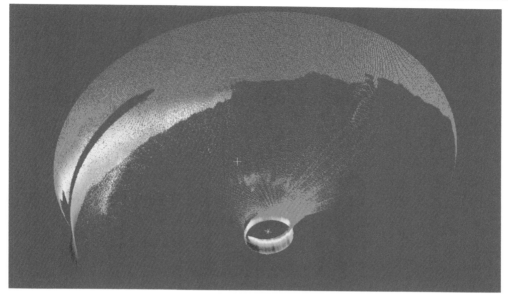

图 5.19　预制块水下测试扫描结果 1

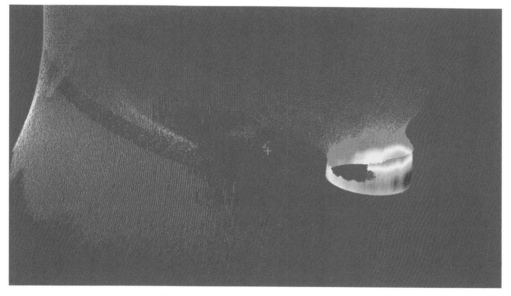

图 5.20　预制块水下测试扫描结果 2

对磁导率与周围混凝土存在微小差异，在破损周围的区域的水流特征会出现细微变化。使用高灵敏度的磁力仪和磁梯度仪可以探测到这些微小的磁场异常，并且磁梯度仪可以根据磁场反演计算得出磁异常的方位、距离等信息，即可对混凝土的裂缝和空洞进行检测和定位。

通过使用 SQUID 对水渠区域进行磁探测，记录探测区域的磁场强度信号和磁梯度信号。针对其在均匀介质探测时的磁力特性进行分析，并反演渠道形变特征，再通过后期对信号的处理发现磁异常区域，即可能存在缺陷的区域。

SQUID 设备主要参数如下。

①灵敏度：总场测量达到 1fT/√Hz(低温 SQUID)，20fT/√Hz(高温 SQUID)，磁梯度测量达到 1pT/m/√Hz；

②噪声水平：10-2nT/m/√Hz ；

③带宽：DC-500Hz；

④探测距离：大于 2743m。

由于磁探测设备截至目前尚不具备下水条件，前期通过模拟水下环境，利用磁探测进行了实验性的数据获取，结果如图 5.21 所示。

图 5.21　磁信号测量结果

通过对磁信号强度分析和空间叠加能够得到不同物质磁通量的分布情况，效果较为明显，但是仍需要大量实验数据进行前期取样，以形成一个可以参考的不同物质不同环境下的磁通量数据库以用于水下检测区域数据信号的反演。

4. 水下机器人定点探测

水下机器人也称无人遥控潜水器，是一种工作于水下的极限作业机器人。水下环境恶劣危险，人的潜水深度有限，所以水下机器人已成为开发海洋的重要工具。

无人遥控潜水器主要有两种：有缆遥控潜水器和无缆遥控潜水器，其中，有缆遥控潜水器又分为水中自航式、拖航式和能在海底结构物上爬行式三种。

中科院沈阳自动化研究所研制的一款水下机器人"CR-02"，该设备通身不配电缆，自带电源，属于自主式水下潜器，具有多个避碰声呐换能器，配备有测深侧扫声呐和剖面仪等装置，但是南水北调中线渠道这种特殊水下环境不适合大型设备下潜，以防止对渠壁造成碰撞性损坏。此外该设备不具备高精度定位装置，也无法准确定位所探测到的渗漏点。

由于目前高精度探测设备体型均较大，如果集成在 ROV 上，就会增大设备重量影响操控性能。因此我们可以采用载有高清摄像系统的 ROV 设备，在粗筛之后对疑似渗漏区域进行免潜水式直播精准观察，直接对疑似区域进行人工判定，这样可以大大提高水下检测效率。

5. 多种传感器检测技术集成

通过对前面不同技术手段的分析，目前各种技术手段均有优缺点，单一技术无法满足全部需求。若要高效地完成渗漏点精准识别与定位，需要具备以下功能：

①高效的作业平台；
②模块化的功能配置；
③声呐图像获取；
④定位定姿；
⑤高清摄像；
⑥水下照明。

目前可以采用 ROV 平台，模块化功能配置，搭载图像声呐设备进行水下声呐影像获取，搭载惯性导航和 DLV 组合惯导系统，保证水下的精准定位，并加配带云台的高清摄像头，实现真实影像的同步采集。

5.1.3　典型渠段水下检测效能及适用方案

通过对多种技术手段的现场测试和后期数据处理分析，可以得出以下结论。

（1）多波束声呐测量采用无人船搭载多波束测量系统的方式，数据采集效率较高，对于渠道的水下地形测量较为适用。但该方式对预制的缺陷探测能力不强，仅能探测到边长在 50cm 的预制砖块的整体，对预制块为 10cm 及更小尺寸的缺陷无法探测。

无人船拖拽侧扫声呐的测量效率比多波束声呐测量更高，在明渠段的速度可达约 10km/天。侧扫声呐对渠道缺陷的探测能力相对较强，探测到 20cm 及以上尺寸的缺陷的概率较大，但是定位精度相对较低。

（2）水下三维激光测量使用了 ULS-200 型三维激光扫描仪，在试验段多个区域进行水下多角度多姿态测试，但在仪器量程范围内均未扫描到有效目标；在渠道岸边模拟静态环境时能较清晰地扫描出砖块结构，并能反映出 1cm 的缺陷形态。但其并不适用于南水北调水下测量环境，测量效率也较低，不适合大面积作业。

（3）在中国北京和乌克兰某市均测试了 SQUID 磁梯度设备，结果表明其具备探测物体磁梯度信号的能力；该设备对混凝土砖块及空心砖块的探测精度较高，在实验室环境下对吻合状态(缝隙宽度小于 1mm)到 7mm 宽的缺陷都能够有效探测到。但该技术方法在工程应用的可行性还需进一步研究探索,目前尚不成熟。

5.2　近景及全景摄影测量检测

近几十年来,随着国内西部开发、南水北调、滇中引水等战略性工程的启动,水利、交通、能源等工程建设规模的不断扩大,水电资源的持续开发和工程建设的不断深入,加之地质构造复杂、施工难度大、建筑场地环境恶劣,特别是我国西南、西北地区,许多在建和拟建的大型电站都处于高山峡谷地带,在高坝、大库容、大装机的工程需求下出现了高陡边坡、深埋隧道、大跨度地下洞室、高地应力等一系列更加复杂的工程地质问题。地下洞室作为常见的大型工程,是水电工程中研究较多也较受关注的工程之一。由于隧洞工程自身的复杂性,隧道结构力学计算仍处于不完善阶段,且隧道数值模拟并不能准确地反映出隧道结构的状态,为了能够保证隧洞在施工过程中的安全性,近几年信息化施工的方法和原则在隧洞施工过程中得到了较广泛的应用。

随着数码相机的不断发展,图像处理技术和摄影测量理论不断完善,近景摄影测量技术在隧洞工程安全监测领域的应用开始受到了广泛的重视。这种方法通过数码相机对隧洞内部进行拍照,获取不同时期的影像,对隧洞高清影像进行处理,提取有用信息,经过对比获取形变量。近景摄影测量技术作为新兴的测绘技术,具有不与目标地物接触、效率高、获取数据量大等特点,已经广泛应用于空间信息采集、古建筑和古文物修复、工程安全检测等领域。将近景摄影测量技术应用于隧道的变形监测中,不仅可以实现隧道的三维建模及空间重构,还可以提高隧道内部监测点的测量精度。使用近景摄影测量技术对隧洞进行安全监测具有以下优点:

①能够快速地获取隧道断面的整体信息,比传统监测方法获取的数据更加全面、完整;

②近景摄影测量为非接触测量,图像数据获取迅速,操作较为方便,对施工活动干扰小,降低了在施工现场测量作业的安全风险,对于特殊施工现场条件下的量测是非常有利的方法;

③对数字图像的处理主要依靠计算机算法完成,数据处理和信息提取的自动化程度较高,可以及时提供反馈信息。

5.2.1　近景及全景摄影测量隧洞检测技术发展应用现状

近景摄影测量一般指拍摄距离在毫米以上至 300 米以内的非地形摄影测量,它是摄影测量学的一个分支,是以摄影测量为手段,根据所摄相片记录的信息,对被摄目标及研究对象进行量测、解算以确定被摄物体的形状、大小。近景摄影测量在国际上已有五六十年的历史。近景摄影测量与机器视觉委员会是国际摄影测量与遥感协会下属的一个专门组织，在它的组织下，每两年召开一次国际性的学术讨论会。我国在 20 世纪 80 年代初期才开始对近景摄影测量进行研究，近几年有了较大成果。

随着数码摄影技术和装备的快速发展，在许多领域中，人们开始采用摄影测量技术来取代传统方法。近些年，近景摄影测量技术在工程变形监测中也被广泛应用，相关研究成果已被广泛应用于公路交通、铁路、工业及建筑工程等领域之中，既可以为静态目标提供三维空间坐标，也可为动态目标提供运动轨迹及变化规律等。

进入 21 世纪以后，由于数码相机的普及和性能的提升，以普通高清数码相机为基础的数字近景影像技术有了较快的发展。在工程建设领域，非量测普通数码相机开始应用于桥梁、隧道、房屋建筑及铁路等变形监测中。基于高清影像，进行数字图像处理，经过影像特征提取、同名点匹配、对比分析等关键步骤实现变形量提取。基于普通数码相机的数字摄影测量具有专用量测相机不可比拟的低成本优势，该方法主要基于数字图像处理、模式识别等技术实现自动或半自动目标提取及变化监测等。

贺跃光等开发了一套数字化近景摄影测量系统，可应用于精度要求较低的交通事故现场勘察和森林调查等领域中，该系统具有精度稳定、操作方便和适应性强等优点，但由于量测精度较低，尚不能满足在隧道围岩变形量测中的应用要求。Satoru 等在直径为 7m 的地铁隧道内使用近景摄影测量方法对隧道收敛进行监测，其测点的三维坐标量测精度已经达到了毫米级水平，这是近景摄影测量应用于隧道围岩变形测量的显著进展，但它的缺点是需要在断面上布设大量的控制点，同时需要拍摄大量照片以覆盖整个监测区域，这就增加了操作的复杂性和测量工作量。

徐芳等应用普通数码相机开展钢结构变形监测的研究，采用透视变换纠正算法，结合数字图像处理进行目标点自动识别与定位，实现钢结构瞬间挠度的变形监测。费憬昊等将数码相机结合断面辉光照明拍摄水工隧洞断面，研究经边缘检测后的二维图像处理，解决水工隧洞断面面积测算及超欠挖监测问题。

王国辉等在宋家坪隧道上台阶洞室布设 16 个测点，并使用海鸥 300 型相机对其进行收敛测量，该方法能够自由设站，不需要布设控制点，试验结果能够客观地反映隧道变形的趋势，其精度可达到 2mm 以内。但是此方法要在目标断面上悬挂基杆，给操作带来了不便。

上海交通大学的田胜利结合摄影测量技术，使用佳能 EOS-1DS 型高分辨率非量测数码相机对云南小湾电站的大型洞室内进行现场试验，由于不设像控点，需要在现场安放一定数量的标尺作为已知距离控制，量测精度达到了较高的精度。

日本京都大学的 Ohnishi 等采用近景摄影测量研究山体边坡的变形问题，其在边坡上布置大量的标志点，但不需要设控制点，只需把仪器所处的三维坐标测出即可。

随着机器视觉系统的飞速发展，基于图像采集及数据分析的检测手段越来越多地被应用于隧道裂缝检测中，近几年，王华夏等采用图像采集开发高速铁路隧道裂缝的自动检测系统，对隧道衬砌裂缝图像进行处理和分析，提取到可以对裂缝进行判识的特征标，从而提供了一种准确、高效的隧道衬砌表面裂缝检测手段。基于图像处理技术，一些研究人员也提出了各种裂缝自动检测方法。

国外对隧道衬砌裂缝的检测比国内要成熟先进，很早就开始研究基于图像的自动化采集检测设备和方法。一方面研究获取图像的传感器技术，另一方面研究基于图像的自动检测及量测方法。不少研究提出基于图像的自动检测方法并已成功应用于道路、桥梁、下水管道等的检测中。

国外发达国家在隧道衬砌裂缝检测技术方面研究较早，技术较先进，除了传统的人工检测方法外，对摄影测量技术和激光扫描技术进行了较多研究，开发了一批检测装备。国外隧道检测装置主要包括检测车和固定在检测车上的检测装置。1999年，日本成功开发了新干线隧道衬砌检测车，该检测装置是比较早的隧道衬砌裂缝检测平台，替代了原有的打音检测方法，克服了原有采用人工方法效率低和准确性不高的缺点。韩国汉阳大学的 Lins 等开发研究了一种自动化隧道裂缝检测系统。该系统包括裂缝检测系统和移动系统两部分，测量精度达到 0.3mm，检测时以 5km/h的速度移动，利用速度传感器控制图像采集的 CCD 相机对隧道衬砌表面裂缝进行采集，借助相应算法处理图像数据信息。系统采用大功率的照明来提高图像的质量并为防止移动带来的抖动搭载相应的减震装置。2012 年，日本的铁信又研发了一种新的隧道裂缝检测车。该检测车通过摄像头获取隧道相关信息，通过处理软件分析后可以判别隧道的异常点。

在隧道病害快速检测方面，国内学者也进行了较多的研究，取得了较好的成果，这些设备主要是在搭载平台上安装各种传感器和设备用以检测隧道的病害。

武汉武大卓越科技有限公司开发了隧道检测车。该检测车的车载平台为中型卡车，最高检测车速为 80km/h。该检测车安装了 34 台 LED 照明系统，单台的功率为100W，还安装了 16 台相机和 1 台 GPS。武汉长盛集团开发了隧道裂缝快速检测系统 JL-PTCDS（A），主要用于在高铁、公路和地铁隧道的检测中。该检测系统的特点是将图像采集和处理技术与精度较高的激光扫描技术结合在一起，生成所检测隧道的高精度点云数据，可用于解决公路、铁路和地铁隧道的常规定期和专项检测。

这些检测设备和检测技术的检测精度大多能达到毫米级，但这些检测设备大多是针对道路、铁路、地铁等特定的隧道场景研发的，且这类隧道检测系统大多集成在大型车载平台上，设备庞大，而且价格昂贵。引水隧洞相比其他日常运行的公路、铁路等隧道检测条件限制更多，大型检测设备不便进入，且隧洞内供电、照明条件差。目前国内对于引水隧洞的检测主要还是采用一种升降平台将人运送到缝隙处，通过人工使用标尺测量的方式来进行检测。这种检测平台多以刚性结构架为基础，检测速度慢、效率低、成本高、安全风险高。以上先进的自动化检测设备和技术应用于引水隧洞检测需要进行针对性改装或改进后使用，其中的关键技术可以提供借鉴。

5.2.2　近景摄影测量隧洞缺陷检测方案

1. 三维全景云台获取隧洞序列实景影像

高清近景影像采集平台，是针对单反和微单专门开发的专业云台。支持多种相机控制、多种智能拍摄模式。搬站式固定三脚架的简约结构，能够高效稳定地进行全景影像采集，即使在复杂、狭窄、微光或者无光的环境下，利用其专门的光源设备，也能轻松捕捉稳定的全景序列图片，小巧轻便可单手操作、控制精准，单人也能完成专业全景拍摄。全景云台拍摄设备示意图如图 5.22 所示。

图 5.22　全景云台拍摄设备示意图

全景云台拍摄设备与手机端结合，重新定义了全景影像系统。以前需要多人携带的设备，现在即可简单掌控，在复杂、狭窄的环境下也能轻松捕捉稳定的全景序列图片，大幅提升工作效率。云台能够实时补偿相机的颠簸和抖动。不仅能在室外进行长时间拍摄，转入室内或交通工具内等狭小的空间里，也能移动自如，进入很多传统大型全景相机难以拍摄的位置。拍摄高清照片，可以捕捉更加清晰的画面和丰富的细节，并具备出色的降噪能力和精准的色彩还原能力。集成设备具有专门的光源设备，即使在微光或无光的环境下也能够采集清晰的全景影像。利用全景云台采集隧道内影像数据一般有人工搬站和移动推车两种方式（图 5.23），采集后数据可以直接上传到云端进行处理。

全景云台采集设备是结合手机端控制程序专门用于室内全景和三维采集的设备，可以为三维重建、全景重现提供清晰准确的影像数据。采集设备结合手机端控制程序操作如下（图 5.24）：

①在全景云台和手机端打开后通过手机端程序连接全景云台；

②在手机端建立相应任务后，输入任务信息，然后选择全景采集模式；

③每次摄站拍摄完毕都会将本站的拍摄信息存储在手机上，并通过专用程序进行采集后的数据管理，自动将正确的影像数据保存下来。

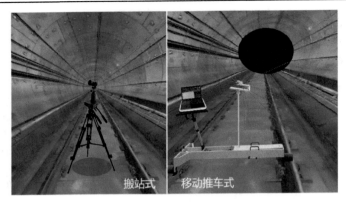

图 5.23　全景云台拍摄示意图

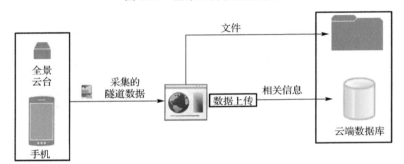

图 5.24　全景云台采集数据传输

该系统的优点如下：

①全自动采集，无须人员进行太多的操控，仅需要搬站更换拍摄位置；

②手机控制，使用简便，控制设备小巧；

③配套的影像管理程序可自动筛选绝大多数正确和清晰的影像，减少大量的人工管理和整理时间；

④配有专门光源设备，即使微光或无光环境也能采集高质量的影像数据。

利用该套全景云台采集设备进行隧洞影像数据采集的要点如下：

①按照距墙面的距离来推算站间距，拍摄距离就是全景云台至全景云台镜头面对的墙面的距离，相邻站间距=1.3865×拍摄距离；

②在拍摄期间，全景云台镜头的初始位置应尽量朝向一个物体方向；

③全景云台也要按站间距依次拍摄，并覆盖整个拍摄空间；

④拍摄时应避开人员等干扰因素的影响，拍摄下干扰少的影像数据。

2. 隧洞实景影像建模处理

数据仅包含全景云台采集的数据，云端全景云台采集影像处理流程如下。

（1）影像预处理。

影像预处理包括影像畸变差校正、图像增强等工序。经过预处理的影像对比度增强，更加清晰，为后续的空三加密工作提供高质量数据。

（2）空中三角测量。

自动化空三加密，在自动建模系统中加载测区影像，人工给定一定数量的控制点，采用光束法区域网整体平差，以一张相片组成的一束光线作为一个平差单元，以中心投影的共线方程作为平差单元的基础方程，通过各光线束在空间的旋转和平移，使模型之间的公共光线实现最佳交会，将整体区域最佳的纳入到控制点坐标系中，从而恢复地物间的空间位置关系。

（3）密集匹配。

根据高精度的影像匹配算法，自动匹配出所有影像中的同名点，并从影像中抽取更多的特征点构成密集点云，从而更精确地表达地物的细节。地物越复杂，建筑物越密集的地方，点密集程度越高；反之，则相对稀疏。

（4）构建 TIN 网模型。

模型制作的计算任务量较大，为提高数据处理速度，处理过程中将摄区分割成小区块进行处理。生成的密集点云利用特有算法进行三角网化处理，在这个过程中，一些异常的点由于无法构建正常的三角形而被作为粗差点进行舍弃处理。对不规则三角网进行自动检测评估与优化，对平坦表面的三角密度实现自动简化稀疏化处理，同时对复杂表面的三角网密度予以保留。对每个区块内模型精细构网，可以快速生成 TIN 网模型。

（5）自动纹理映射。

对 TIN 网模型，软件根据 TIN 网中每个三角形的空间位置，自动优选最佳视角的影像进行纹理映射，以此生成基于真实影像纹理的高分辨率实景三维模型，达到对真实场景的超高还原。图 5.25 为穿黄隧洞实景三维模型图。

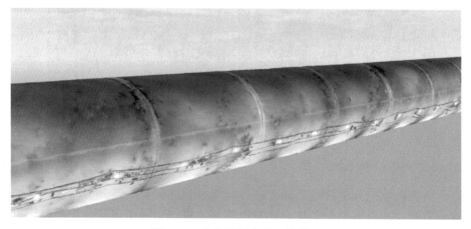

图 5.25　穿黄隧洞实景三维模型

（6）自动拼接。

经自动化影像建模软件空三加密后，获得影像的位置和姿态信息，结合全景云台相机间的固定约束关系，自动化拼接生成摄站点的拼接影像（图5.26）。

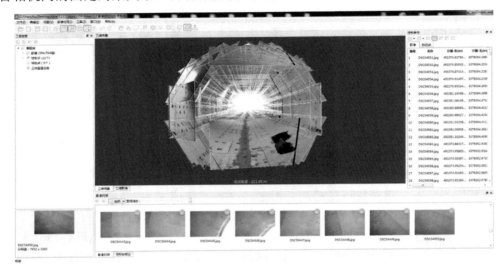

图 5.26　设站点影像自动拼接

成果数据主要包含三维模型成果和与之匹配的影像数据。图 5.27 为采用近景摄影测量构建的在建隧道和运营中隧道的实景三维模型。图 5.28 为与模型匹配的对应影像。

图 5.27　生成的隧道三维模型

3. 隧洞病害检测系统

将利用相机拍摄到的隧道影像，通过计算机自动计算，得到具备量测信息的隧道三维模型和动态拼接的图像集合，系统将全方位展示隧道现状，进行隧道远程检测。隧洞病害检测系统功能简介和示意图如图 5.29～图 5.35 所示。

图 5.28 影像自动拼接和动态配准

（1）平面展示及标示。

在可展示隧道的平面示意图（图 5.29）上标示摄站位置、病害位置。

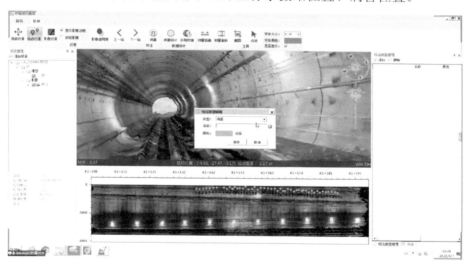

图 5.29 平面展示及标示

（2）自定义病害信息快速标注编录。

按照病害类型查询、录入和编辑病害信息，实现简单量测功能，在隧道三维模型上描绘出病害，将自动计算出长度、宽度等相关数据，如图 5.30 所示。

（3）多维度影像核查病害检测。

通过对病害的长度、宽度、面积的属性值进行核查，对相关病害的缺陷级别以及缺陷类型进行定义说明，如图 5.31 所示。

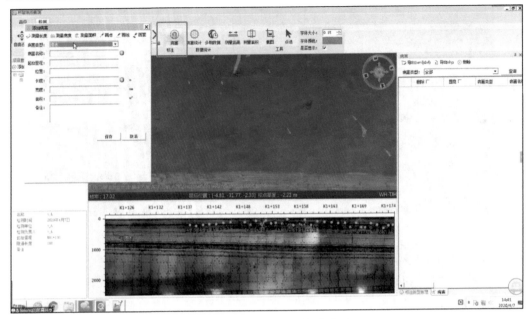

图 5.30　病害信息快速标注编录

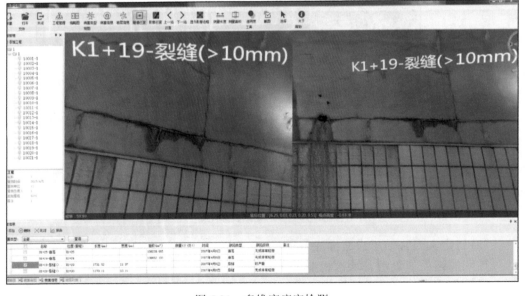

图 5.31　多维度病害检测

(4)进行多期多角度数据对比。

利用多期影像数据进行三维实景建模，将隧道的整个巡检过程在时间与角度上

进行可视化，以及对整个隧道的不同时期巡检数据进行管理。场景数据和影像数据
导入平台中进行展示、反映巡检现场不同时间的病害情况，如图 5.32 所示。

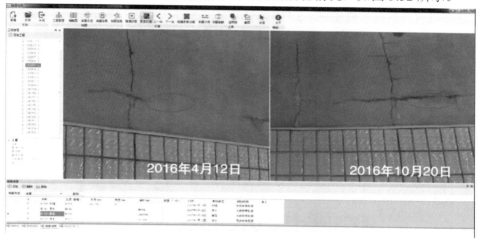

图 5.32 多期多角度数据对比

(5)跨专业专家远程联合会诊巡查。

通过与相关专家系统的对接，根据专家对病害类型进行诊断，对造成病害的原
因进行定义，并以图表的形式进行保存，如图 5.33 所示。

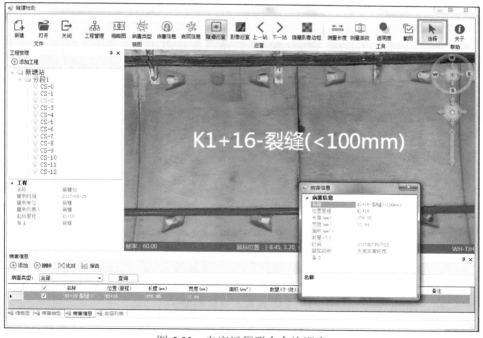

图 5.33 专家远程联合会诊巡查

(6)病害信息统计汇总。

将所有类型的病害信息进行统计汇总，可按照病害类型进行查询，并以图表的形式将隧道病害状况进行展现，如图 5.34 所示。

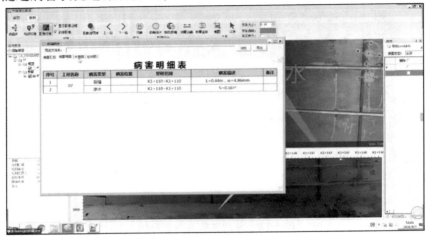

图 5.34　病害信息统计

(7)病害信息报表一键生成。

以列表形式展示隧道病害的详细信息、可查看病害汇总统计信息，如图 5.35 所示。

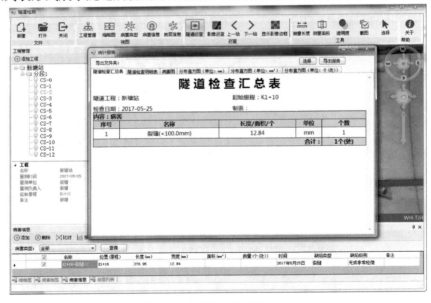

图 5.35　病害信息报表生成

本系统支持的数据格式如下。

①影像格式：jpg, jpeg, png, tif；

②要素数据：cfg, shp；

③网格数据格式：osg, osgb, obj, ive；

④影像库格式：db3, artnl, arter。

5.2.3 全景摄影结构缝检测方案

1. 全景摄影测缝硬件系统集成

根据隧洞的实际规格、尺寸，以及结构缝的形状、缝宽等具体特征，确定全景摄影测缝系统硬件集成的总体方案。硬件集成系统应能达到下列要求：

①能够实现相机的参数设置功能，能根据理论推算和实际的检测情况对相机的参数进行调整，以满足不同应用需求；

②多功能云台需具备参数化设置、自动化运转功能，具有智能驱动相机拍照、远程遥控等功能；

③光电设备需与智能便携设备实时连接，实现图像实时传输，便于及时监测图像清晰度、是否有遮挡等情况；

④配套照明系统对检测过程进行照明，要求照明效果好、光线要均匀；

⑤集成系统的图像分辨率要求至少为 0.5mm；

⑥连接组件需要可根据需求调节安装角度，具有适应性强、稳定性好、牢固可靠的特点，还需要易于安装和携带。

全景摄影硬件集成系统组件模块如图 5.36 所示。

其中最重要的部件为图像采集模块的选择，根据成像关系有：$GSD = \mu \cdot \dfrac{s}{f}$，式中，GSD 为影像成像分辨率，$\mu$ 为成像元件像元宽度，s 为成像距离，f 为相机焦距。在拍摄环境(引水隧洞)固定的情况下，成像距离已知，在引水隧洞中约为 3m，通过选择合适的焦距和成像元件的相机，可在成像质量优的情况下满足成像分辨率优于 0.5mm 的要求。如焦距范围 42～52mm，成像元件大小为 0.0039～0.006mm，则最低成像分辨率为 $GSD = 0.006 \times \dfrac{3.5 \times 10^3}{42} = 0.5mm$，可保证成像分辨优于 0.5mm 的要求。

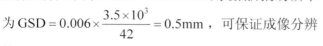

图 5.36 全景摄影硬件集成系统

2. 结构缝全景影像采集方法

1)确定设备定位安置方式

相机的具体位置及其安置方式对于保障结构缝全景影像采集的精度和完整度具

有重要作用，应根据项目及现场实际情况调整。若管仓截面近似为标准圆弧，相机中心应安置在圆心，保证各拍摄方向视线距离一致，以消除透视投影差异带来的成像误差。

结构缝影像采集时，针对引水隧洞每条结构缝利用该装置进行拍摄。根据盾构隧洞的尺寸确定结构缝截面底板连线的中点和装置拍摄时的离地高度 H。将结构缝检测装置组装固定完好，安置在结构缝截面中心，对于水平的隧洞底板，将连杆3（见图5.50）固定在水平位置，即水平角为0°，对于有倾斜角的隧洞段，调整连杆3的角度为隧洞底板的倾斜角度，保持相机垂直于隧洞壁进行拍摄。

盾构引水隧洞半径为 R，边顶拱所对应的扇形角为 θ，影像拍摄时，相机中心离地高度为 H，相机安置脚架中心点距边顶拱与底板交点任意一侧的距离为 L。根据隧洞设计尺寸，R 和 θ 为已知量，则可以计算 L 和 H 值，并在实施过程中对应进行设备安置，如图5.37所示。

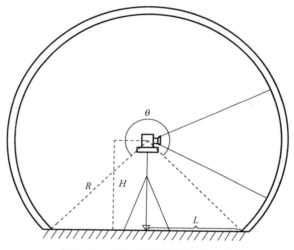

图 5.37 结构缝影像采集示意图

2) 确定影像采集参数

根据管仓结构和尺寸信息、图像分辨率和应用需求等，通过理论计算确定拍摄视线距离、最佳拍摄焦距、影像重叠度等参数，以获取最优质量的全景影像信息，确定结构缝全景影像采集的优化方案。

为了保证获取足够多的同名点进行拼接，相邻影像间需要保证一定的重叠度，一般优于20%的影像重叠度即可保证拼接效果。根据影像采集的相机参数和管仓半径，在保证相邻相片重叠度的情况下，可计算最大的拍摄旋转角度：

$$\varphi = \frac{\text{GSD} \cdot \text{Width} \cdot (1-20\%)}{R} \cdot \frac{180}{\pi} = \frac{0.5 \times 6000 \times (1-20\%)}{3.5 \times 10^3} \times \frac{180}{3.14} = 39°$$

式中，φ 为拍摄时竖直云台的固定旋转角度，GSD 为影像成像分辨率，Width 为影像宽度，R 为隧洞管仓半径。

根据拍摄时的实际作业情况，为保证更大的影像重叠度和拍摄稳定性，在兼顾拍摄质量和效率的情况下，建议选择 $20°\sim30°$ 的固定拍摄旋转角度。

3. 结构缝全景影像处理

确定影响影像量测精度的误差源，分别对各误差源进行理论分析和验证。针对不同误差来源，通过采用精密数据处理模型和方法、优化观测环境、校准影像等手段，提高影像量测精度的关键技术，重点包括以下两个方面的内容。

1）相机畸变改正方法

专用量测相机操作复杂、体积大、集成困难且价格昂贵，随着普通数码相机的快速发展，非量测数码相机应用于近景摄影测量效果显著，在镜头畸变控制良好的情况下，可达到很高的精度。非量测相机在近景摄影测量考古、文物保护、形变监测等领域应用广泛，具有轻便、易于集成安装、价格便宜等优点。而在应用中，准确去除相机畸变非常关键。相片中心畸变小，边缘畸变大，需要采用有效的畸变模型算法，对相机进行检校，尽量减小相机畸变的影响，提高影像量测的精度。

数码相机镜头畸变主要包括镜头径向曲率的不规则变化引起的径向畸变（图 5.38）和透镜本身与传感器平面（成像面）不平行所产生的切向畸变（图 5.39）。

径向畸变主要分为枕形畸变和桶形畸变，在针孔模型中，一条直线投影到像素平面上还是一条直线。但在实际中，相机的透镜往往使得真实环境中的一条直线在图片中变成了曲线。越靠近图像的边缘现象越明显。由于透镜往往是中心对称的，这使得不规则畸变通常径向对称。

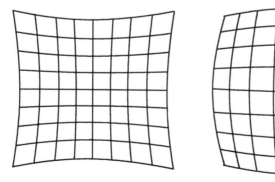

图 5.38　枕形畸变和桶形畸变

为了克服镜头畸变带来的成像误差影响，通常采用多项式畸变模型对原始影像进行畸变纠正，减小镜头畸变对结构缝量测精度的影响：

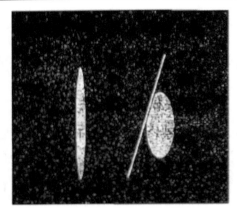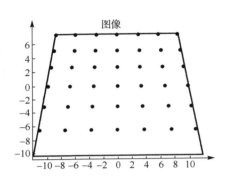

图 5.39　切向畸变

$$x_c = x(1 + k_1 r^2 + k_2 r^4 + k_3 r^6) + 2p_1 xy + p_2(r^2 + 2x^2)$$
$$y_c = y(1 + k_1 r^2 + k_2 r^4 + k_3 r^6) + p_1(r^2 + 2y^2) + 2p_2 xy$$

式中，(x_c, y_c) 为畸变纠正后像点坐标，(x, y) 为畸变纠正前像点坐标，$r = \sqrt{x^2 + y^2}$ 为像点到相片中心点的距离，k_1, k_2, k_3 为径向畸变系数，p_1, p_2 为切向畸变系数。

相片中心畸变小，边缘畸变大，常见的多项式畸变模型模拟相机的径向畸变、切向畸变和像素的非正方形比例因子，可以去除相对规则的相机畸变；但多数非量测相机畸变不规则。针对此特点，若采用基于格网畸变的模型算法，能有效减小模型差等问题，提高影像量测的精度。

格网畸变的原理是将相机成像 CCD 元件视作规则格网组成，可将每 400×400 像素作为一个格网，逐块格网模拟相机畸变。采用室内亚毫米级高精度三维检校场，对相机进行精密检校，其格网畸变的获取如下。

①使用平行光管进行相机对焦，保证镜头无穷远对焦的准确性。

②多片联合检校。在检校场不同位置进行影像的拍摄，并通过多片联合检校解算出准确的格网畸变参数，既保证检校精度，又有效地避免了过拟合。格网畸变可准确量化不规则相机的畸变信息，从而实现高精度影像量测。某室内检校场和格网畸变模型示意如图 5.40 和图 5.41 所示。

2) 匹配算法

隧洞壁影像纹理特征单一、反差较小，影像匹配过程中容易出现无法提取特征点或特征点较少的问题，影响影像拼接的精度。局部立体匹配算法，基于图像的灰度信息，在匹配过程中，不可忽略的前提是待匹配中心点与邻域点的视差深度一致，且物体表面与摄像机平面平行。该算法运算虽较为简单，但在低纹理区域和不连续区域的匹配效果不好。基于特征的匹配算法通过提取图像中对形变、光照等具有不

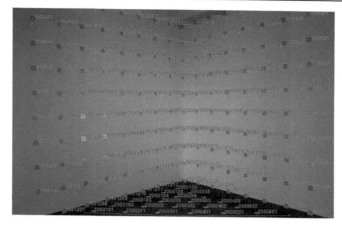

图 5.40　室内检校场

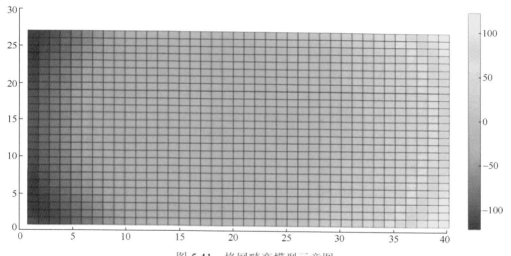

图 5.41　格网畸变模型示意图

变性的信息，对这些信息进行描述，构造描述符，之后对这些特征进行匹配，计算出图像之间几何变换的参数。基于特征的匹配算法比起基于灰度的匹配算法是用更少的信息进行匹配，从而大大提高了运算速度。除此之外，特征点等局部信息对图像遮挡、形变等也有很好的鲁棒性。

　　基于特征的匹配算法主要包括特征提取、特征匹配、生成几何变换这几个步骤。特征提取是指提取出图像中具有代表性的信息，如图像中的角点、拐点等，提取出来的信息必须满足对尺度、旋转、光照、视角和噪声干扰等影响因素具有一定程度的鲁棒性。除此之外所提取的特征还必须具有独特性，以防止将相似的特征被误认为是相同的事物，从而造成特征的误匹配。经算法提取出来的图像特征主要由点、线和面这三种类型，其中，由点构成的局部特征对噪声、形变等具有较强的鲁棒性，因此当前很多的特征匹配算法选择以点作为特征。SIFT 算法是当前被广泛使用的局部特征匹配算法，该算法以尺度空间极值点作为特征点，通过检测特征点实现尺度不变性，之后以特征点周边区域内像素为主方向，实现旋转不变性，最后将描述子采样区域旋转到特征点的方向，然后基于该区域构造描述符。

3) 影像校准方法

针对拼接好的结构缝影像，利用隧洞结构缝的实际尺寸和成像几何关系等已知条件，对影像进行绝对尺度校准，保证校准后结构缝量测精度满足需求。

对以上方式处理得到的隧洞结构缝高清影像合图，利用隧洞尺寸进行校准。根据盾构隧洞的尺寸(半径 R)，隧洞边顶拱圆弧所对应的扇形角为 θ，结构缝影像连续拍摄时，每次相机旋转的固定角度为 φ，结构缝影像合图中边顶拱的成像对应的实际长度 S 可由下式得到：

$$S = 2R\sin\frac{\varphi}{2}\frac{\theta}{\varphi}$$

根据得到的边顶拱在影像中成像对应的实际长度 S，对影像进行绝对尺度的校准，以得到结构缝的相关空间信息。给定边顶拱成像长度的水平线作为参照线。确定边顶拱在影像上的起止位置，基于影像上与结构缝平行的投射线，以参照线作为参考，对影像进行平移、旋转、缩放变换，使得影像上的投射线与参照线重合，此时影像校准完成，影像上量得的结构缝宽可直接转换为结构缝的实际宽度。

4. 结构缝空间信息提取与表达

1) 结构缝空间信息提取和表达方法

在获得结构缝全景影像后，如何提取和表达结构缝信息是关键。基于结构缝宽度和轴线偏移信息评估结构缝的缺陷状况，准确找出需要进行填缝、切割等部位，为橡胶板的粘贴等维护工序提供精准指导。

基于已有信息，对全景影像进行尺度校正检验后方可进行结构缝空间信息提取。结构缝信息提取要求全面、准确，表达要求具备科学性且直观、明确、方便使用。基于以上得到的尺度校准后的结构缝高清影像，提取结构缝边线，根据结构缝边线可提取结构缝截面的中线。根据结构缝表达的精细程度要求，按照一定间距选取结构缝截面的中线节点，由这些节点拟合出理想的结构缝中轴直线。常用的直线拟合方法为最小二乘法，对局外点的剔除能力较差，而采用 RANSAC 算法进行拟合可以鲁棒地估计模型参数，且能从包含大量局外点的数据集中估计出高精度的参数。可以采用该算法，进行直线拟合，拟合出理想的结构缝中轴直线。

RANSAC 算法的输入包括一组观测数据、一个可以解释或者适应于观测数据的参数化模型和一些可信的参数。通过反复选择数据中的一组随机子集来达成目标，被选取的子集假设为局内点，并用下述方法进行验证：

①有一个模型适应于假设的局内点，即所有的未知参数都能从假设的局内点计算得出；

②用①中得到的模型去测试所有的其他数据，如果某个点适用于估计的模型，认为它也是局内点；

③如果有足够多的点被归类为假设的局内点，那么估计的模型就足够合理；

④然后，用所有假设的局内点去重新估计模型，因为它仅仅被初始的假设局内点估计过；

⑤最后，通过估计局内点与模型的错误率来评估模型。

这个过程被重复执行固定的次数，每次产生的模型要么因为局内点太少而被舍弃，要么因为比现有的模型更好而被选用。图 5.42 为利用 RANSAC 算法进行直线拟合的示意图。

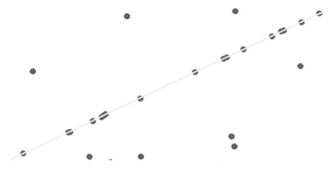

图 5.42　直线拟合示意图

将结构缝中线节点作为观测数据，基于 RANSAC 算法，拟合与结构缝中线最佳的中轴直线。采取截取结构缝断面的方式统计结构缝缝宽及轴线偏移信息。按照一定的距离截取结构缝断面线。以顶拱的缝宽断面线中点为坐标原点 $(0, 0)$，过原点与拟合的结构缝中轴直线平行的直线为 X 轴，垂直方向为 Y 轴。定义面向下游方向，右侧为 X 轴正方向，上游方向为 Y 轴正方向。每条断面线的长度为结构缝的缝宽值，取每条断面线两侧端点距 X 轴距离较大的一侧端点在坐标系中的坐标 (x_i, y_i)，表达结构缝断面相对顶拱的位置及轴线偏移信息。

2) 结构缝空间信息表达实现

基于以上结构缝空间信息提取和表达步骤，开发了专用的结构缝"缝隙绘图与统计系统 V1.0"。该系统是采用 VBA 语言开发的宏程序，在 CAD04～08 平台通过加载后运行，该软件为缝隙缝宽和轴线偏差(两条缝边线到缝隙平均中心线的偏差较大值)的绘图和统计软件，主要分为三大块功能，分别为按轴线偏差区间分类统计绘图、偏差信息提取与统计、批量插入影像图。其中，按轴线偏差区间分类统计绘图方法按统计的区间段不同又为"234cm 分段生图""2_3.5cm 分段生图""2_5cm 分段生图""2cm 以上批量生图"等四个功能。该软件主要实现了缝隙的缝宽提取与统计、缝隙轴线偏差提取与统计、缝宽与轴线偏差图形绘制、影像图的批量插入等功能，较大提高了缝隙测量与绘图的作业效率和准确率。软件主要功能结构图和软件界面如图 5.43 和图 5.44 所示。

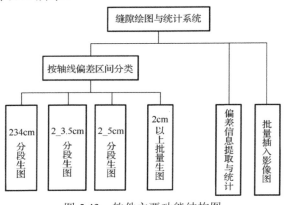

图 5.43 软件主要功能结构图

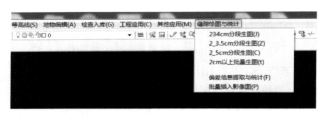

图 5.44 软件界面

该软件为 CAD 宏程序，在安装软件运行程序后，进入主程序菜单界面，程序菜单界面包括"234cm 分段生图""2_3.5cm 分段生图""2_5cm 分段生图""2cm 以上批量生图""偏差信息提取与统计"和"批量插入影像图"6 个子菜单。

（1）"234cm 分段生图"：按缝隙轴线偏差(两条缝边线到缝隙平均中心线的偏差较大值)2～3cm、3～4cm、4cm 以上进行分段统计和绘图。

（2）"2_3.5cm 分段生图"：按缝隙轴线偏差(两条缝边线到缝隙平均中心线的偏差较大值)2～3.5cm、3.5cm 以上进行分段统计和绘图。

（3）"2_5cm 分段生图"：按缝隙轴线偏差(两条缝边线到缝隙平均中心线的偏差较大值)2～5cm、5cm 以上进行分段统计和绘图。

（4）"2cm 以上批量生图"：按缝隙轴线偏差(两条缝边线到缝隙平均中心线的偏差较大值)2cm 以上进行统计和绘图。

（5）"偏差信息提取与统计"：批量提取图形中的轴线偏差和缝宽信息，生成 txt 文件。

（6）"批量插入影像图"：通过文件名比对缝隙影像图和缝隙 dwg 图形，将文件名匹配的影像图批量插入 dwg 文件中。插入影像后，在 CAD 中绘制结构缝边线，并间隔 10cm 取一条结构缝断面，如图 5.45 所示。

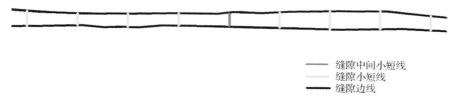

　　　　　　　　　　　　　　　缝隙中间小短线
　　　　　　　　　　　　　　　缝隙小短线
　　　　　　　　　　　　　　　缝隙边线

图 5.45　结构缝边线和断面

出图前设置好缝隙图标准图框和模板，缝隙图框是对缝隙图形的说明和注记，是缝隙数据统计的重要内容，批量生成缝隙图前，需要对图框进行设置，主要设置坐标轴、制图说明、比例尺、统计表格等。缝隙图框模板采用 A3 打印页面格式，需要放在 "E:\结构缝" 目录下。缝隙图框模板分为坐标轴区域、统计表格区域和影像图区域三个部分，图 5.46～图 5.49 分别为缝隙图框总体模板样例、局部放大后的坐标轴区域、局部放大后的统计表格区域和局部放大后的影像图区域。

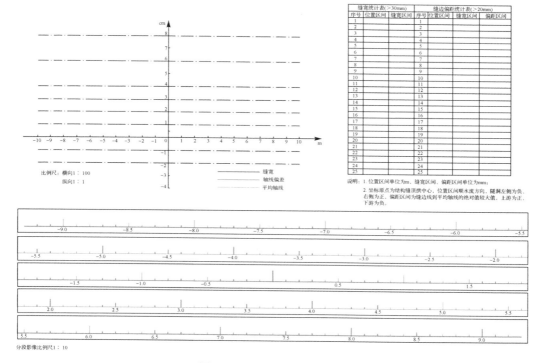

图 5.46　缝隙图框总体样例

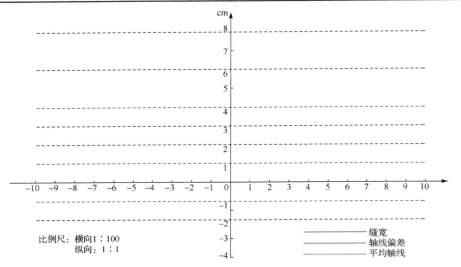

图 5.47 局部放大后的坐标轴区域

缝宽统计表 (>30mm)			缝边偏距统计表 (>20mm)			
序号	位置区间	缝宽区间	序号	位置区间	缝宽区间	偏距区间
1			1			
2			2			
3			3			
4			4			
5			5			
6			6			
7			7			
8			8			
9			9			
10			10			
11			11			
12			12			
13			13			
14			14			
15			15			
16			16			
17			17			
18			18			
19			19			
20			20			
21			21			
22			22			
23			23			
24			24			
25			25			

说明: 1. 位置区间单位为 m, 缝宽区间、偏距区间单位为 mm;

2. 坐标原点为结构缝顶拱中心, 位置区间顺水流方向, 隧洞左侧为负、右侧为正, 偏距区间为缝边线到平均轴线的绝对值较大值, 上游为正、下游为负。

图 5.48 局部放大后的统计表格区域

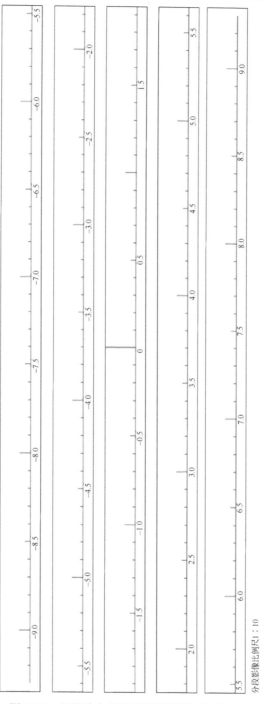

图 5.49　局部放大后的影像图区域(旋转 90°)

5.2.4　全景摄影隧洞结构缝检测典型案例

1. 试验场景

南水北调中线工程可极大地缓解中国中北方地区的水资源短缺问题，为河南、河北、北京、天津 4 个省(市)的生活、工业增加供水 64 亿立方米，供给农业用水 30 亿立方米。工程将极大地改善河南、河北、北京、天津 4 个省(市)受水区域的生态环境和投资环境，推动中国中北方地区的经济社会发展。

南水北调中线工程是一项宏伟的生态工程和民生工程。受水区年均缺水量在 60 亿立方米以上，经济社会的发展不得不靠大量超采地下水维持，从而造成地下水大范围、大幅度下降，甚至部分地区的含水层已呈疏干状态。实施南水北调中线工程后，可使受水地区的缺水问题得到有效解决，生态环境将显著改善。

南水北调中线一期工程自 2014 年 12 月 12 日正式通水以来，已累计调水超 348 亿立方米，约 6900 万人受益，水质持续稳定在地表水环境质量标准 Ⅱ 类以上，保证了沿线生产和生活用水，显著改善了沿线居民用水水质和区域生态环境，已成为沿线数十座大中型城市的主力水源。

穿黄工程是南水北调中线总干渠穿越黄河的关键性工程，是南水北调中线干线的标志性工程之一。工程总长 19.3km，由南岸明渠、南岸退水建筑物、进口建筑物、穿黄隧洞段、出口建筑物、北岸明渠、北岸新莽河倒虹吸、老莽河倒虹吸、北岸防护堤、南北岸跨渠建筑物和南岸孤柏嘴控导工程等组成。其中，穿黄隧洞长 4.25km，为双洞平行布置，两洞中心线相距 28m，内径 7m，外径 8.7m。

2. 硬件系统集成

基于以上提出的集成要求，本实验集成了一种基于全景影像的引水隧洞结构缝检测装置，将结构缝检测装置集成在专用脚架上。其中，结构缝检测装置包括图像采集模块、智能云台控制模块、无线通信模块、辅助定位模块、投线模块、补光模块等，如图 5.50 所示。图像采集模块 1 可选用高清微单相机，相机型号为索尼 α7Ⅱ，影像分辨率高、质量较轻、具备独立供电和存储功能，相机可通过无线通信模块将获取的影像实时发送至移动客户端，实现影像质量实时监测。图像采集模块 1 采用专用连接螺丝安装在智能云台 2 上，智能云台 2 和智能云台 4 采用可 90°旋转的连杆 3 连接，连杆旋转时可根据刻度固定角度和锁定，实现三轴旋转功能，满足不同角度垂直于隧洞壁拍摄。图像采集模块 1 和智能云台 2 同步控制利用同步信号线连接，且具备遥控功能，方便实际操作。智能云台 4 采用连接螺丝固定在脚架竖杆 5 的顶端。脚架竖杆 5 采用可伸缩高强度碳纤维杆，竖杆上有刻度，可按需调整安置高度，竖杆底端采用锥形尖角 6，方便准确定位。脚架连接件 7 上配置有水准气泡 9，它和尖角 6 配合进行装置对中整平安置，脚架另外 3 个稳定支撑脚 8 可伸缩调节。投线仪 13 用基座 12、锁紧螺丝 11 和连接杆 10 固定连接在脚架左侧，连接杆 10 采用刚性碳纤维材料，调节紧锁螺丝 11 可将基座 12 绕轴旋转一定角度后固定，基座 12 上的脚螺旋可以进行投线仪投射方向的微调。补光模块用金属软管 14 固定安装在脚架右侧，照明装置 15 可选用充电式 LED 照明灯，可根据隧洞内光线情况任意调节照明方向。

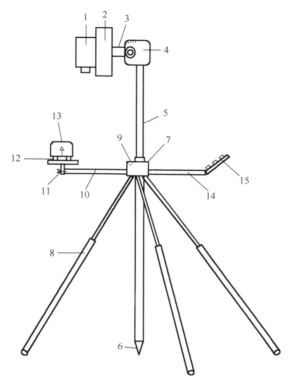

图 5.50　全景摄影测缝系统结构图

本实验集成的全景摄影测缝硬件设备相比传统人工测量方式具有如下优势：

①设备轻便，运输携带方便，便于随时拆装，灵活性高；

②操作简单，人工劳动强度低，提高了结构缝检测的效率和准确性，降低了安全风险；

③可以获取结构缝不同施工阶段的高清影像，提取的结构缝空间信息全面、直观。

3. 结构缝全景影像获取

使用集成的硬件设备，拍摄时利用投线仪投射出一条与结构缝截面近似平行的投射线作为后期数据处理的参照线，首先打开补光灯，将其调整到合适的方向，然后使用遥控器控制仪器，并开始拍摄。利用与图像采集模块 1 直接连接的智能云台 2，每旋转预先设定的固定角度 24°，触发相机自动拍摄一张结构缝高清影像，依次旋转拍摄直至旋转 360°，采集完结构缝的所有连续影像。影像采集时，通过无线通信模块将采集的影像实时发送到移动客户端，进行影像质量和遮挡情况等的监测，对有问题的情况及时进行处理。作业现场如图 5.51 所示。

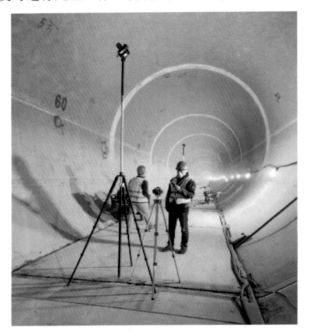

图 5.51　作业现场

4. 结构缝全景影像处理

本实验中分别采用传统多项式畸变模型和格网畸变模型对同一组影像数据进行畸变纠正后进行后续处理，在处理完成的全景影像上取多处结构缝断面进行缝宽量测与真实量测值比较，对缝宽量测值的误差进行统计。两种畸变模型的 3 个实验组数据结构缝缝宽量测精度统计如表 5.1 所示。

表 5.1　两种畸变模型下影像量测精度统计

实验组	缝宽量测中误差/mm		
	断面条数	传统畸变模型	格网畸变模型
1	25	1.11	0.72
2	32	0.92	0.45
3	28	1.05	0.65

　　通过以上对比实验可以看出，格网畸变模型可以更好地去除影像不规则畸变，提高影像量测精度，达到高精度量测结构缝空间信息的目的。

　　对匹配效果进行对比实验，发现采用一般基于灰度信息匹配算法(图 5.52)匹配的特征点很少，而采用 SIFT 特征点检测算法(图 5.53)匹配的特征点较多，错误率较低，具有较好的匹配效果。

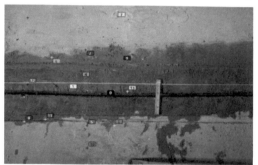

图 5.52　基于灰度信息的简单匹配算法

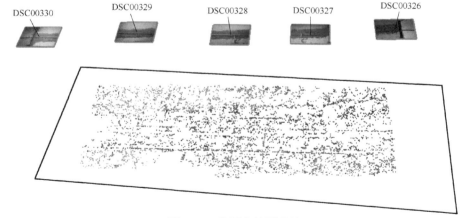

图 5.53　特征点检测算法

　　该算法适合隧洞纹理特征单一、影像反差较小的影像匹配，是一种稳定性和可靠性好的影像匹配方法，适用于本项目隧洞全景影像的匹配、拼接。图 5.54 为拼接好的穿黄（A 洞）结构缝全景影像示例。

图 5.54　结构缝全景影像拼接图

　　图 5.55 为获取的多处结构全景影像的局部放大高清影像截选，平均影像分辨率约为 0.3mm。

图 5.55　结构缝全景合图局部放大图截选

　　如图 5.56～图 5.58 为提取的其中三仓的结构缝空间信息和对应生成的统计图表。

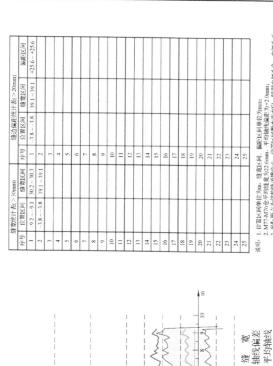

缝宽统计表(>30mm)			缝边偏距统计表(>20mm)		
序号	位置区间	缝宽区间	序号	位置区间	偏距区间
1	-9.2~-9.1	30.2~30.3	1	-3.8~-3.8	+25.6~+25.6
2	-3.8~-3.8	39.1~39.1	2	39.1~39.1	
3			3		
4			4		
5			5		
6			6		
7			7		
8			8		
9			9		
10			10		
11			11		
12			12		
13			13		
14			14		
15			15		
16			16		
17			17		
18			18		
19			19		
20			20		
21			21		
22			22		
23			23		
24			24		
25			25		

说明: 1. 位置区间单位为 m, 缝宽区间、偏距区间单位为 mm;
2. M77-M76 仓缝平均缝宽为 22.6mm, 平均轴线偏距为 +2.0mm;
3. 坐标原点为结构缝顶供排中心, 位置区间顺水流方向, 隧洞出口侧为负, 右侧为正; 偏距区间沿缝边线向平均轴线的偏距较大值, 上游为正, 下游为负.

缝
轴线偏差
平均轴线

比例尺: 横向 1:100
纵向 1:1

*分段影像比例尺 1:10

图 5.56　M77-M76 仓结构缝缝宽及轴向偏差图

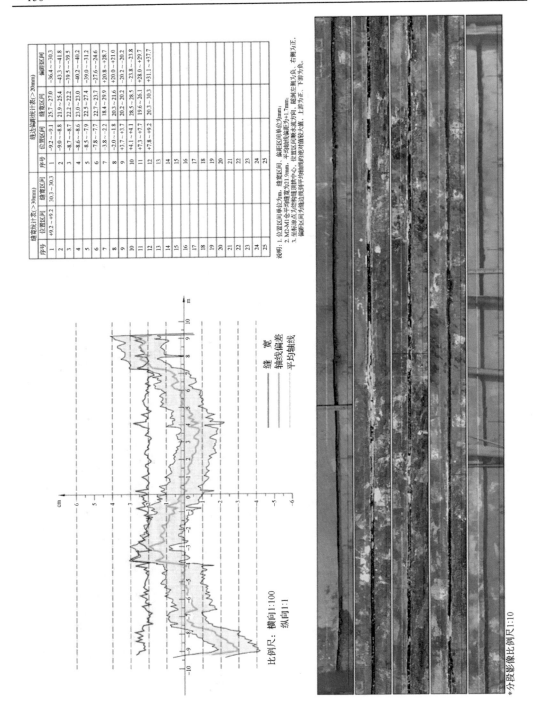

图 5.57　M2-M1 仓结构缝缝宽及轴向偏差图

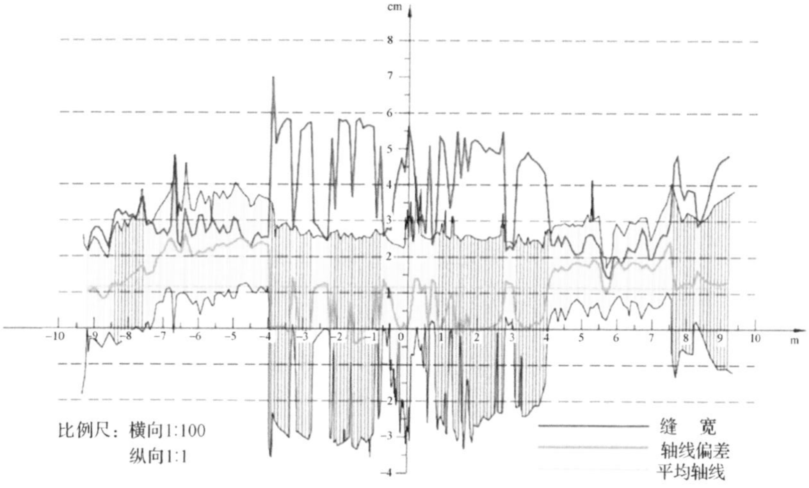

缝宽统计表(>30mm)			轴向偏距统计表(>20mm)			
序号	位置区间	缝宽区间	序号	位置区间	偏距区间	偏距区间
1	-8.4~-7.6	30.4~36.7	1	-7.7~-7.6	33.6~36.7	-21.9~+24.2
2	-6.7~-6.7	48.3~48.3	2	-7.2~-4.0	22.6~48.3	-20.6~+35.8
3	-6.4~-6.4	33.4~33.4	3	-3.9~-3.9	70.1~70.1	-47.1~-47.1
4	-6.0~-5.9	31.3~31.6	4	-3.9~-3.6	51.2~57.2	-39.8~-36.6
5	-5.6~-5.6	30.3~30.3	5	-3.5~-3.4	58.0~58.3	-41.6~-40.5
6	-5.6~-4.9	30.0~31.0	6	-3.3~-3.2	39.0~39.0	-22.5~-22.5
7	-3.9~-3.4	51.2~70.1	7	-3.1~-2.8	54.9~57.4	-42.3~-40.4
8	-3.2~-2.8	30.6~57.4	8	-2.2~-1.7	53.0~53.0	-43.7~-37.8
9	-2.2~-0.8	30.6~58.5	9	-1.6~-1.6	56.5~58.2	-43.7~-42.4
10	-0.4~-0.2	37.3~56.4	10	-1.6~-1.6	36.4~36.4	-21.6~-21.6
11	+0.4~+0.4	31.5~31.5	11	-1.5~-1.0	55.8~58.5	-44.7~-41.3
12	+0.9~-0.6	51.0~51.0	12	-0.8~-0.8	50.9~50.9	-36.2~-36.2
13	+0.9~-2.7	33.5~55.1	13	-0.4~-0.1	37.3~56.4	-39.7~-25.4
14	+3.3~-4.0	33.3~49.2	14	+0.2~-0.2	40.5~40.5	+22.5~+22.5
15	+7.6~-4.8	36.2~48.1	15	+0.9~-1.3	51.0~51.0	-37.5~-37.5
16	-8.4~-9.2	30.0~48.4	16	+0.9~-1.3	33.5~53.4	38.6~-20.1
			17	+1.4~-1.4	55.1~55.1	-40.7~40.7
			18	+1.5~-2.7	41.8~55.0	-39.4~-28.8
			19	+3.1~-3.9	43.2~49.2	-35.7~-29.1
			20	+4.3~+5.3	26.2~26.2	+20.7~+20.7
			21	+7.3~-7.6	26.1~45.9	+21.9~+27.4
			22	+7.7~-7.7	48.1~48.1	-24.7~-24.7
			23	+8.0~-8.1	38.5~38.7	+20.3~+20.9
			24	+8.7~-9.2	40.6~48.4	+21.6~+25.8
			25			

说明：1. 位置区间单位为m，缝宽区间、偏距区间单位为mm。
2. G342-G341仓半均缝宽为5.5mm，平均轴线偏距为+1.5mm。
3. 坐标系以为轴线缝宽中心，位置区间向水流方向，迎水面左侧为负，右侧为正，下游为正。偏距区间的方向以迎水面为正以背水面为负值较大值，上游为正，下游为负。

比例尺：横向1:100　纵向1:1

缝宽
轴线偏差
平均轴线

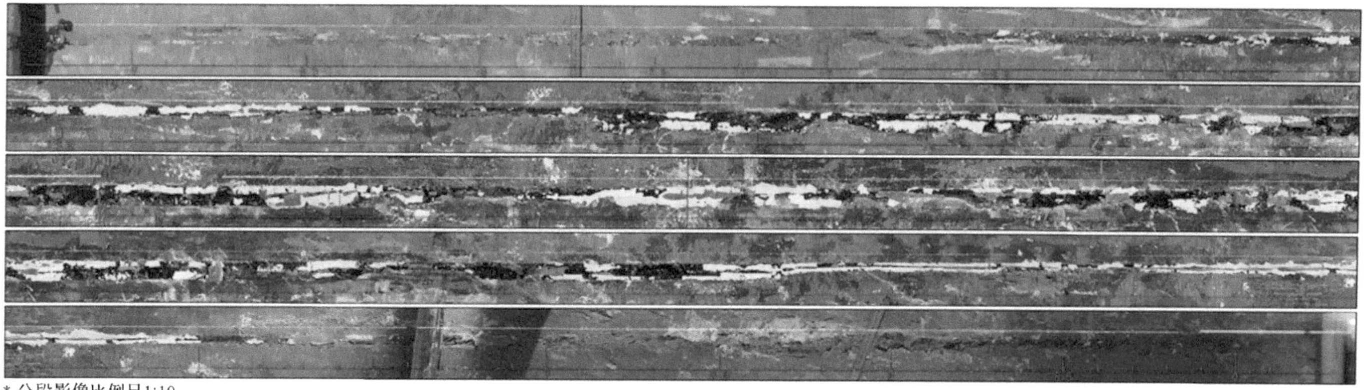

* 分段影像比例尺1:10

图 5.58　G342-G341 仓结构缝缝宽及轴向偏差图

图 5.56～图 5.58 中以顶拱的缝宽断面线中点为坐标原点(0，0)，横轴表示距顶拱的距离(顺水流方向，右侧为正、左侧为负)，纵轴分别表达缝宽和轴线偏差信息。由于相对结构缝长度来说，轴线偏移量很小，为了直观、明显地表达轴线偏移信息，折线图中将横轴压缩了 100 倍显示。按分段区间对缝宽和轴线偏差信息较大值(缝宽>30mm，轴线偏差>20mm)进行统计，可以快速直观地判断结构缝的缺陷情况。另外，为了根据折线图的 X 轴直观、快速地定位到结构缝图像对应的位置，将结构缝全景影像图截取成多段，并加上与 X 轴对应的距离标尺，对比查找缺陷位置，清晰直观。

从图 5.56～图 5.58 中可以看到，M77-M76 仓结构缝整体情况较好，只有两处缝宽超过 30mm 的缺陷，轴线偏差值也较小，仅一处超过 20mm；M2-M1 仓结构缝缝宽也较好，仅末端一处缝宽为 30.3mm，但该条结构缝轴线偏差较大，超过 20mm 的区段有 12 处，从对应全景影像图上可以看出结构缝有多处明显弯曲；G342-G341 仓结构缝缺陷非常明显，在–4～4m 区间，结构缝有多处较大破损，结构缝整体轴线偏差值也较大。在后续的检修、维护工作中，结构缝弯曲、破损处就是施工维护的重点区域，弯曲的区段需要切割拉直，破损的区段需要进行填缝修补，以保证橡胶板粘贴的效果，确保止水效果优良。

为了进一步验证本实验的实际应用效果和精度，对利用本实验提取的结构缝缝宽与实际现场游标卡尺量测的宽度进行比较，将现场人工量测的断面缝宽值作为真值，选取了 23 条结构缝进行比较，精度统计如表 5.2 所示。

从表 5.2 中可知，本实验基于全景影像提取的结构缝缝宽中误差优于 1mm 量测精度。利用本书中的方法对结构缝进行检测，具有快速、高效、准确、全面和直观的优点。

表 5.2　结构缝缝宽精度统计表

序号	结构缝名称	断面条数	误差最大值/mm	误差最小值/mm	中误差/mm
1	M12-M11-1	33	0.7	0.1	0.5
2	M11-1-M11-2	32	0.9	0.0	0.6
3	M11-2-M10	29	0.9	0.1	0.5
4	M10-M9	33	0.7	0.0	0.4
5	M5-M4	25	0.6	0.0	0.3
6	M4-M3	27	0.7	0.1	0.5
7	M3-M2	30	1.0	0.1	0.5
8	M2-M1	29	0.8	0.1	0.5
9	M1-A3	26	0.9	0.1	0.7
10	A3-A1	30	0.6	0.0	0.2
11	G212-G211	33	0.7	0.0	0.3
12	G211-210	32	0.6	0.0	0.3

续表

序号	结构缝名称	断面条数	误差最大值/mm	误差最小值/mm	中误差/mm
13	G210-G209	31	1.1	0.1	0.7
14	G209-G208	31	0.9	0.1	0.5
15	G208-G207	34	0.7	0.0	0.4
16	G207-G206	36	1.1	0.2	0.6
17	G206-G205	29	0.8	0.0	0.3
18	G205-G204	36	0.7	0.1	0.2
19	G204-G203	34	0.6	0.0	0.4
20	G203-G202	28	0.7	0.1	0.3
21	G202-G201	29	0.8	0.1	0.5
22	G201-G200	35	0.6	0.0	0.2
23	G200-G199	37	0.7	0.1	0.3

第6章　三维激光扫描形变检测技术

6.1　三维激光扫描技术及形变检测原理

6.1.1　三维激光扫描技术原理与发展

三维激光扫描技术是继 GPS 之后发展起来的一门新兴的测绘科学技术,是测绘领域的又一次技术革命,它能够高精度地快速获取扫描数据,并能够完整地对扫描物体进行建模,又被称为"实景复制技术"。该技术可以直接从实物中获得三维数据,并对测量物体进行模型重建,点云中的每个数据都是直接从被测物体表面获取,无须对点云数据进行复杂的后期处理,即可保证数据的完整性、真实性和可靠性。三维激光扫描技术与传统方式的最大不同是突破了传统的单点测量方法,此外三维激光扫描技术还具有精度高、速度快、实景复制的特点,是目前国内外测绘领域研究的热门方向之一。

三维激光扫描技术在欧美国家起步较早,目前已有几十家公司在该方向上进行了技术研发,并开发出了较成熟的软硬件产品投入市场。国内起步虽然较晚但也取得了一定的成果,武汉大学自主研制的"LD 激光自动扫描测量系统"是集多传感器于一体的自动化三维激光扫描系统,该系统能够快速获取被测物体的三维坐标数据,仪器内置的回路传感器能够实时获取激光扫描器的运行速度;回转传感器能够实时获得激光扫描器的角旋转速度,通过对多路传感器接收到的数据进行匹配与计算,进而得到反映被测物体表面形态信息的大量坐标数据即点云数据。北京天远科技有限公司自主生产的天远 OKIO 系列地面三维激光扫描仪也取得了很大的成功,该系统地面三维激光扫描仪主要应用于模具重建以及工业设计等。

三维激光扫描仪主要包括激光测距系统和激光扫描系统,同时也集成 CCD、仪器内部控制和校正系统,其工作原理、技术指标和适应性如下。三维激光扫描测量是一种非接触式的主动测量,可进行大面积、高密度、空间三维数据采集,测量成果包括激光点云的三维坐标、激光反射强度和物体色彩信息。

1. 三维激光扫描仪的工作原理

三维激光扫描仪是主动式测量,通过两个同步反射镜快速而有序地旋转,将激光脉冲发射体发出的窄激光脉冲束依次扫过被测区域,测量每个激光脉冲从发出经被测物表面再返回仪器所经过的时间(或者相位差)来计算距离，同时扫描控制模块控制和测量每个脉冲激光的角度，最后计算出激光点在被测物体上的三维坐标，其工作原理如图 6.1 所示。

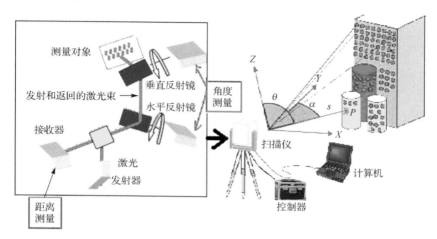

图 6.1　三维激光扫描仪工作原理图

三维激光扫描仪工作流程如图 6.2 所示，其主要工作内容包括测距、测角、扫描、定位和影像获取五个方面，同时可通过配合影像数据进行纹理映射，给每个点附上颜色信息，实现三维建模。

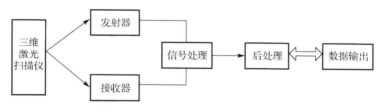

图 6.2　三维激光扫描仪工作流程图

2. 测距

三维激光扫描技术的核心就是激光测距，目前测距方法主要有三角测距法、脉冲测距法和相位测距法。

1) 三角测距法

三角测距法，属于不同轴测距，即激光信号的发射光路和反射光路不在同一轴线上，借助三角形的几何关系，求得扫描中心到目标的距离。激光发射点和 CCD 接收点位于长度为 L 的高精度基线两端，并与目标反射点构成一个空间平面三角形，如图 6.3 所示。

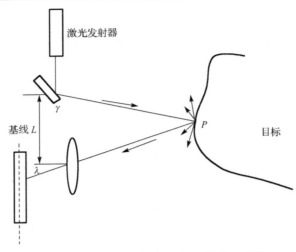

图 6.3　三维激光扫描仪三角法测距示意图

在图 6.3 中，通过激光扫描仪角度传感器可得发射、入射光线与基线的夹角分别为 γ、λ，激光扫描仪轴向自旋转角度 α，然后以激光发射点为坐标原点，基线方向为 X 轴正向，以平面内指向目标且垂直于 X 轴的方向线为 Y 轴，通过右手规则建立测站坐标系，可得目标点 P 的三维坐标：

$$\begin{cases} x = \dfrac{\cos\gamma\sin\lambda}{\sin(\gamma+\lambda)}L \\[3mm] y = \dfrac{\sin\gamma\sin\lambda\cos\alpha}{\sin(\gamma+\lambda)}L \\[3mm] z = \dfrac{\sin\gamma\sin\lambda\sin\alpha}{\sin(\gamma+\lambda)}L \end{cases} \tag{6.1}$$

结合 P 的三维坐标便可得被测目标的距离 S。由于 L 较小，三角测距法测程较小，但精度可达亚毫米级，如法国 MENSI 公司的 S10、S25 型。

2）脉冲测距法

脉冲测距法是通过测量发射和接收激光脉冲信号的时间差来间接获得被测目标的距离。如图 6.4 所示，激光发射器向目标发射一束脉冲信号，经漫反射后到达接收系统，设测量距离为 S，光速为 c，测得信号往返传播的时间差为 Δt，则

$$S = \frac{1}{2}c\Delta t \tag{6.2}$$

3）相位测距法

相位法测距是用无线电波段的频率，对激光束进行幅度调制，通过测定调制光

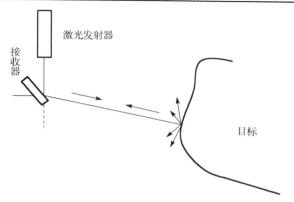

图 6.4　三维激光扫描仪脉冲法测距示意图

信号在被测距离上往返传播所产生的相位差，间接测定往返时间，并进一步计算出被测距离。设激光信号往返传播产生的相位差为 ϕ，脉冲频率为 f，则所测距离 S 为

$$S = \frac{c}{2}\left(\frac{\phi}{2\pi f}\right) \tag{6.3}$$

相位式测距方式适合中程测量，扫描速率每秒可以达到几十万个点，精度较高，可达到毫米级。

3. 测角

区别于常规仪器的度盘测角方式，三维激光扫描仪通过改变激光光路获得扫描角度。两个步进电机和扫描棱镜安装在一起，分别实现水平和垂直方向扫描。步进电机是一种将电脉冲信号转换成角位移的控制微电机，它可以实现对激光扫描仪的精确定位。在扫描仪工作的过程中，通过步进电机的细分控制技术，获得稳步、准确的步距角 θ_b：

$$\theta_b = \frac{2\pi}{N_r m b} \tag{6.4}$$

式中，N_r 是电机的转子齿数，m 是电机的相数，b 是各种连接绕组的线路状态数及运行拍数。

在得到 θ_b 的基础上，可得扫描棱镜转过的角度值，再通过精密时钟控制编码器同步测量，便可得每个激光脉冲横向、纵向扫描角度观测值。

4. 扫描

三维激光扫描仪通过内置伺服驱动马达系统精密控制扫描棱镜的转动，决定激光束出射方向，从而使脉冲激光束沿横轴和纵轴方向扫描。扫描方式有摄影式扫描、混合式扫描及全景式扫描，相应的扫描装置有平面摆动扫描棱镜和旋转正多面体扫描棱镜，如图 6.5 所示。

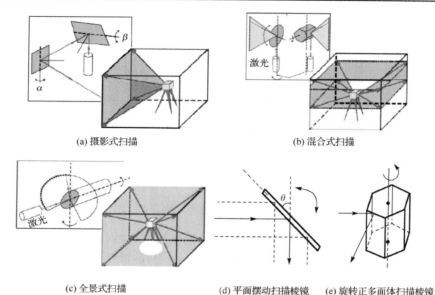

(a) 摄影式扫描　　　　　　　　　　　(b) 混合式扫描

(c) 全景式扫描　　　　(d) 平面摆动扫描棱镜　　(e) 旋转正多面体扫描棱镜

图 6.5　三维激光扫描仪扫描原理示意图

摄影式扫描采用两个在水平和垂直方向来回震荡的平面镜进行扫描；混合式扫描的水平方向采用旋转正多面体扫描棱镜，垂直方向采用摆动扫描棱镜；旋转正多面体扫描棱镜绕其对称轴匀速旋转，扫描速度快，但在相邻面的衔接处无法反射激光信号。全景式扫描利用绕轴旋转的斜面镜反射激光，实现圆周扫描，但由于三脚架的影响，仪器下方会出现扫描盲区，所以垂直方向的扫描视场角一般为 270°。

5. 定位和影像获取

三维激光扫描仪的原始观测数据主要包括：两个连续转动的、用来反射脉冲激光的反射镜的角度值，即水平方向值 α 和天顶距值 θ；通过脉冲激光传播的时间计算得到仪器到扫描点的距离值 S；扫描点的反射强度 I。角度值和距离值用来计算扫描点的三维坐标；扫描点的反射强度则用来给反射点匹配颜色。三维激光扫描仪定位示意图如图 6.6 所示。

三维激光扫描仪使用的是仪器内部坐标系：原点为仪器中心点，X 轴在横向扫描面内，Y 轴在横向扫描面内与 X 轴垂直，Z 轴与横向扫描平面垂直，如图 6.7 所示。

由式 (6.5) 可计算出激光点的三维坐标，通过公共点进行坐标变换可将不同站点的扫描数据统一到同一个坐标系统中。

根据三维激光定位原理，有

$$\begin{cases} X = L\cos\theta\cos\phi \\ Y = L\cos\theta\sin\phi \\ Z = L\sin\theta \end{cases} \tag{6.5}$$

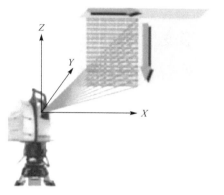
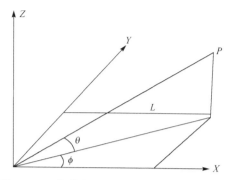

图 6.6 三维激光扫描仪定位示意图　　　图 6.7 三维激光扫描仪三维坐标计算示意图

其中，L 为斜距，θ 为垂直角，ϕ 为水平角，其将极坐标数据转换为三维空间坐标数据，形成点云。对于式(6.5)，根据误差传播律有

$$
\begin{bmatrix} \sigma_X^2 \\ \sigma_Y^2 \\ \sigma_Z^2 \end{bmatrix} = \begin{bmatrix} \cos^2\theta\cos^2\phi & L^2\sin^2\theta\cos^2\phi & L^2\cos^2\theta\sin^2\phi \\ \cos^2\theta\sin^2\phi & L^2\sin^2\theta\sin^2\phi & L^2\cos^2\theta\cos^2\phi \\ \sin^2\theta & L^2\cos^2\theta & 0 \end{bmatrix} \begin{bmatrix} \sigma_L^2 \\ \sigma_\theta^2 \\ \sigma_\phi^2 \end{bmatrix} \tag{6.6}
$$

则点位精度为

$$
\sigma_P^2 = \sigma_X^2 + \sigma_Y^2 + \sigma_Z^2 = \sigma_L^2 + L^2\sigma_\theta^2 + L^2\sigma_\phi^2\cos^2\theta \tag{6.7}
$$

从式(6.7)可以看出，点位精度不仅与测距精度和测角精度有关，还与扫描距离 L、垂直角 θ 和水平角 ϕ 有关。

6.1.2　基于三维激光扫描技术的形变检测原理

三维激光扫描测量技术给我们解决形变检测问题带来了新的思路。三维激光扫描仪能以点云的方式高效地获取几乎整个观测目标表面的空间信息，可较好地观测出目标的整体空间姿态，通过多期扫描数据的对比，分析出观测目标的整体变形。

目前，三维激光扫描技术在面向检测需求的理论研究和工程应用方面还没有形成一套完整的理论体系和数据处理方法，各种工程应用也正迫切希望得到三维激光扫描技术的支持。通过本课题的研究，探索三维激光扫描技术在边坡变形检测中的应用，其方法和成果可以进一步推广应用到大坝、滑坡、边坡、隧道、桥梁等其他检测领域。可以说，三维激光扫描技术在形变检测领域具有非常广阔的应用前景。

6.2　隧道封闭曲面形变检测

6.2.1　算法数学模型

本节主要分线性模型和非线性模型两方面对隧道比较算法的数学模型进行介绍，其中先介绍简单的线性模型，第二步介绍非线性模型，非线性模型比线性模型复杂得多。

1.　曲线、曲面方程

由解析几何可知，空间中的曲面可以看作是满足某种条件的点的轨迹，我们可以用方程去表达曲面，如

$$F(x,y,z)=0 \tag{6.8}$$

二者有关系：
①曲面上的点的坐标都满足该方程；
②不在曲面上的点的坐标都不满足该方程。
在某些条件下，式(6.8)可改写为

$$z=f(x,y) \tag{6.9}$$

称式(6.8)为曲面的隐式方程，式(6.9)为显式方程。

有时候，比较难直接找到 x、y、z 之间的关系式，可以引入一些辅助变量，即参数，通过建立 x、y、z 与这些参数之间的关系式来表达曲面，如

$$\begin{cases} x=x(u,v) \\ y=y(u,v) \\ z=z(u,v) \end{cases} \tag{6.10}$$

式(6.10)这种通过参数来间接建立 x、y、z 之间关系的方程称之为曲面的参数方程。

而空间曲线则可看作是两个曲面的交线，如有两个曲面方程：$F(x,y,z)=0$ 与 $G(x,y,z)=0$，则二者相交的交线的方程可写为

$$\begin{cases} F(x,y,z)=0 \\ G(x,y,z)=0 \end{cases} \tag{6.11}$$

式(6.11)即为空间曲线的隐式方程。相应地，平面曲线、空间曲线也有显式方程、隐式方程、参数方程等表达方式，如表 6.1 所示。

表 6.1　直角坐标系中的曲线、曲面的表达

表达式	平面曲线	空间曲线	曲面
显式方程	$y = f(x)$	$\begin{cases} y = f(x) \\ z = g(x) \end{cases}$	$z = f(x, y)$
隐式方程	$F(x, y) = 0$	$\begin{cases} F(x, y, z) = 0 \\ G(x, y, z) = 0 \end{cases}$	$F(x, y, z) = 0$
参数方程	$\begin{cases} x = x(u) \\ y = y(u) \end{cases}$	$\begin{cases} x = x(u) \\ y = y(u) \\ z = z(u) \end{cases}$	$\begin{cases} x = x(u, v) \\ y = y(u, v) \\ z = z(u, v) \end{cases}$

2. 直角坐标系的转换

两个直角坐标系的旋转变换的旋转角可用欧拉角表示。设有两个原点相同的平面直角坐标系 $o\text{-}x_1 y_1$ 与 $o\text{-}x_2 y_2$，任意一点 p 在这两个坐标系中的坐标分别为 (x_1, y_1) 和 (x_2, y_2)，如图 6.8 所示。

有

$$\begin{pmatrix} x_2 \\ y_2 \end{pmatrix} = \begin{pmatrix} \cos\theta & \sin\theta \\ -\sin\theta & \cos\theta \end{pmatrix} \begin{pmatrix} x_1 \\ y_1 \end{pmatrix} \tag{6.12}$$

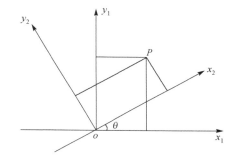

图 6.8　两个平面直角坐标系的旋转变换

其中，θ 为旋转角，$\begin{pmatrix} \cos\theta & \sin\theta \\ -\sin\theta & \cos\theta \end{pmatrix}$ 被称为旋转矩阵，记为 $\boldsymbol{R}$。

对空间直角坐标系来说，如图 6.9 所示，采用 Cardan 旋转模式（三个连动的旋转轴中不出现同名轴），并令其三个旋转角分别为 ψ、θ、ϕ，有旋转矩阵：

$$\boldsymbol{R}_x(\psi) = \begin{bmatrix} 1 & 0 & 0 \\ 0 & \cos\psi & -\sin\psi \\ 0 & \sin\psi & \cos\psi \end{bmatrix} \tag{6.13}$$

$$\boldsymbol{R}_y(\theta) = \begin{bmatrix} \cos\theta & 0 & \sin\theta \\ 0 & 1 & 0 \\ -\sin\theta & 0 & \cos\theta \end{bmatrix} \tag{6.14}$$

$$\boldsymbol{R}_z(\phi) = \begin{bmatrix} \cos\phi & -\sin\phi & 0 \\ \sin\phi & \cos\phi & 0 \\ 0 & 0 & 1 \end{bmatrix} \tag{6.15}$$

其中，旋转角 ψ、θ、ϕ 对于右手坐标系均为右旋，则依次绕 x、y、z 轴旋转 ψ、θ、ϕ 的复合旋转矩阵 $\boldsymbol{R}$ 可表示为上述旋转矩阵相乘：

$$\begin{aligned}
\boldsymbol{R} &= \boldsymbol{R}_z(\phi)\boldsymbol{R}_y(\theta)\boldsymbol{R}_x(\psi) \\
&= \begin{bmatrix} \cos\theta\cos\phi & \sin\psi\sin\theta\cos\phi-\cos\psi\sin\phi & \cos\psi\sin\theta\cos\phi+\sin\psi\sin\phi \\ \cos\theta\sin\phi & \sin\psi\sin\theta\sin\phi+\cos\psi\cos\phi & \cos\psi\sin\theta\sin\phi-\sin\psi\cos\phi \\ -\sin\theta & \sin\psi\cos\theta & \cos\psi\cos\theta \end{bmatrix}
\end{aligned} \tag{6.16}$$

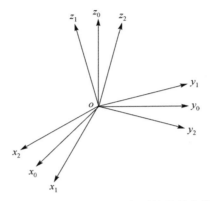

图 6.9　两个空间直角坐标系的旋转变换

对于任一点 p，设在这两个坐标系中坐标分别为 (x_1,y_1,z_1) 和 (x_2,y_2,z_2)，有

$$\begin{pmatrix} x_2 \\ y_2 \\ z_2 \end{pmatrix} = \boldsymbol{R}\begin{pmatrix} x_1 \\ y_1 \\ z_1 \end{pmatrix} = \boldsymbol{R}_z(\phi)\boldsymbol{R}_y(\theta)\boldsymbol{R}_x(\psi)\begin{pmatrix} x_1 \\ y_1 \\ z_1 \end{pmatrix} \tag{6.17}$$

对于既有旋转又有平移的两个空间直角坐标系的坐标换算，则需添加三个平移参数。另外，若存在缩放，还需添加一个尺度变化参数，算上旋转矩阵的三个旋转参数一共有七个参数。

$$\begin{pmatrix} x_2 \\ y_2 \\ z_2 \end{pmatrix} = (1+m)\boldsymbol{R}_z(\phi)\boldsymbol{R}_y(\theta)\boldsymbol{R}_x(\psi)\begin{pmatrix} x_1 \\ y_1 \\ z_1 \end{pmatrix} + \begin{pmatrix} x_0 \\ y_0 \\ z_0 \end{pmatrix} \tag{6.18}$$

其中，x_0，y_0，z_0 为三个平移参数，m 为尺度变化参数。

相应地，对平面直角坐标系，有

$$\begin{pmatrix} x_2 \\ y_2 \end{pmatrix} = (1+m)\begin{pmatrix} \cos\theta & \sin\theta \\ -\sin\theta & \cos\theta \end{pmatrix}\begin{pmatrix} x_1 \\ y_1 \end{pmatrix} + \begin{pmatrix} x_0 \\ y_0 \end{pmatrix} \tag{6.19}$$

在实际过程中有时候会碰到已知旋转矩阵 $\boldsymbol{R}$ 求 Euler 角的问题，对于平面直角坐标系该问题非常简单。对于空间直角坐标系来说，虽然已知 Euler 角 ψ、θ、ϕ 很容易通过式 (6.16) 求得旋转矩阵 $\boldsymbol{R}$，但已知旋转矩阵 $\boldsymbol{R}$，求解 Euler 角相对来说要更复杂一些。

值得注意的是一般由旋转矩阵 $\boldsymbol{R}$ 可以计算得出两套 Euler 角，二者表示的坐标旋转的具体步骤不同，但最终的结果是完全相同的。Slabaugh 给出了由旋转矩阵计算 Euler 角的算法，如表 6.2 所示。

表 6.2　由旋转矩阵计算 Euler 角

输入：$\boldsymbol{R} = \begin{bmatrix} R_{11} & R_{12} & R_{13} \\ R_{21} & R_{22} & R_{23} \\ R_{31} & R_{32} & R_{33} \end{bmatrix}$；

if $R_{31} \neq \pm 1$

$\theta_1 = -\arcsin(R_{31})$，$\quad \theta_2 = \pi - \theta_1$；

$\psi_1 = \arctan 2\left(\dfrac{R_{32}}{\cos\theta_1}, \dfrac{R_{33}}{\cos\theta_1}\right)$，$\quad \psi_2 = \arctan 2\left(\dfrac{R_{32}}{\cos\theta_2}, \dfrac{R_{33}}{\cos\theta_2}\right)$；

$\phi_1 = \arctan 2\left(\dfrac{R_{21}}{\cos\theta_1}, \dfrac{R_{11}}{\cos\theta_1}\right)$，$\quad \phi_2 = \arctan 2\left(\dfrac{R_{21}}{\cos\theta_2}, \dfrac{R_{11}}{\cos\theta_2}\right)$；

else

　　ϕ 为任何数，可置为 0；

if $R_{31} = -1$

$\theta = \pi/2$；

$\psi = \phi + \arctan 2\left(R_{12}, R_{13}\right)$；

　　else

　　　　$\theta = -\pi/2$；

　　　　$\psi = -\phi + \arctan 2\left(-R_{12}, -R_{13}\right)$；

end if

end if

3. 线性模型

线性模型是一类统计模型的总称，它包括了线性回归模型、方差分析模型、协方差分析模型和线性混合效应模型(或称方差分量模型)等。许多生物、医学、经济、管理、地质、气象、农业、工业、工程技术等领域的现象都可以用线性模型来近似描述。因此线性模型成为现代统计学中应用最为广泛的模型之一。

根据解析几何知识，平面直角坐标系下的平面直线方程可用斜率 a 和截距 b 表示为

$$y = ax + b \tag{6.20}$$

由于式(6.20)不方便表达垂直于 x 轴的直线，更一般地可采用公式：

$$ax + by + c = 0 \tag{6.21}$$

其中，a、b 不能同时为 0。向量 $[a \quad b]^{\mathrm{T}}$ 称为直线的法向矢量。

另外，平面直线也可由直线上一点 (x_0, y_0) 以及其方向矢量 $[a \quad b]^{\mathrm{T}}$ 表示为

$$\frac{x - x_0}{a} = \frac{y - y_0}{b} \tag{6.22}$$

得到其参数方程：

$$\begin{cases} x = x_0 + at \\ y = y_0 + bt \end{cases} \tag{6.23}$$

　　一般为使直线表达唯一，需对向量进行归一化。即对向量 $[a \quad b]^\mathrm{T}$，使 $a^2 + b^2 = 1$，且 $a > 0$；当 $a = 0$ 时，$b = 1$；a、b 不能同时为 0，并取点 (x_0, y_0) 为直线上距离坐标原点最近的那个点。

　　4. 非线性模型

　　1）一般二次曲线

　　在平面直角坐标系中，把由二元二次方程：

$$Q(X, Y) = AX^2 + 2BXY + CY^2 + 2DX + 2EY + F = 0 \tag{6.24}$$

表示的曲线称为二次曲线，其中，A、B、C 不能同时为 0。

　　式 (6.24) 可写为矩阵形式：

$$\boldsymbol{X}^\mathrm{T} \boldsymbol{D} \boldsymbol{X} + \boldsymbol{C}^\mathrm{T} \boldsymbol{X} + F = 0 \tag{6.25}$$

其中，$\boldsymbol{X} = \begin{bmatrix} X \\ Y \end{bmatrix}$；$\boldsymbol{D} = \begin{bmatrix} A & B \\ B & C \end{bmatrix}$；$\boldsymbol{C} = \begin{bmatrix} 2D \\ 2E \end{bmatrix}$。

　　根据解析几何知识，在平面直角坐标系的平移变换和旋转变换下，二次曲线式 (6.25) 有不变量 I_1、I_2、I_3 与半不变量 k_1，其中，

$$I_1 = A + C \tag{6.26}$$

$$I_2 = \begin{vmatrix} A & B \\ B & C \end{vmatrix} \tag{6.27}$$

$$I_3 = \begin{vmatrix} A & B & D \\ B & C & E \\ D & E & F \end{vmatrix} \tag{6.28}$$

$$k_1 = \begin{vmatrix} A & D \\ D & F \end{vmatrix} + \begin{vmatrix} C & E \\ E & F \end{vmatrix} \tag{6.29}$$

　　通过选择合适的坐标系，平面上的二次曲线式 (6.24) 总可以化简为以下三个简单方程之一：

$$A'x^2 + B'y^2 + C' = 0 , \quad A'B' \neq 0 \tag{6.30}$$

$$A'y^2 + 2B'x = 0 , \quad A'B' \neq 0 \tag{6.31}$$

$$A'y^2 + B' = 0 , \quad A' \neq 0 \tag{6.32}$$

2）一般二次曲面

在空间直角坐标系中，把由三元二次方程：

$$Q(X,Y,Z) = AX^2 + BY^2 + CZ^2$$
$$+ 2DXY + 2EXZ + 2FYZ + 2GX + 2HY + 2IZ + J = 0 \tag{6.33}$$

表示的曲面称为二次曲面，其中，A，B，C，D，E，F 不能同时为 0。

式（6.33）可写为矩阵形式：

$$\boldsymbol{X}^{\mathrm{T}}\boldsymbol{D}\boldsymbol{X} + \boldsymbol{C}^{\mathrm{T}}\boldsymbol{X} + J = 0 \tag{6.34}$$

其中，$\boldsymbol{X} = \begin{bmatrix} X \\ Y \\ Z \end{bmatrix}$；$\boldsymbol{D} = \begin{bmatrix} A & D & E \\ D & B & F \\ E & F & C \end{bmatrix}$；$\boldsymbol{C} = \begin{bmatrix} 2G \\ 2H \\ 2I \end{bmatrix}$。

由空间解析几何知识可知，在空间直角坐标系的平移变换和旋转变换下，二次曲面方程有不变量 I_1、I_2、$\boldsymbol{I}_3$、I_4 与半不变量 K_1、$\boldsymbol{K}_2$，其中，

$$I_1 = A + B + C \tag{6.35}$$

$$I_2 = \begin{vmatrix} A & D \\ D & B \end{vmatrix} + \begin{vmatrix} A & E \\ E & C \end{vmatrix} + \begin{vmatrix} B & F \\ F & B \end{vmatrix} \tag{6.36}$$

$$\boldsymbol{I}_3 = \begin{bmatrix} A & D & E \\ D & B & F \\ E & F & C \end{bmatrix} \tag{6.37}$$

$$I_4 = \begin{vmatrix} A & D & E & G \\ D & B & F & H \\ E & F & C & I \\ G & H & I & J \end{vmatrix} \tag{6.38}$$

$$K_1 = \begin{vmatrix} A & G \\ G & J \end{vmatrix} + \begin{vmatrix} B & H \\ H & J \end{vmatrix} + \begin{vmatrix} C & I \\ I & J \end{vmatrix} \tag{6.39}$$

$$\boldsymbol{K}_2 = \begin{bmatrix} A & D & G \\ D & B & H \\ G & H & J \end{bmatrix} + \begin{bmatrix} A & E & G \\ E & C & I \\ G & I & J \end{bmatrix} + \begin{bmatrix} B & F & H \\ F & C & I \\ H & I & J \end{bmatrix} \tag{6.40}$$

通过选择合适的坐标系，二次曲面方程式（6.33）总可以化简为以下五种最简方程之一：

$$A'x^2 + B'y^2 + C'z^2 + D' = 0，\quad A'B'C' \neq 0 \tag{6.41}$$

$$A'x^2 + B'y^2 + 2P'z = 0，\quad A'B'P' \neq 0 \tag{6.42}$$

$$A'x^2 + B'y^2 + E' = 0 , \quad A'B' \neq 0 \tag{6.43}$$

$$A'x^2 + 2Q'y = 0 , \quad A'Q' \neq 0 \tag{6.44}$$

$$A'x^2 + R' = 0 , \quad A' \neq 0 \tag{6.45}$$

6.2.2　形变检测算法基础理论

插值、拟合、逼近是数值分析的三大基础工具，通俗意义上它们的区别在于：插值是已知点列并且完全经过点列；拟合是已知点列，从整体上靠近它们；逼近是已知曲线或者点列，通过逼近使得构造的函数无限靠近它们。

1. 插值

插值是一个古老的行为，但是关于插值的大量工业应用则开始于 20 世纪的三次样条的出现。在离散数据的基础上补插连续函数，使得这条连续曲线通过全部给定的离散数据点。插值是离散函数逼近的重要方法，利用它可通过函数在有限个点处的取值状况，估算出函数在其他点处的近似值。

关于主要数学内涵，插值问题的提法是：假定区间 $[a, b]$ 上的实值函数 $f(x)$ 在该区间上 $n+1$ 个互不相同的点 x_0, x_1, ···, x_n 处的值是 $f(x_0)$, ···, $f(x_n)$，要求估算 $f(x)$ 在 $[a, b]$ 中某点 x^* 的值。基本思路是，找到一个函数 $P(x)$，在 x_0, x_1, ···, x_n 的节点上与 $f(x)$ 函数值相同（有时，甚至一阶导数值也相同），用 $P(x^*)$ 的值作为函数 $f(x^*)$ 的近似。

1）多项式插值

这是最常见的一种函数插值。在一般插值问题中，若选取 ϕ 为 n 次多项式类，由插值条件可以唯一确定一个 n 次插值多项式满足上述条件。从几何上看可以理解为：已知平面上 $n+1$ 个不同点，要寻找一条 n 次多项式曲线通过这些点。插值多项式一般有两种常见的表达形式，一个是拉格朗日插值多项式，另一个是牛顿插值多项式。

2）埃尔米特插值

对于函数 $f(x)$，常常不仅知道它在一些点的函数值，而且还知道它在这些点的导数值。这时的插值函数 $P(x)$，自然不仅要求在这些点等于 $f(x)$ 的函数值，而且要求 $P(x)$ 的导数在这些点也等于 $f(x)$ 的导数值。这就是埃尔米特插值问题，也称带导数的插值问题。

从几何上看，这种插值要寻求的多项式曲线不仅要通过平面上的已知点组，而且在这些点（或者其中一部分）要与原曲线"密切"，即它们有相同的斜率。可见埃尔米特插值多项式比起一般多项式插值有较高的光滑逼近要求。

3) 分段插值与样条插值

为了避免高次插值可能出现的大幅度波动现象，在实际应用中通常采用分段低次插值来提高近似程度，如可用分段线性插值或分段三次埃尔米特插值来逼近已知函数，但它们的总体光滑性较差。为了克服这一缺点，一种全局化的分段插值方法——三次样条插值成为比较理想的工具。

2. 拟合

所谓拟合是指已知某函数的若干离散函数值$\{f_1, f_2, \cdots, f_n\}$，通过调整该函数中若干待定系数 $f(\lambda_1, \lambda_2, \cdots, \lambda_n)$，使得该函数与已知点集的差别(最小二乘意义)最小。如果待定函数是线性，就叫线性拟合或者线性回归(主要在统计中)，否则叫作非线性拟合或者非线性回归。表达式也可以是分段函数，这种情况下叫作样条拟合。

形象地说，拟合就是把平面上一系列的点，用一条光滑的曲线连接起来。因为这条曲线有无数种可能，从而有各种拟合方法。拟合的曲线一般可以用函数表示，根据这个函数的不同有不同的拟合名字。

在测量数据的拟合问题中，直线拟合、平面拟合问题相对比较简单，已经得到了很好的解决。目前国内外学者主要集中于对二次曲线、二次曲面以及复杂曲面的拟合研究。Bookstein 给出了一个二次约束条件，将二次曲线拟合问题转化为一个秩亏的广义特征值问题并利用矩阵的块分解理论提出了基于代数距离的二次曲线拟合算法。在参数曲面备受学术界关注而隐式曲面不被看好的时候，1987 年，Pratt提出了基于最小二乘法的隐式曲面拟合算法，使得隐式曲线、曲面的拟合逐渐受到重视。Taubin 改进了关于待测量点与模型的偏差的定义，提高了模型拟合的精度。相对于整体拟合，局部拟合算法方面，Shepard 提出了基于距离倒数加权法的Shepard 方法，其定义了一个 C^0 连续的插值函数作为数据的权平均，其权因子与距离成反比。

有一类非常普遍和重要的曲线(曲面)，称为代数曲线(曲面)，其隐式方程可表达为一个含 x、y、z 的多项式。该多项式的次数称为代数曲线(曲面)的次数。可以证明，由于仿射变换是线性的，所以经过仿射变换的代数曲线(曲面)的次数不变。

对于平面代数曲线，有方程：

$$Q(x, y) = \sum_{j=1}^{p} a_j x^{k_j} y^{l_j} = 0, \quad 0 < k_j + l_j \leqslant o \qquad (6.46)$$

对于代数曲面，有方程：

$$Q(x, y, z) = \sum_{j=1}^{p} a_j x^{k_j} y^{l_j} z^{m_j} = 0, \quad 0 < k_j + l_j + m_j \leqslant o \qquad (6.47)$$

其中，a_j 表示多项式的系数，正整数 o 表示代数曲线(曲面)的次数。

　　由于误差(也被称为噪声)的存在，假设为 $\boldsymbol{x}_i$ ($i=1,2,\cdots,m$) 的待拟合点与拟合所得模型之间会存在偏差，设为 e_i。那么，可将拟合所得的模型定义为与该组待拟合点 $\boldsymbol{x}_i$ ($i=1,2,\cdots,m$) 的偏差(或者说"距离")为最小的那个，譬如，可定义为

$$\sum_{i=1}^{m} e_i^2 = \min \tag{6.48}$$

　　式(6.48)即最小二乘(least squares)，即使得偏差的平方和为最小。此外，在式(6.48)的基础上，对偏差 e_i 的定义不同衍生出了不同的拟合方法，主要分为两种：代数拟合(algebraic fitting)和几何拟合(geometric fitting)。

　　3. 代数拟合与几何拟合

　　由于噪声的存在，待拟合点 $\boldsymbol{x}_i$ ($i=1,2,\cdots,m$) 一般不满足曲线(曲面)的方程，亦即 $Q(\boldsymbol{x}_i) \neq 0$。将待拟合点 $\boldsymbol{x}_i$ 与曲线(曲面)模型的偏差 e_i 定义为模型隐式方程的不符值，$Q(\boldsymbol{x}_i)$ 称为代数距离(algebraic distance)。那么，对代数曲线(曲面)的拟合可以通过求该偏差的平方和的最小值，即

$$\sum_{i=1}^{m} e_i^2 = \sum_{i=1}^{m} Q^2(\boldsymbol{x}_i) = \min \tag{6.49}$$

来解决，此类方法被称为代数拟合(algebraic fitting)。

　　若将偏差 e_i 定义为待拟合点 $\boldsymbol{x}_i$ 与曲线(曲面)模型间的几何距离(geometric distance)，或者说欧氏距离，亦即正交距离：

$$e_i = \|\boldsymbol{x}_i - \boldsymbol{x}_i'\| \tag{6.50}$$

其中，$\boldsymbol{x}_i'$ 表示模型上与待拟合点 $\boldsymbol{x}_i$ 在欧氏空间中距离最近的点，则几何拟合问题即求解下列最优化问题：

$$\sum_{i=1}^{m} e_i^2 = \sum_{i=1}^{m} \|\boldsymbol{x}_i - \boldsymbol{x}_i'\|^2 = \min \tag{6.51}$$

　　相对于代数拟合，几何拟合方法对偏差的定义有着非常明确的几何意义，且具有更好的精确度、稳健性，以及坐标转换(平移和旋转变换)不变性等优势。

　　但代数拟合与几何拟合都不能有效地对点云数据中的粗差进行处理，稳健算法是应对粗差问题的有效方法之一。

　　代数拟合与几何拟合的比较如下。

　　代数拟合问题中，$Q(\boldsymbol{x}_i)$ 为多项式系数 $\{a_j\}_{j=1}^{p}$ 的线性函数，所以代数拟合问题有封闭解，易于求解，具有很高的计算效率。但代数拟合方法有很多缺点，总结 Ahn、Zhang、Faber 和 Fisher，以及 Fitzgibbon 等的研究成果，归纳如下。

①偏差的定义，即代数距离 $Q(\boldsymbol{x}_i)$，一般没有明确的几何意义；

②参数估计的结果是有偏的，精确度低；

③拟合所得的模型参数一般不具备坐标转换不变性(平移和旋转变换)；

④待拟合点所处的位置不同有时也会给参数估计带来相应的影响，使其在对二次曲线、曲面的拟合中产生高曲率偏差；

⑤有时候会收敛至错误的几何模型；

⑥拟合所得的参数为代数形式，不便直接得出模型的几何参数等信息。

Zhang 表示除了易于实现，没有什么理由采用代数拟合算法。该观点有一定的道理，但要指出的是，在数据质量很好，即待拟合点数量足够、分布合理、存在很小的噪声且不含粗差的时候，特别是对于直线、平面、圆曲线、球面等简单模型的拟合来说，代数拟合算法的结果和几何拟合算法的结果差异不大；对于复杂的二次曲线、曲面模型，一些优秀的基于代数拟合算法的改进算法也有着不俗的表现。当对拟合结果的精度要求不高，但对算法的运算效率要求很高的时候，代数拟合算法也是一个不错的选择。此外，代数拟合算法的结果可作为采用迭代算法的几何拟合方法的初始值。

6.2.3　封闭曲面形变检测算法

由于测量误差的存在，待拟合点 $\boldsymbol{X}_i(X_i,Y_i,Z_i)$ 一般不满足二次曲面方程，即 $Q_i(X_i,Y_i,Z_i)\neq 0$。由定义，可知二次曲面的代数拟合方法是通过最小化代数距离 $e_i=Q_i(X_i,Y_i,Z_i)$ 的平方和进行求解的，即有最优化问题：

$$L(A,B,C,D,E,F,G,H,I,J)=\sum_{i=1}^{m}e_i^{\,2}=\sum_{i=1}^{m}Q_i(X_i,Y_i,Z_i)^2=\min \qquad (6.52)$$

而 $Q_i=AX_i^2+BY_i^2+CZ_i^2+2DX_iY_i+2EX_iZ_i+2FY_iZ_i+2GX_i+2HY_i+2IZ_i+J$。

为避免平凡解 $\hat{\boldsymbol{a}}=\boldsymbol{0}$，需添加约束条件，如 $J=1$，则对最优化问题来说，可建立超定方程组：

$$\begin{bmatrix} X_1^2 & Y_1^2 & Z_1^2 & 2X_1Y & 2X_1Z_1 & 2Y_1Z_1 & 2X_1 & 2Y_1 & 2Z_1 \\ X_2^2 & Y_2^2 & Z_2^2 & 2X_2Y_2 & 2X_2Z_2 & 2Y_2Z_2 & 2X_2 & 2Y_2 & 2Z_2 \\ \vdots & \vdots & \vdots & \vdots & \vdots & \vdots & \vdots & \vdots & \vdots \\ X_m^2 & Y_m^2 & Z_m^2 & 2X_mY_m & 2X_mZ_m & 2Y_mZ_m & 2X_m & 2Y_m & 2Z_m \end{bmatrix}\begin{bmatrix} A \\ B \\ C \\ D \\ E \\ F \\ G \\ H \\ I \end{bmatrix}\approx\begin{bmatrix} -1 \\ -1 \\ \vdots \\ -1 \end{bmatrix} \qquad (6.53)$$

其矩阵形式为

$$AX \approx B \tag{6.54}$$

可采用普通最小二乘方法得解 $\hat{X}_{LS} = (A^{\mathrm{T}}A)^{-1}A^{\mathrm{T}}B$。计算得到代数参数 $\hat{\alpha}$ 后，可由不变量 I_1、I_2、I_3、I_4 与半不变量 K_1、K_2 来判断二次曲面的具体类型，并可通过化简计算得到其相应的几何参数，化简算法如表 6.3 所示。

表 6.3　二次曲面的化简算法

输入：$\boldsymbol{\alpha} = [A \quad B \quad C \quad D \quad E \quad F \quad G \quad H \quad I \quad J]^{\mathrm{T}}$；

1：二次曲面方程 $\boldsymbol{X}^{\mathrm{T}}\boldsymbol{D}\boldsymbol{X} + \boldsymbol{C}^{\mathrm{T}}\boldsymbol{X} + J = 0$；

其中，$\boldsymbol{X} = \begin{bmatrix} X \\ Y \\ Z \end{bmatrix}$，$\boldsymbol{D} = \begin{bmatrix} A & D & E \\ D & B & F \\ E & F & C \end{bmatrix}$，$\boldsymbol{C} = \begin{bmatrix} 2G \\ 2H \\ 2I \end{bmatrix}$；

2：计算 $\boldsymbol{D}$ 的特征值 Λ 和特征向量 $\boldsymbol{R}$，有 $\boldsymbol{R}^{\mathrm{T}}\boldsymbol{D}\boldsymbol{R} = \Lambda = \begin{bmatrix} \lambda_1 & 0 & 0 \\ 0 & \lambda_2 & 0 \\ 0 & 0 & \lambda_3 \end{bmatrix}$；

3：由旋转矩阵 $\boldsymbol{R}$ 可计算 Euler 角 ψ、θ、ϕ；

4：令 $\boldsymbol{x}' = \boldsymbol{R}^{\mathrm{T}}\boldsymbol{X}$，可将 $\boldsymbol{X}^{\mathrm{T}}\boldsymbol{D}\boldsymbol{X} + \boldsymbol{C}^{\mathrm{T}}\boldsymbol{X} + J = 0$ 改写为 $\boldsymbol{x}'^{\mathrm{T}}\Lambda\boldsymbol{x}' + \boldsymbol{C}^{\mathrm{T}}\boldsymbol{R}\boldsymbol{x}' + J = 0$；

5：令 $\boldsymbol{x} = \boldsymbol{x}' + \dfrac{\Lambda^{-1}\boldsymbol{R}^{\mathrm{T}}\boldsymbol{C}}{2}$，则有 $\boldsymbol{x}^{\mathrm{T}}\Lambda\boldsymbol{x} + J - \dfrac{\boldsymbol{C}^{\mathrm{T}}\boldsymbol{R}\Lambda^{-1}\boldsymbol{R}^{\mathrm{T}}\boldsymbol{C}}{4} = 0$；

6：则 $\boldsymbol{X} = -\boldsymbol{R}\dfrac{\Lambda^{-1}\boldsymbol{R}^{\mathrm{T}}\boldsymbol{C}}{2} + \boldsymbol{R}\boldsymbol{x}$。

一般而言，在待拟合点数目足够多，且分布足够好的情况下，采用代数拟合方法对待拟合点集进行拟合即可得到相应二次曲面的代数参数，进而通过化简算法可得到其几何参数，且运算效率高、速度快；但在数据分布情况不好或者含有较大噪声或者粗差的情况下，代数拟合方法精度很差，甚至可能会收敛至错误的模型。

根据定义，二次曲面的几何拟合方法是将待拟合点集 $\{\boldsymbol{X}_i(X_i, Y_i, Z_i)\}_{i=1}^{m}$ 与二次曲面的偏差定义为欧氏距离 e_i：

$$e_i = \|\boldsymbol{X}_i - \boldsymbol{X}_i'\| = \sqrt{(\boldsymbol{X}_i - \boldsymbol{X}_i')^{\mathrm{T}}(\boldsymbol{X}_i - \boldsymbol{X}_i')} \tag{6.55}$$

其中，$\boldsymbol{X}_i'$ 为二次曲面上距离待拟合点 $\boldsymbol{X}_i$ 最近的点。

令 $\boldsymbol{a}_g$ 表示二次曲面的形状参数，则测量坐标系 XYZ 下任意的一个二次曲面，可视为由其模型坐标系 xyz 下的标准方程 $f(\boldsymbol{a}_g, \boldsymbol{x}) = 0$ 通过坐标平移和旋转变换得到的。若采用 $\boldsymbol{a}_p = \boldsymbol{X}_c = [X_c \quad Y_c \quad Z_c]^{\mathrm{T}}$ 表示平移量，采用 Euler 角 ψ、θ、ϕ 所确定的旋转矩阵 $\boldsymbol{R} = \boldsymbol{R}_z(\phi)\boldsymbol{R}_y(\theta)\boldsymbol{R}_x(\psi)$ 来表示旋转，二次曲面的几何拟合问题即可描述如下。

已知有一组待拟合点 $\{\boldsymbol{X}_i(X_i, Y_i, Z_i)\}_{i=1}^{m}$，求使得最优化问题：

$$L(\boldsymbol{a}_g, \boldsymbol{a}_p, \boldsymbol{a}_r) = \sum_{i=1}^{m} e_i^2 = \sum_{i=1}^{m} \|\boldsymbol{X}_i - \boldsymbol{X}_i'\|^2 = \min \tag{6.56}$$

的二次曲面的形状参数 $\boldsymbol{\alpha}_g$、平移参数 $\boldsymbol{\alpha}_p = \boldsymbol{X}_c = [X_c \quad Y_c \quad Z_c]^T$，以及旋转参数 $\boldsymbol{\alpha}_r = [\psi \quad \theta \quad \phi]^T$ 的值。其中，$\boldsymbol{X}_i'(X_i', Y_i', Z_i')$ 表示二次曲面上与待拟合点 $\boldsymbol{X}_i(X_i, Y_i, Z_i)$ 欧氏距离最近的点。

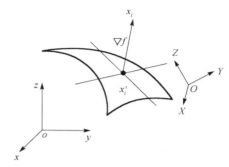

由解析几何知识可知，在模型坐标系 xyz 中，作为二次曲面上距离点 $\boldsymbol{x}_i(x_i, y_i, z_i)$ 最近的点，$\boldsymbol{x}_i'(x_i', y_i', z_i')$ 一方面要满足二次曲面标准方程 $f(\boldsymbol{\alpha}_g, \boldsymbol{x}) = 0$，另一方面其与点 $\boldsymbol{x}_i(x_i, y_i, z_i)$ 的连线 $\boldsymbol{x}_i - \boldsymbol{x}_i'$ 应垂直于二次曲面上过点 $\boldsymbol{x}_i'(x_i', y_i', z_i')$ 的切平面，如图 6.10 所示。

图 6.10　二次曲面上欧氏距离最近的相应点

则有方程组：

$$\begin{cases} f(\boldsymbol{\alpha}_g, \boldsymbol{x}_i') = 0 \\ \nabla f \times (\boldsymbol{x}_i - \boldsymbol{x}_i') = 0 \end{cases} \tag{6.57}$$

对方程组求解即可求得二次曲面上距离点 $\boldsymbol{x}_i(x_i, y_i, z_i)$ 最近的点 $\boldsymbol{x}_i'(x_i', y_i', z_i')$。除了球面，上式难以获得封闭解，一般都采用数值方法求解。解法有多种，如广义 Newton-Raphson 法、L-M 方法等，本书中采用 L-M 方法求解。

当求得点 $\boldsymbol{x}_i'(x_i', y_i', z_i')$ 后，由测量坐标系 XYZ 与模型坐标系 xyz 的转换关系可计算得到 $\boldsymbol{X}_i'$，进而可采用迭代算法对二次曲面几何拟合的最优化问题进行求解。Ahn 采用 Newton 法求解，但在测量数据含有粗差时，算法不容易收敛，此处我们采用收敛域更宽的 L-M 方法来求解，有迭代公式：

$$\begin{cases} \left[\boldsymbol{J}(\boldsymbol{\alpha}_k)^T \boldsymbol{J}(\boldsymbol{\alpha}_k) + \mu_k \boldsymbol{I} \right] \boldsymbol{d}_k^{L-M} = -\boldsymbol{J}(\boldsymbol{\alpha}_k)^T \boldsymbol{f}(\boldsymbol{\alpha}_k) \\ \boldsymbol{\alpha}_{k+1} = \boldsymbol{\alpha}_k + \lambda \boldsymbol{d}_k^{L-M} \end{cases} \tag{6.58}$$

其中，$\boldsymbol{\alpha}$ 为二次曲面参数 $\boldsymbol{\alpha} = [\boldsymbol{\alpha}_g \quad \boldsymbol{\alpha}_p \quad \boldsymbol{\alpha}_r]^T$，$\lambda$ 为步长，$\boldsymbol{I}$ 为单位矩阵，$\boldsymbol{f}(\boldsymbol{\alpha}_k) = \boldsymbol{X}_i - \boldsymbol{X}_i' \big|_{\boldsymbol{\alpha}_k}$，$\boldsymbol{J}(\boldsymbol{\alpha}_k) = -\dfrac{\partial \boldsymbol{X}_i'}{\partial \boldsymbol{\alpha}} \bigg|_{\boldsymbol{\alpha}_k}$，$\boldsymbol{d}_k^{L-M}$ 为 L-M 方向。

迭代算法的难点在于 $\dfrac{\partial \boldsymbol{X}_i'}{\partial \boldsymbol{\alpha}} \bigg|_{\boldsymbol{\alpha}_k}$ 的求取。相对于简单的模型如直线、平面以及圆曲线和球面，二次曲面上距离待拟合点 $\boldsymbol{X}_i$ 最近的点 $\boldsymbol{X}_i'$ 很难用方程来表达。已知 $\boldsymbol{X}_i'$ 在模型坐标系 xyz 下的对应点 $\boldsymbol{x}_i'(x_i', y_i', z_i')$ 必须满足二次曲面方程和垂直条件，即方程组式 (6.57)，Ahn 经过推导，提出了求取 $\dfrac{\partial \boldsymbol{X}_i'}{\partial \boldsymbol{\alpha}} \bigg|_{\boldsymbol{\alpha}_k}$ 的算法，其推导过程如下。

由测量坐标系 XYZ 与模型坐标系 xyz 的转换关系 $\boldsymbol{X} = \boldsymbol{R}^{-1} \boldsymbol{x} + \boldsymbol{X}_c$，有

$$\left.\frac{\partial \boldsymbol{X}}{\partial \boldsymbol{\alpha}}\right|_{X=X_i'} = \left.\frac{\partial \left(\boldsymbol{R}^{-1}\boldsymbol{x} + \boldsymbol{X}_c\right)}{\partial \boldsymbol{\alpha}}\right|_{x=x_i'} = \left.\left(\boldsymbol{R}^{-1}\frac{\partial \boldsymbol{x}}{\partial \boldsymbol{\alpha}} + \frac{\partial \boldsymbol{R}^{-1}}{\partial \boldsymbol{\alpha}}\boldsymbol{x} + \frac{\partial \boldsymbol{X}_c}{\partial \boldsymbol{\alpha}}\right)\right|_{x=x_i'} \tag{6.59}$$

$$= \left.\boldsymbol{R}^{-1}\frac{\partial \boldsymbol{x}}{\partial \boldsymbol{\alpha}}\right|_{x=x_i'} + \left.\left(\boldsymbol{0}\,\big|\,\boldsymbol{I}\,\big|\,\frac{\partial \boldsymbol{R}^{-1}}{\partial \boldsymbol{\alpha}_r}\boldsymbol{x}\right)\right|_{x=x_i'}$$

另将方程组(6.57)对 $\boldsymbol{x}$ 求导数，记

$$\boldsymbol{f} = \begin{bmatrix} f(\boldsymbol{\alpha}_g, \boldsymbol{x}) \\ \nabla f \times (\boldsymbol{x}_i - \boldsymbol{x}) \end{bmatrix} \tag{6.60}$$

有

$$\frac{\partial \boldsymbol{f}}{\partial \boldsymbol{x}}\frac{\partial \boldsymbol{x}}{\partial \boldsymbol{\alpha}} + \frac{\partial \boldsymbol{f}}{\partial \boldsymbol{x}_i}\frac{\partial \boldsymbol{x}_i}{\partial \boldsymbol{\alpha}} + \frac{\partial \boldsymbol{f}}{\partial \boldsymbol{\alpha}} = 0 \tag{6.61}$$

其中，

$$\frac{\partial \boldsymbol{x}_i}{\partial \boldsymbol{\alpha}} = \frac{\partial \left(\boldsymbol{R}(\boldsymbol{X}_i - \boldsymbol{X}_c)\right)}{\partial \boldsymbol{\alpha}} = \frac{\partial \boldsymbol{R}}{\partial \boldsymbol{\alpha}}(\boldsymbol{X}_i - \boldsymbol{X}_c) - \boldsymbol{R}\frac{\partial \boldsymbol{X}_c}{\partial \boldsymbol{\alpha}} \tag{6.62}$$

$$= \left(\boldsymbol{0}\,\big|\,{-\boldsymbol{R}}\,\big|\,\frac{\partial \boldsymbol{R}}{\partial \boldsymbol{\alpha}_r}(\boldsymbol{X}_i - \boldsymbol{X}_c)\right)$$

$$\frac{\partial \boldsymbol{f}}{\partial \boldsymbol{x}} = \begin{pmatrix} 0 & 0 & 0 \\ 0 & z_i - z & -(y_i - y) \\ -(z_i - z) & 0 & x_i - x \\ y_i - y & -(x_i - x) & 0 \end{pmatrix}\frac{\partial}{\partial \boldsymbol{x}}\nabla f + \begin{pmatrix} \dfrac{\partial f}{\partial x} & \dfrac{\partial f}{\partial y} & \dfrac{\partial f}{\partial z} \\ 0 & \dfrac{\partial f}{\partial z} & -\dfrac{\partial f}{\partial y} \\ -\dfrac{\partial f}{\partial z} & 0 & \dfrac{\partial f}{\partial x} \\ \dfrac{\partial f}{\partial y} & -\dfrac{\partial f}{\partial x} & 0 \end{pmatrix} \tag{6.63}$$

$$\frac{\partial \boldsymbol{f}}{\partial \boldsymbol{x}_i} = \begin{pmatrix} 0 & 0 & 0 \\ 0 & -\dfrac{\partial f}{\partial z} & \dfrac{\partial f}{\partial y} \\ \dfrac{\partial f}{\partial z} & 0 & -\dfrac{\partial f}{\partial x} \\ -\dfrac{\partial f}{\partial y} & \dfrac{\partial f}{\partial x} & 0 \end{pmatrix} \tag{6.64}$$

$$\frac{\partial \boldsymbol{f}}{\partial \boldsymbol{\alpha}} = \begin{pmatrix} 1 & 0 & 0 & 0 \\ 0 & 0 & z_i - z & -(y_i - y) \\ 0 & -(z_i - z) & 0 & x_i - x \\ 0 & y_i - y & -(x_i - x) & 0 \end{pmatrix}\left(\frac{\partial}{\partial \boldsymbol{\alpha}_g}\begin{pmatrix} f \\ \nabla f \end{pmatrix}\,\big|\,\boldsymbol{0}\,\big|\,\boldsymbol{0}\right) \tag{6.65}$$

6.3　膨胀土边坡形变检测

6.3.1　膨胀土边坡数据采集方案

膨胀土(岩)是一种多裂隙性、胀缩性地质体,土体胀缩作用对边坡工程具有严重破坏性,易造成边坡失稳,边坡处理难度大,从而对工程检测技术提出了更高的要求。

三维激光扫描技术,可以直接从实物中获得三维数据,具有精度高、速度快、实景复制的特点;GPS 具有精度高、不受通视条件限制、可提供测点的三维坐标信息等特点。利用 GPS 获取三维激光扫描测站的高精度坐标,通过坐标转换技术获取三维激光扫描点云检测数据的绝对坐标,结合三维建模技术,可将边坡检测方法由"点检测"提升为"体检测",具有高精度、高效率、直观、全面的特点。

因此,可采用三维激光扫描技术与 GPS 技术结合的方法对膨胀土(岩)边坡进行变形检测,为边坡变形研究提供数据支持。

三维激光扫描观测工作过程大致分为计划制定、外业数据采集和内业数据处理三大部分。在具体工作展开之前,需要制定详细的工作计划并做好相应的准备工作,主要包括根据扫描对象的不同和精度的具体要求设计一条合理的扫描路线、确定恰当的采样密度、大致确定扫描仪至扫描物体的距离、设站数、大致的设站位置等。外业工作主要是数据采集,现场分析采集到的数据是否大致符合要求、进行初步质量分析和控制等;内业数据处理是工作量最大的环节,主要包括外业采集到的激光扫描原始数据的录入和显示、数据滤波、点云配准、图像处理、地物建模、特征信息的提取等。完整的作业过程如图 6.11 所示。

具体步骤为:①首先将三维激光扫描仪架设在 A 站,整平;②连接扫描仪、电源及计算机;③扫描仪开始预热、自检,启动相应的控制软件,根据项目需要设置水平方向与垂直方向的分辨率:扫描距离设置为 200m,水平和垂直步进角频率设置为 0.003°,重复采样次数设为 3,扫描倾角控制在 50° 左右;④高精度扫描对面 200m 范围内的边坡,扫描完成后将数据保存,搬站至 B 站(距离 A 站 200m),按照相同方式扫描,同时保证相邻站至少有 30% 的重叠区。

GPS 观测采用多台 GPS 接收机同步观测的模式(静态观测)进行。将 GPS 接收机架设在三维激光扫描仪的测站上与测站附近已有的高等级 GPS 点联测,获得各个测站的三维坐标。其中 3 台放置在周围的已知点上,其他采用边连接的方式进行观测,每个测点观测≥1 个时段,每个时段长≥2h,卫星截止高度角设为 15°。

GPS 观测数据自动记录到随机的 CF 卡上,观测完毕后由读卡器将数据传到计算机上,并将 GPS 原始数据转为 RINEX 格式,对 GPS 原始数据和 RINEX 格式分别进行保存。

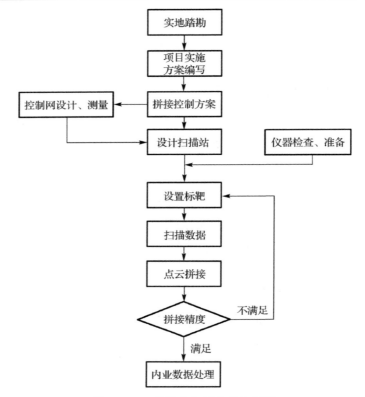

图 6.11　三维激光扫描作业流程图

6.3.2　形变检测数据处理模型与方法

本方案的数据处理主要涉及三维激光扫描点云的预处理、配准与拼接、模型重建、GPS 基线解算、平差计算，以及变形信息提取和分析，数据处理流程如图 6.12 所示。

图 6.12　数据处理流程示意图

1）三维激光扫描点云数据处理

（1）点云数据的预处理。

三维激光扫描过程中，扫描速度、设备精度、被测物体的表面情况和操作者的熟练程度等都会对测量数据造成影响，使得到的数据可能带有很多离散点和小振幅噪声，这些噪声必然会影响重建后模型的质量和变形信息的提取。噪声可以通过不同的方法去除，如人工选择删除；设置扫描仪至研究对象大概的距离范围进行删除；通过研究一些算法进行删除等。本方案采用与三维激光扫描仪配套软件的去噪功能进行点云数据的预处理。

（2）点云数据的配准与拼接。

三维激光扫描仪单站采集到的数据是基于自由坐标系下的，需要将多站数据进行拼接匹配，形成完整的检测点云数据。

配准与拼接可以通过多种方式进行：①通过相邻测站公共区域的相同标靶（需对标靶进行精扫）进行匹配；②基于测站控制点（由 GPS 观测提供）的单站匹配；③基于相邻测站公共区域的特征线、特征面进行匹配。本方案采用第②种方式进行拼接匹配，控制点采用 GPS 静态观测，具有较高精度。

无论采取哪种方式进行点云数据的配准，都会存在配准误差，在扫描数据配准完成后，需要对配准质量进行评价，采用式（6.66）进行：

$$\sigma_m = \sqrt{\sum \Delta^2 x_i + \sum \Delta^2 y_i + \sum \Delta^2 z_i} \tag{6.66}$$

式中，$\Delta x_i = x_i - x_i'$，$\Delta y_i = y_i - y_i'$，$\Delta z_i = z_i - z_i'$，x_i、y_i、z_i 为原坐标系中的值；x_i'、y_i'、z_i' 为转换到新的坐标系中的坐标值；n 为控制点数。σ_m 值越大，坐标转换误差越大；σ_m 值越小，坐标转换误差越小。

（3）三维建模。

经过点云数据预处理和配准、拼接后，可采用与三维激光扫描仪配套的软件建立边坡数字地面模型（DTM），DTM 是地面形态属性的数字表达，是带有空间位置特征和地形属性特征的数字描述。边坡周期性观测数据可以建立不同的DTM，通过与该模型求差可以获得边坡的变形信息，并采用不同颜色对变形量级进行标示，一目了然。

2）GPS 测量数据处理

GPS 测量数据处理包括基线解算和平差计算。采用 LGO（或 TBC）软件对 GPS观测的各个时段数据分别进行基线解算，基线解算的同步环闭合差、基线测量中误差等满足相应规范要求。将得到的基线解算结果以及协方差阵以 asc 文件的格式输出，然后采用 COSA、PowerADJ、"控制网预处理软件系统"和"平面控制网平差处理软件系统"等平差软件进行平差。

3）变形信息提取

以第一期扫描数据作为参考，通过后面各期采集到的数据与第一期数据作差可以得到边坡的变形信息。

具体方法有三种：一是利用扫描时在坡面上布设的标靶，用点云软件提取标靶中心点坐标，通过比较各时期扫描数据中对应标靶的中心坐标来提取变形信息；二是对点云数据进行特征点提取，通过比较各时期特征点坐标差异来提取变形信息；三是利用点云数据建立的 DTM 模型，通过模型求差来获取变形信息。

6.3.3　膨胀土边坡三维形变表达方法

1. 基于特征点的边坡三维变形表达

基于特征点的边坡三维表达，就是对多期特征点空间位置和位移量的检测结果，在三维空间上以可视化的方法模拟边坡变形，从而得到边坡的变形趋势。特征点主要是指边坡上的一些明显点，如角点、圆点，或者是基于三维激光点云算法进行处理，提取的有明显特征和意义的点。

同时，也可设定一定的预警模式，如设定一个位移量的预警阈值，对达到预警阈值的边坡进行报警，及时指导边坡维修。

1）特征点的三维符号表达

为了特征点的快速可视化，可基于特征点所在的空间位置绘制一定大小的三维符号。三维符号的样式和大小可依据特征点所代表的地物类型和检测值进行抽象表达，如图 6.13 所示。

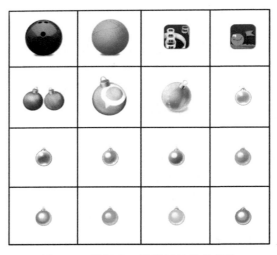

图 6.13　特征点三维符号的抽象表达

2）特征点变形量的三维表达

在三维环境下，根据两期点云数据中特征点的空间位置，计算同一特征点 X、Y、Z 三方向的变形量，并在场景中标示出来，如图 6.14 所示。

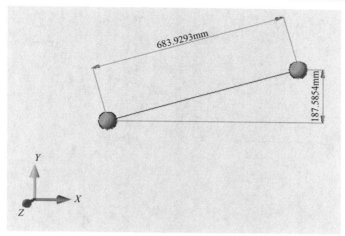

图 6.14　两期特征点距离的三维表达

当同一特征点的变形量较小时，可在三维场景中提供设置变形量放大参数的选项，更便捷地可视化变形趋势或量值，如图 6.15 所示。

当存在多期点云数据时，后期特征点可依据前期特征点的空间位置进行变形量放大，然后在三维场景中表达出多期特征点位置变形，如图 6.16 所示。

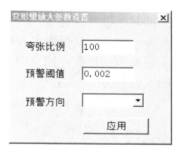

图 6.15　设置变形量放大参数

3）特征点变形方向的三维表达

在三维环境下，根据两期点云数据中特征点的空间位置，以及扫描的时间前后关系，计算前期特征点到后期特征点的矢量方向，并在三维场景中用箭头和数字标示出来，如图 6.17 所示。

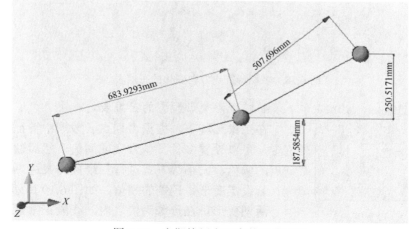

图 6.16　多期特征点距离的三维表达

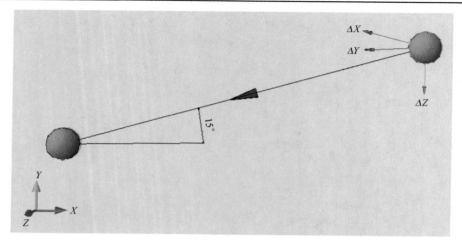

图 6.17　两期特征点方向变化的三维表达

　　同时，也可根据 X、Y、Z 三个方向的变形量大小，在特征点上用不同的线段长度来标示出来，从而以可视化方法表达特征点在哪个方向的变形度要大一些。

　　依据多期特征点的空间位置，我们可以更直观地表达特征点的变形方向与趋势，如图 6.18 所示。

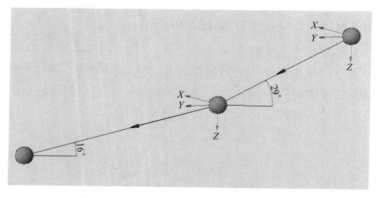

图 6.18　多期特征点方向变化的三维表达

图 6.19　设置阈值

4) 特征点变形预警的三维表达

　　在三维环境下，根据多期点云数据中特征点的空间位置，可以设置多种预警方案或阈值，然后通过改变特征点的颜色、大小等方式进行三维预警表达。

　　若设定变形量预警的阈值，如图 6.19 所示。

　　两期变形量在预警阈值之内，线段正常显示，超出阈值的区域，则表示为红色，如图 6.20 所示。

图 6.20　距离预警

2. 基于特征线的边坡三维变形表达

1)特征线的三维符号表达

为了特征线的快速可视化，可基于特征线所在的空间位置绘制表达线形的三维符号。三维符号的样式和大小可依据特征线所代表的地物类型和检测值进行抽象表达，如图 6.21 所示。

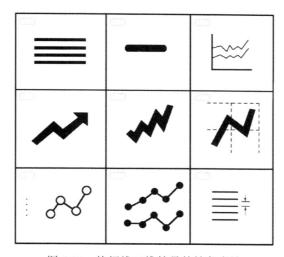

图 6.21　特征线三维符号的抽象表达

2)特征线三维变形表达

在三维环境下，根据两期点云数据中特征线节点的空间位置，计算两者节点的空间距离，并以第一期特征线为依据进行夸张放大，如图 6.22 所示。

当存在多期点云数据时，则后期特征线可依据前一期特征线的空间位置进行距离放大，然后在三维场景中表达出多期特征线位置变形，如图 6.23 所示。

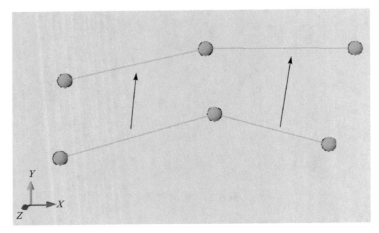

图 6.22　两期特征线的三维变形表达

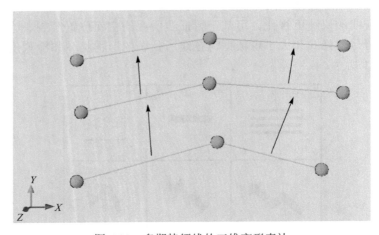

图 6.23　多期特征线的三维变形表达

3) 特征线变形预警的三维表达

在三维环境下，根据多期点云数据中特征线的空间位置，可以设置多种预警方案或阈值，然后通过改变特征点的颜色、大小等方式进行三维预警表达。

若变形量预警的阈值设定为 200，变形量在 200mm 范围内，线段正常显示；超出 200mm 的区域，则表示为红色，如图 6.24 所示。

3. 基于三角网的边坡三维变形表达

数字高程模型 DEM 和不规则三角网络模型 TIN 丰富了 GIS 的空间数据管理内容、数字地形分析功能和三维可视化功能，因此，可以在三维地理信息场景中，借助 GIS 的相关理论和可视化功能，实现点云数据的三维可视化，以及依托点云数据

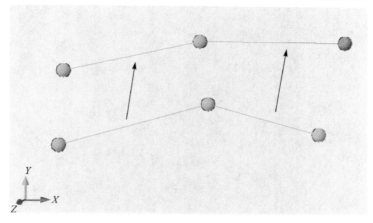

图 6.24　变形预警

空间位置自动建立三维空间内的三角网。通过建立多期点云数据的三角网，可视化对比表达边坡的变形。

1）点云数据的三维可视化表达

三维激光扫描仪完成边坡扫描后，所得到的点云数据（points cloud）记录了边坡表面上离散空间坐标和相关的物理参数，一般的表示形式为$(x，y，z，R，G，B，intensity)$。它包含边坡上点的空间位置关系，还包含了强度信息和颜色灰度信息。

通过对获取的点云数据进行一系列的预处理操作，可以获取所扫描边坡面的真实空间位置和颜色信息。然后借助 OpenGL 技术，通过三维图形编程，实现在三维地理信息环境下的点云可视化，如图 6.25 和图 6.26 所示。

图 6.25　三维地理场景可视化点云数据

图 6.26　点云数据在三维环境下的操作与漫游

2) 点云数据三角网化可视表达

所谓点云数据的栅格网化就是根据给定的点云集，将其中的各个数据点之间以三角形相互连接，形成一张三角网格。其实质是以三角网格反映数据点与其邻近点间的拓扑关系。正确的拓扑连接关系可有效地揭示散乱数据集中所蕴含的原始边坡表面的形状和拓扑结构。

本研究借鉴了点云三角网构建的生长算法，然后在其基础上，对其进行改进，使其能够在海量点云数据中快速构建三角网，构建的主要步骤如下。

①点云分块：根据网格点的密度将点云分块，并对生成的基线进行分组，设点集分 $M \times N$ 块，分别存放于 Grid[i, j]($1 \leqslant i \leqslant M, 1 \leqslant j \leqslant N$) 中，则基线可分 M 组，分别存放于 Base[i]($1 \leqslant i \leqslant M$) 中。

②构建第 1 条基线：从最左下角的分块中任意找一点 P_1，在以 P_1 所在分块 Grid[i, j] 的临域分块中找出离 P_1 最近的点 P_2，则 P_1P_2 作为第 1 条基线。取 P_1P_2 中 y 值较小的一个，不妨设为 P_1，且 $P_1 \in$ Grid[i, j]，则将基线 P_1P_2 存放于基线队列 Base[i] 中。

③扩展第 1 条基线的左侧：对于第 1 条基线 P_1P_2，先在其左侧搜索是否有满足 Delaunay 三角形性质（简称 D-性质）的点 Q。若存在，则 P_2Q 和 QP_1 为新的基线，并插入到相应的基线队列 Base[k]，其中，k 的确定方法如同插入第 1 条基线 P_1P_2。

④扩展基线的右侧：扩展过程如图 6.27 所示。

选定一定区域的边坡点云数据，按照上述三角化方法和流程，可以快速有效地完成指定区域的点云网格化，如图 6.28 所示。

3) 三角网的可视对比表达

由于边坡面在一定时间内的变形量是有限的，并且变形的量值一般为毫米，如何有效地在三维环境下展示多期点云三角网，将直接影响到可视化对比的效果。

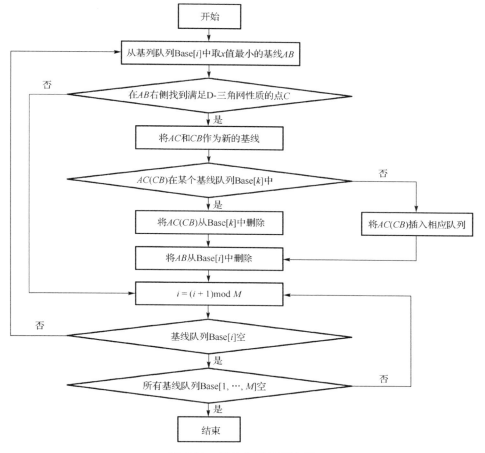

图 6.27　基线右侧扩展流程

原始点云数据

三角网化

图 6.28　点云数据三角化

(1)研究范围的选择。

为确定所对比的两期或多期点云三角网在同一个范围内，采用以包含特征点的范围作为研究对象：若干个特征点组成的三角网范围；单个特征点周边一定距离内的三角网。

(2)对比参考面的确定。

一般情况下，变形检测的对比，是通过后一期检测成果与前一期成果的差值、方向等量值的变化进行表达的。而对于三角网而言，它的变形则是从前一期三角网的变形而来，但由于变形较小，前后两期三角网可能会交叉在一起，在三维环境下将难以进行有效区分。为科学有效地在空间上分离前后两期三角网，我们需选定对比参考面。

本研究中，我们通过遍历前一期三角网中所有三角面和节点，求取平均值得到参考平面，并将此作为研究的对比参考面。

(3)分离三角网。

通过将后一期三角网到对比参考面的距离进行放大(乘以一定的倍率)，能得到新的三角网。在三维环境下调节距离放大倍率，我们可以更直观地对比两期边坡变形。

4. 边坡面三维变形演变的数字仿真

以多期点云数据的特征点、线、面和三角网为研究对象，根据其在不同时间点的空间特性，借鉴 Flash 软件中逐帧动画和形状补间技术的设计思想，研究一种以时间为驱动的三维时空数据的动态可视化模型。通过研究点、线、面、三角网等三维空间实体的图形变形算法，用于在"关键帧"之间插值生成足够多中间时刻的三维现象的空间特征，并结合时间的逐步变化，连续地播放各个"关键帧"和"中间帧"，模拟边坡在三维地理环境下动态模拟的变形，从而达到实时动态数字仿真的目的。

1)基于特征点的变形演变

如果把特征点抽象为空间上的点状几何图形，特征点的变形演变则可理解为点状图形在三维空间上坐标位置的动态变化，设起始特征点坐标为 $P_1(X_1, Y_1, Z_1)$，结束特征点坐标为 $P_2(X_2, Y_2, Z_2)$。依据特征点的空间位置和时间点，可以在三维环境下拟合成多种形式的曲线 $f(t)$，如折线、B 样条曲线等，那么在 time 时刻的点坐标 $P_t(X_t, Y_t, Z_t)$ 的生成步骤如下。

①将时间 time 归一化处理，得到归一化后的时间 t：

$$t = (\text{time} - T_1) / (T_2 - T_1)$$

②进行插值，得到 time 时间点的特征点空间位置：

$$X_t = X_1 + (X_2 - X_1) \times f(t)$$
$$Y_t = Y_1 + (Y_2 - Y_1) \times f(t) \tag{6.67}$$
$$Z_t = Z_1 + (Z_2 - Z_1) \times f(t)$$

图 6.29 为采用折线进行模拟变形演变趋势，在时间 t 时特征点的空间位置。

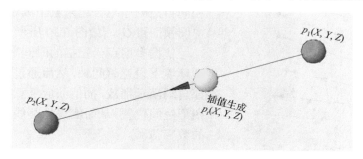

图 6.29　特征点"中间帧"插值生成

依据多期点云扫描的时间区间，在三维地理环境下设置时间轴。通过实时调整时间或自动演示播放，插值获取任意时刻点的特征点空间位置，从而实现特征点三维变形演变的数字仿真。

2）基于特征线的变形演变

如果把特征线抽象为空间上的线状几何图形，特征线的变形演变则可理解为线状图形在三维空间上位置与形态的变化，假设起始状态为折线 $G_b(P_1, P_2, \cdots, P_n), n \geq 2$；结束形态为折线 $G_e(Q_1, Q_2, \cdots, Q_m), m \geq 2$，则 time 时刻的几何图形插补审查生成步骤如下。

①将时间 time 归一化处理，得到归一化后的时间 t：

$$t = (\text{time} - T_1) / (T_2 - T_1) \tag{6.68}$$

②判断起始形状的节点数目 n 是否等于目标形状的节点数目 m，如果 $n \neq m$，若假设起始形状的节点数目小于目标形状的节点数目，即 $n < m$，在起始形状 G_b 的节点集合中均匀地抽取出 $(m - n)$ 个节点，通过下式计算需要抽取的节点下标 idx：

$$\text{idx} = \left[\frac{n}{m-n} i\right], \quad i = 1, 2, \cdots, m - n \tag{6.69}$$

分别在这些抽取出来的节点及其后相邻节点组成的线段 $P_{\text{idx}} P_{\text{idx}+1}$ 的中间位置添加一个新的内插节点，可知一共需要添加 $(m - n)$ 个节点，以使起始形状和目标形状的节点数目相同。中间点 P_{mid} 可采用下式确定：

$$P_{\text{mid}} = \begin{cases} P_{\text{idx}} + P_{\text{idx}+1/2}, & \text{idx} < n \\ P_{\text{idx}}, & \text{idx} = n \end{cases} \tag{6.70}$$

③按照节点自然排列顺序分别建立内插后的起始形状和目标形状节点间的一一对应关系。然后依据一一对应的起始节点和目标节点的空间位置，内插得到 time 时刻所有节点的空间坐标。

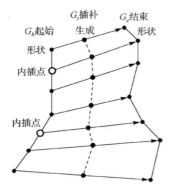

图 6.30　特征线"中间图形"插值生成

④将通过第③步计算得到的节点坐标按相同自然顺序组合起来就生成了 time 时刻的中间帧图形 G_t，如图 6.30 所示。

依据多期点云扫描的时间区间，在三维地理环境下设置时间轴，然后通过实时调整时间或自动演示播放，插值获取任意时刻点的线状图形空间位置，从而实现特征线三维变形演变的数字仿真。

3) 基于特征面的变形演变

如果把特征面抽象为空间上的多边形几何图形，特征面的变形演变则可理解为多边形在三维空间上位置与形态的变化。假设起始形状为多边形 $G_1(P_1, P_2, \cdots, P_n), n \geqslant 3$；目标形状为多边形 $G_2(Q_1, Q_2, \cdots, Q_n), n \geqslant 3$。那么 time 时刻的几何图形插补生成步骤如下。

①将时间 time 归一化处理，得到归一化后的时间 t：

$$t = (\text{time} - T_1) / (T_2 - T_1) \tag{6.71}$$

②分别求解起始形状和目标形状大致的中心位置，然后分别求解其质心，如果出现质心不在多边形内部的情况，将质心水平或垂直平移，直到新的 P_{1Z} 和 P_{2Z} 能大致处于相应多边形内部中心位置。

③分别以 P_{1Z} 和 P_{2Z} 为原点，引入两条相互垂直的直线，将起始多边形和目标多边形划分为 4 个部分，同时也将起始多边形和目标多边形的节点划分为 4 个部分，各个部分的节点集合分别命名为 Point_{1-1}、Point_{1-2}、Point_{1-3}、Point_{1-4} 和 Point_{2-1}、Point_{2-2}、Point_{2-3}、Point_{2-4}，同时将各个部分的节点集合按多边形逆时针方向重新组织其排列顺序，便于随后按顺序查找对应节点对。

④首先将 Point_{1-1} 和 Point_{2-1}、Point_{1-2} 和 Point_{2-2}、Point_{1-3} 和 Point_{2-3}、Point_{1-4} 和 Point_{2-4} 进行对应；然后将对应区段的线段按照特征线图形内插的方法，完成线段上节点的内插；最后按照逆时针方向连接各个节点，形成初始节点与目标节点一一对应的节点集合。

⑤依据一一对应的起始节点和目标节点的空间位置，内插得到 time 时刻所有节点的空间坐标。

⑥将得到的节点坐标按原来多边形节点顺序组合起来，就可模拟得到 time 时刻的中间图形 G，如图 6.31 所示。

依据多期点云扫描的时间区间，在三维地理环境下设置时间轴，然后通过实时调整时间或自动演示播放，插值获取任意时刻点的特征面空间位置，从而实现特征点三维变形演变的数字仿真。

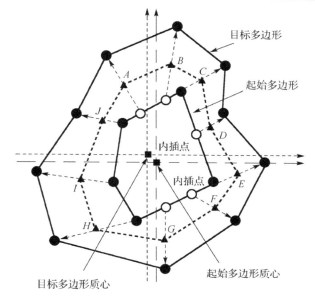

图 6.31　多边形"中间图形"插值生成

4）基于三角网的变形演变

对空间上的离散点集，采用三角化算法（如 Delaunay）进行空间剖分，形成规则化的三角网。点云数据的三角化能有效直观地反映边坡的表面空间情况。而基于三角网的变形演变则可理解为三角网位置、形态和数量在三维空间上的动态变化。假设起始形状为三角网 $W_1(T_1,T_2,\cdots,T_n),n \geqslant 2$；目标形状为三角网 $W_2(R_1,R_2,\cdots,R_n),n \geqslant 2$。那么 time 时刻的几何图形插补生成步骤如下。

①将时间 time 归一化处理，得到归一化后的时间 t：

$$t = (\text{time} - T_1) / (T_2 - T_1) \tag{6.72}$$

②依次求解目标形状上三角节点到初始状态三角网的距离，记录下最短距离所对应的映射点。

③按照步骤②，依次遍历目标三角网上的节点，将得到三角点集 $W_n(I_1,I_2,\cdots,I_n),n \geqslant 2$。

④首先将 R_1 和 I_1、R_2 和 I_2、$\cdots$、R_n 和 I_n 进行一一对应；然后依据一一对应的起始节点和目标节点的空间位置，内插得到 time 时刻所有节点的空间坐标。

⑤将得到的节点坐标按原来三角网节点顺序组合起来就可模拟得到 time 时刻的中间图形 G，如图 6.32 所示。

依据多期点云扫描的时间区间，在三维地理环境下设置时间轴，然后通过实时调整时间或自动演示播放，插值获取任意时刻点的三角网空间位置，从而实现三角网三维变形演变的数字仿真。

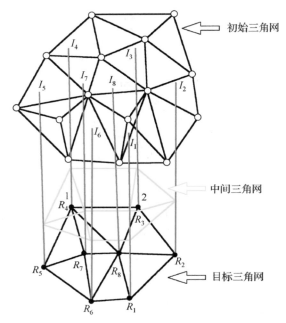

图 6.32　三角网"中间图形"插值生成

6.4　成效及研究方向

6.4.1　成效分析

1. 接触式检测特点及局限性

与非接触式检测方法相比，接触式检测存在着下述难以克服的问题与局限性。

(1)接触式检测方法能够直接量测隧道特定位置、区段的形变情况，但人力、财力成本极高，检测周期较长。

(2)使用接触式方法时，固定检测点的数量受到了限制。若检测点数量过多则工作量增大，并会增加检测周期，不能很好反映出变形情况；若减少检测点的数量则不能反映出变形趋势，使隧道结构的变形荷载分析受到限制。

(3)接触式的检测方法无法使用远程测量手段；此外，隧道内可视度差、空间狭窄、复杂的环境干扰了常规安全检测的进行。

2. 非接触式检测特点及适用性

非接触式检测方法各具特点，主要的相关方法如下。

（1）全站仪测量方法原理简单、观测方便、精度高，但它是单点测量方式，获取的对象检测点少，检测效率较低。

（2）测量机器人系统有速度快、精度高、自动化程度强、方便易用等特性，但测量机器人价格昂贵、体积庞大、安装技术要求高、不便于推广使用；并且它与全站仪测量相似，也是单点测量方式，获取的对象检测点有限。

（3）近景摄影测量技术的设备简单、图像数据获取快捷、图像处理自动化程度高、测量质量高，但该技术方法仍存在着对测量环境要求高、数据后处理复杂且慢、专业性强、操作不方便等问题。

（4）数字图像处理技术进行形变检测的方法具有高精度、可行性、操作简便性及经济性。该方法一般只能检测隧道单个方向上的位移变化量，无法全面检测其位移变化量，并且对精细图像处理的设备与人员要求较高。因此，该方法现阶段应用较少，还未形成系统的检测体系。

（5）三维激光扫描测量技术与上述几种无接触检测方法相比有其独特优势，具体包括：

①与全站仪测量方式相比，三维激光扫描无须设置反射棱镜，在人员难以企及的危险地段优势明显；

②三维激光扫描技术突破了测量机器人系统的单点测量方式，以高密度、高分辨率获取物体的海量点云数据，对目标描述更细致；

③与近景摄影测量技术相比，三维激光扫描测量对环境光线、温度都要求较低，并且数据后处理的自动化程度更高；

④相对于数字图像处理技术只能检测隧道单个方向上的位移变化量，三维激光扫描测量能同时检测隧道各个方向的位移变化量，形变检测信息更全面；

⑤此外，三维激光扫描测量的作业平台更多样化，除地面三维激光扫描方式外，车载或机载三维激光扫描也是可行的形变检测方法，多样化的三维点云采集手段能进一步提高工程检测的效率。

6.4.2　研究方向

综上分析，三维激光扫描技术在形变检测方面具有独特优势，但在仪器设备、观测技术、点云精度及数据处理等方面仍有发展完善的空间。

（1）在仪器设备方面，还有待研制出精度高、性能稳定、便携轻便、价格适宜的三维激光扫描仪。

（2）在观测技术方面，现有的三维激光扫描仪在外业观测时需要较多的人工干预，在一定程度上影响了观测效率。特别是在形变检测时，根据工程需求，往往有频繁地、密集地重复设站情况；人工设站观测方式对检测效率的影响更为明显。因此，提高自动化观测水平是三维激光扫描检测的重要发展方向。

（3）在点云精度方面，现阶段单个点云的绝对精度还不及全站仪的单点测量精度，这也限制了三维激光扫描仪在高精度变形测量领域的发展。提高点云定位精度、促进整体检测精度是未来发展方向之一。

（4）在数据处理方面，点云的配准、去噪、精简、分割及建模处理等还有许多待完善的细节问题，因此，数据处理算法的提升也是三维激光扫描技术的发展重点。

随着激光技术的不断发展，三维激光扫描测量的精度将越来越高，测距范围也将越来越大。它的普及应用将大大降低生产成本，提高工作效率，给形变检测技术带来新的变革。

第7章 安全监测运行监控指标

7.1 概　　述

7.1.1 研究意义

南水北调工程安全监测设施于 2003 年开始安装埋设，其中表面变形测点主要采用人工观测方式，内部观测测点主要采用自动化观测与人工观测相结合的方式，现已积累了丰富的安全监测资料，为基于监测数据的工程安全监控提供了基础。

安全监控指标是对工程的原因量或效应量的数值大小及其变化速率的安全界限所作出的规定，可为判断工程运行性态是否正常或安全提供一种科学判据，帮助工程管理者识别工程所处的安全状态，及时发现工程潜在的不安全迹象，从而采取必要的措施以防患于未然。安全监控指标分为设计安全监控指标和运行安全监控指标。其中，设计安全监控指标是设计单位依据设计条件和规范要求所给出的监控指标，运行监控指标是根据安全监测资料，结合工程运行条件而确定的监控指标。

南水北调中线干线工程各设计单位在首次通水试验前提供了部分效应量的安全监测设计参考值或设计预警值，但不完整，且大多为比较笼统的指标或原则，可操作性不够强，导致在运行过程中缺乏可依据的监控标准，不能适应工程安全监控和预警预报的需要；同时，设计单位在拟定设计参考值或设计预警值时，所采用的边界条件和计算参数是根据设计资料确定的，与工程竣工运行后的实际状况存在一定的差异，有时差异还较大，因此所提供的设计参考值或设计预警值会存在误差，需要根据实际监测资料对设计监控指标进行修正。

南水北调中线干线工程规模宏大，地形、地质及运行条件复杂，高填方、深挖方、膨胀土及高地下水等特殊渠段分布广，部分建筑物结构新颖、形式特殊，工程安全不仅涉及中线工程本身的运行安全，而且涉及沿线地区的公共安全，设计单位提供的安全监测设计参考值或设计预警值还远不能适应工程安全监控和预警预报的需要，因此，开展南水北调中线干线工程安全监测运行监控指标研究工作十分必要，对于实施中线工程在线安全监控和预警预报、保障工程安全和公共安全都具有极其重要的意义。

7.1.2 调水工程安全监控研究现状

调水工程是解决水资源时空分布不均造成部分地区水资源严重短缺问题的根本

途径，国内外都十分重视调水工程的建设，据统计，目前世界上已有40多个国家和地区建成了350余项大型调水工程，其中，我国的南水北调工程、美国的北水南调工程和俄罗斯的东水西调工程并称为世界上三大著名调水工程。

调水工程主要由水源工程、输水工程等部分组成。水源工程通常包括挡水建筑物和取水建筑物等；输水工程通常包括渠道工程、输水隧洞以及渡槽、涵管、倒虹吸和泵站等各类输水建筑物。

目前尚没有专门的调水工程安全监测技术规范。水源工程中的大坝等挡水建筑物一般遵循《混凝土坝安全监测技术规范(SL601)》《混凝土坝安全监测技术规范(DL/T 5178)》或《土石坝安全监测技术规范(SL551)》《土石坝安全监测技术规范(DL/T 5259)》；输水工程则主要遵循《水利水电工程安全监测设计规范(SL725)》和《灌溉与排水工程设计标准(GB50288)》《灌溉与排水渠系建筑物设计规范(SL482)》中对渠道工程及建筑物安全监测的规定；对输水工程中的各建筑物，水闸有专门的《水闸安全监测技术规范(SL768)》可以遵循，隧洞有专门的《水工隧洞安全监测技术规范(SL764)》可以遵循，其他建筑物没有专门的安全监测技术规范，主要遵循各建筑物设计规范中对安全监测的规定。

我国调水工程都在一定程度上布置有变形、渗流及应力应变等安全监测设施，但相对于大坝而言，调水工程安全监测研究和实施的起步均较晚，研究成果还不够丰富。不过，随着一些大型调水工程的投入运行，特别是南水北调工程的投入运行，我国调水工程安全监测已取得了长足的进展。

在安全监测设计方面，对调水工程，各设计单位除按相关规范要求布置了常规监测项目外，还重点研究和总结了南水北调工程高填方变形、深挖方边坡稳定以及膨胀土、高地下水等特殊渠段的安全监测布置。

在监测技术方面，除常规监测手段外，还重点研究了采用柔性测斜仪监测内部水平位移、采用InSAR技术监测大范围表面变形、采用遥感技术监测水质等新型监测方法。

在监测资料分析方面，主要采用比较法、作图法、特征值统计法等常规手段对监测资料进行初步分析，以及对特定的工程问题开展较深入的计算成果与监测成果的印证分析，利用监测资料对工程缺陷和安全隐患进行排查，对工程运行性态进行综合评价，其中对高填方、深挖方、膨胀土等典型渠段和穿黄工程等大型工程以及渡槽、倒虹吸等典型建筑物的监测资料分析成果相对较多。采用监测数学模型对工程安全进行深入研究的成果还较少，其中监测模型主要以监测统计模型为主。

在安全监控方面，较少有实质性的成果。少数论文采用监测数学模型与置信区间相结合的方法开展监控指标研究，还有少量论文涉及工程风险分析、工程预警和应急预案等方面的研究。

总体来看，调水工程安全监测研究还很不深入，还有很多重大的技术问题尚未得到解决，不能满足调水工程安全保障的需要，特别是监控指标研究才刚刚起步，亟待进行深入、系统的研究。

调水工程安全监控指标的研究成果还较少，目前监控指标的研究主要集中在大坝领域。该领域对安全监测的研究起步较早，1991 年 10 月中国水力发电工程学会大坝安全监测专业委员会在浙江宁波召开"大坝安全监控指标学术交流会"，对大坝安全监控指标的研究起到了很好的推动作用，标志着大坝安全监控指标研究进入了新阶段，此后逐步取得较多研究成果。

根据建筑物工作原理和设计规范，采用各种结构分析的方法确定监测效应量的监控指标，是大坝监控指标研究最初的也是最直观的方法。例如，对于混凝土重力坝坝基扬压力，根据设计时坝基渗压系数的取值，推算设计工况或校核工况下的扬压水位理论值，作为运行时坝基扬压力的监控指标；又如，采用结构分析法，特别是有限元分析方法，计算大坝在不同工况下的变形理论值，作为运行时大坝变形监测效应量的监控指标。这种方法可统称为结构分析法，在设计阶段应用较多。设计监控指标也称为设计参考值或设计预警值。对于采用设计规范拟定设计监控指标的情况，拟定监控指标的安全界限需要在规程规范或设计准则上具有明确的规定，如规范规定的不同工况下的抗滑稳定安全系数 K_c、坝基扬压力渗压系数 α 的设计取值等；对于采用结构计算获得设计监控指标的情况，由于设计阶段结构计算的计算模型、计算参数等都与竣工后的实际情况存在差异，导致出现计算误差，使得设计阶段拟定的监控指标并不能适用于工程运行阶段。

当大坝运行一段时间并取得了较长序列的监测资料后，可以利用监测资料建立各类监测数学模型，结合统计学中著名的"3σ 准则"和置信区间法，拟定监测效应量的监控指标。这种方法以监测资料为基础，主要基于监测数学模型能有效描述监测效应量变化规律的特性，其核心为监测数学模型，因此，这种方法可统称为监测模型法(也有文献称其为"置信区间法")，是目前拟定运行期大坝安全监控指标的主要方法，在实际工程中应用较广。监测数学模型既包括反映监测效应量与环境量关系的传统监测统计模型、确定性模型及混合模型，也包括描述监测效应量自身变化规律的时间序列模型、神经网络模型、灰色模型等监测模型。监测数学模型需要具有较长序列的监测资料，监测数据序列应该包含不利于荷载工况下的测值，所建立的监测数学模型应具有较高的质量，能有效反映效应量的变化规律，残差序列应服从正态分布。

早期的单纯的结构分析法其边界条件、计算参数与工程竣工运行后的实际状况存在一定的差异，导致计算得到的设计监控指标很可能并不能反映实际情况。因此，需要根据运行后的实测资料，采用仿真分析和反演分析，对计算参数进行反演，得到更接近于工程实际的计算参数，从而获得更可靠的监控指标。这一方法将监测资料与结构分析结合起来，能充分发挥两者的优势，但工作量较大；同时，结构分析法主要计算特定工况下的效应量理论值，如设计工况、校核工况、最不利荷载组合工况、极限状态等，因而并不适应于常规运行工况下的安全监控。

典型小概率法的理论基础是极值理论，即认为大坝遭遇不利荷载组合工况是一个小概率事件，不利荷载组合工况下的测值属于极值。该方法的具体做法是将监测效应量视为随机变量，每测次的测值被视为一次随机试验的结果，在全测值序列中选择不利荷载组合下的测值组成一个子样本序列，然后分析该子样本序列的概率分布，确定在失事概率 P_a 下的监控指标。因此，典型小概率法只有在工程运行过程经历了不利荷载工况时才能构造小概率意义下的极值子样本序列，才能通过极值子样本序列的概率分布得到极限状态下的监控指标；同时，典型小概率法在概率模型的参数取值上受主观性和经验性因素影响较大，在失事概率的确定上还缺乏明确的依据，这些都会影响监控指标的可靠性。除典型小概率法外，还有一些学者研究了基于 BMM(block maxima method)模型和 POT(peaks over threshold)模型的监控指标拟定方法。这些方法都以极值理论和概率分析为基础，因此也统称为概率分析法。随着现代数学理论和信息技术的发展，一些学者将新理论和新方法引入到大坝监控指标的拟定之中，如基于蒙特卡洛模拟的方法、基于信息熵理论的方法、基于云模型理论的方法等。这些方法总体上仍属于概率分析法范畴。

7.1.3　运行监控指标的研究体系

南水北调中线干线工程渠堤及建筑物结构复杂，布置的变形、渗流和应力监测项目种类多，测点数量多达 9 万余支(个)。这些监测项目和测点对于工程安全而言，其侧重点和重要性是不同的。要实现对工程安全的有效监控，就需要从众多的监测项目和监测测点中筛选出对工程安全起控制作用的重点监控项目和关键监控测点。这是运行监控指标研究需要解决的第一个问题，即重点监控项目和关键监控测点的确定。

工程运行状态从安全运行到出现险情甚至发生破坏是一个渐变的过程。在工程运行过程中，需要确保工程处于安全运行的工作状态，当工程存在安全隐患、隐患发生恶化甚至出现险情时，应能识别和预报这种隐患的恶化和险情的发生。这就要求所拟定的监控指标既能反映工程的不同工作状态，又能识别工程从一种工作状态向另一种工作状态转变的临界点或变异界限。这是运行监控指标研究需要解决的第二个问题，即监控指标的等级划分。

运行监控指标研究需要解决的第三个问题就是监控指标的拟定方法，即重点研究采用什么方法拟定各等级的监控指标。这是一个既涉及工程机理和运行特点，又涉及监测数据序列统计理论的问题。

由此可见，南水北调中线干线工程运行安全监控指标研究体系主要包括三部分：重点监控项目和关键监控测点的确定、监控指标等级的划分和监控指标的拟定方法。

1. 重点监控项目和关键监控测点的确定

1）重点监控项目的确定原则

监测项目在效应量分类上通常分为变形监测、渗流监测和应力应变监测，以及环境量监测和专门（专项）监测；在重要性分类上通常分为主要监测项目（必设监测项目）和一般监测项目（可选监测项目）。

（1）渠道工程。

对填方渠段，应重点关注堤坡的滑坡破坏和渠堤的渗透破坏。其中，滑坡破坏的外在表现主要为表面水平位移、表面垂直位移以及测斜管观测的内部水平位移（倾斜）；渗透破坏则主要表现为渠堤渗流，即布置在渠底及渠堤衬砌底板下、渠底及渠堤改性土层下以及渠堤内的渗压计的实测渗透压力。

对挖方渠段，一级马道以上，重点关注滑坡问题，以变形监测和地下水位监测为主；一级马道以下，重点关注渗流问题，即衬砌底板的稳定，主要以衬砌底板以下的渗透压力（渗压水位）监测为重点。

（2）主要建筑物。

对各类主要建筑物，重点监控项目宜根据具体建筑物的工作原理和作用机理通过综合分析来确定。

①表面变形是对建筑物运行状态最直观和最客观的反映，因此，变形监测项目应作为重点监控项目，主要包括表面垂直位移、表面水平位移等。

②对受渗流影响较大的建筑物，宜将渗流作为重点监控项目，如建筑物基础底部扬压力，倒虹吸、隧洞、涵管等地下建筑物外水压力，边坡地下水位等。

③对混凝土结构，无论是预应力结构还是非预应力结构，均宜将钢筋应力作为重点监控项目。

④内部变形（内部水平位移、内部垂直位移）、混凝土应力应变、混凝土温度、土压力等一般不作为重点监控项目。

2）关键监控测点的确定原则

关键监控测点的选择，应主要从两个方面来考虑：一是基于测点布置，二是基于观测成果。测点布置重点考察测点所在部位对工程整体安全的重要性，观测成果重点考察测点部位的当前运行性态。

①根据测点布置位置在建筑物安全控制中的重要性，考虑建筑物的结构特点、地质条件、运行要求等因素以及监测测点布置情况等，合理选择对建筑物安全具有控制意义的监测测点作为关键性监控测点。

②根据测点布置的位置，基于测点之间的关联性和建筑物的整体安全性，选择具有关联性的测点群作为关键性监控测点。

③根据监测成果的测值可靠性和监测仪器的运行可靠性，选择监测仪器当前工

作状态正常或基本正常、观测成果可靠、规律性较好、测值变幅较大或趋势性变化较大的测点作为关键性监控测点；对因各种原因已停测的测点，或经检测已失效或当前工作状态不正常的测点，或经确认其测值不可靠的测点，不作为关键监控测点。

④根据观测成果的分析，选择观测成果显示工程存在安全隐患的部位上的测点作为关键性监控测点。

2. 监控指标的等级划分

监测效应量的监控指标，是对工程的原因量或效应量的数值大小及其变化速率的安全界限所作出的规定，是评判工程安全运行状态的一种科学依据，也是工程从一种工作状态向另一种工作状态转变的一种判断指标。

从工程破坏机理来看，无论是渠道工程的破坏，还是各类主要建筑物的破坏，都是一个渐进的破坏过程。在运行过程中，工程的工作状态一般可划分为正常工作状态、异常工作状态和险情工作状态三类。其中，从一种工作状态向另一种工作状态转变的临界点属于安全监控的关键性节点，也是需要拟定监控指标的工作状态节点。

从工程安全监测来看，一般认为监测效应量的数据序列基本服从正态分布或近似服从正态分布。从统计学的角度来看，效应量测值 y 落在 $(\mu-3\sigma, \mu+3\sigma)$ 区间的概率为 99.73%（μ 为测值序列的均值，σ 为测值序列的标准差），落在 $(\mu-2\sigma, \mu+2\sigma)$ 区间的概率为 95.45%，因此，一旦测值 y 出现在 $(\mu-3\sigma, \mu+3\sigma)$ 以外，就有理由认为 y 是一个不应该出现的小概率事件；一旦测值 y 出现在 $(\mu-2\sigma, \mu+2\sigma)$ 以外，就有理由认为 y 是一个存在一定异常的测值，这就是统计学中的著名 "3σ 准则"。"3σ 准则" 也为监控指标的分级提供了一种依据。

根据以上分析，基于工程破坏机理和统计学理论，工程工作状态的转变主要有两个临界控制点。根据这两个临界点，可以把监控指标划分为 "一般警戒值" 和 "严重警戒值" 两个等级。

第一临界点为工程工作状态从正常工作状态向异常工作状态变异的临界点，该临界点对应的测值可以定义为监控指标的 "一般警戒值"。效应量达到或越过 "一般警戒值" 时，预示着工程的运行性态出现了异常，正在向不利于工程安全的方向发展，但尚不会导致工程出现严重的安全问题。"一般警戒值" 的作用主要是在工程运行性态出现异常迹象时发出的一种提醒，提醒工程管理者给予足够的重视，必要时应采取适当的措施降低工程的安全风险，改善工程的运行性态。

第二临界点为工程工作状态从异常工作状态向险情工作状态变异时的界限值，该临界点对应的测值可以定义为监控指标的 "严重警戒值"。效应量达到或越过 "严重警戒值" 时，表明工程的运行性态已进入了不安全的险情状态，工程的失事概率或破坏风险急剧增大。"严重警戒值" 的作用是在工程运行性态进入险情状态时发出一种明确的具有紧迫性的警告，要求工程管理者立即或尽快采取适当的措施对工程的安全风险进行处置。

3. 监控指标的拟定方法

监测效应量测值既是一种具有统计学特点的时间序列，又是与环境量、地基条件和结构形式等因素有关的效应量，因此，运行安全监控指标的拟定，应综合考虑监测成果、运行工况和结构计算等因素，一般可以从以下途径来拟定。

(1)根据专家知识和工程经验，确定若干定性准则，这种方法称为准则法或定性监控指标。准则法拟定的监控指标通常不是具体数字而是若干准则，它是工程安全评判的基本方法之一。准则法不仅可以从单个测点实测资料的数值大小和趋势变化来分析工程运行状态，还可以将多个测点、多种效应量的监测资料融合起来综合分析工程安全。

(2)从工程的稳定、强度工作原理出发，基于物理力学原理的结构计算分析，必要时结合监测资料，并考虑工程的实际运行情况，拟定监控指标，这种方法称为结构分析法。结构分析法以物理力学意义上的稳定或强度安全条件为理论基础，采用结构计算或数值模拟等手段，确定结构在特定运行工况下效应量的"理论计算值"，并以此作为相应工况下效应量的监控指标。结构分析法力学概念明确，主要针对工程的极限状态，如最不利荷载组合工况、正常使用极限状态工况、承载能力极限状态工况、设计工况、校核工况等，因此更适合于运行状态的监控。

(3)利用历史实测资料，通过建立监测数学模型，结合统计学中的小概率事件原理，拟定监控指标，这种方法称为数学模型法。监测数学模型表达了监测效应量自身随时间而变化的规律或与各环境变量之间的定量相关关系，前者主要有传统的监测统计模型、确定性模型和混合模型，后者主要有时间序列模型、神经网络模型、灰色模型等监测模型。当建模时段内工程运行状态正常时，数学模型所表达的是一种正常状态下的变化规律，它可以作为新的测值是否正常的一种衡量指标。由于数学模型涵盖了效应量与环境因素在相当大范围内变化时的关系，因此监测模型法更适合于日常工作条件下的监控。

(4)基于概率论原理，将监测效应量视为独立的随机变量，将测值序列视为具有统计理论特点的时间序列，结合样本的概率分布和工程的失效概率等概念，拟定监控指标，这种方法称为概率分析法，主要有典型小概率法、POT模型法、最大熵法、云模型法等。概率分析法的关键点在于，一是以极值理论为基础，采用按一定规则给定的阈值作为筛选准则，由所有超阈值测值构成子样本序列，并确定其概率分析；二是失效概率，即特定工况下工程失事或结构破坏的概率，但这种概率目前还缺乏公认的标准。概率分析法也属于运行状态监控。

在监控指标拟定时，对于具有明确物理力学意义和安全界限的监测效应量，宜优先采用结构分析法拟定监控指标；当结构分析法不适用或存在困难时，则采用监测统计模型法拟定监控指标；对概率分析法，目前还有一些问题尚待进一步研究，因此主要作为其他拟定方法的一种补充。

7.2　基于结构分析法的监控指标拟定

7.2.1　基本理论和方法

结构分析法的理论基础为：工程失事是一个渐进的破坏过程，通过结构计算分析可以确定工程在不同运行状态或荷载工况下的效应量值。

设工程(包括各类渠道工程和各类建筑物)在不同运行状态或荷载工况下的功能函数为

$$Z = g(y_0, y_i) \tag{7.1}$$

式中，y_0 为某种运行状态或荷载工况下采用结构分析法得到的效应量计算值，y_i 为与结构分析法对应的运行状态或荷载工况下的效应量实测值。

对式(7.1)，将实测值 y_i 与计算值 y_0 进行比较即可判断工程安全状态。若 $Z > 0$，则 $y_i < y_0$，表示在该运行状态或荷载工况下工程是安全的；若 $Z = 0$，则 $y_i = y_0$，表示在该运行状态或荷载工况下工程处于极限状态(临界状态)；若 $Z < 0$，则 $y_0 < y_i$，表示在该运行状态或荷载工况下工程是不安全的。

1)计算值 y_0 的确定方法

利用结构分析法确定效应量计算值 y_0，分为单纯结构计算的结构分析法和结构计算与监测资料相结合的结构分析法。

单纯结构计算的结构分析法，是采用规范规定的理论计算方法或数值模拟方法(如有限元计算等)，通过对工程及其基础的物理力学特性和本构关系的分析，模拟工程的真实受力状态，得到特定运行状态或荷载工况下的效应量计算值 y_0。

结构计算与监测资料相结合的结构分析法，是利用监测资料对工程的物理力学参数进行反演分析，再根据反演得到的新的参数进行效应量的结果计算，从而得到特定运行状态或荷载工况下的效应量计算值 y_0。

2)监控指标的确定方法

(1)一般警戒值和严重警戒值的确定。

一般警戒值 $[y_1]$ 对应于工程(包括各类渠道工程和各类建筑物)从正常工作状态向异常工作状态转化时的效应量界限值，因此，在确定 $[y_1]$ 时，应采用从正常工作状态向异常工作状态转化时的功能函数，如各类渠道工程和各类建筑物从弹性变形阶段向屈服变形阶段转变的工作状态下的功能函数。

严重警戒值$[y_2]$对应于工程(包括各类渠道工程和各类建筑物)从异常工作状态向险情工作状态转化时的效应量界限值,因此,在确定$[y_2]$时,应采用从异常工作状态向险情工作状态转化时的功能函数,如各类渠道工程和各类建筑物从屈服变形阶段向破坏变形阶段转变的工作状态下的功能函数。

(2)特定条件下的监控指标。

除确定一般警戒值$[y_1]$和严重警戒值$[y_2]$两级监控指标外,还可以通过结构分析法确定特定条件(特定运行状态或荷载工况)下的监控指标,即将特定条件下的实测值与结构计算值进行对比,从而判断各类渠道工程和各类建筑物的工作状态是否正常、安全。

采用结构分析法拟定监控指标适用于以下情况:

①相应的规程规范给出了明确的物理力学意义和安全界限,如不同工况下的安全系数,根据相应的稳定条件和强度条件,按结构分析法计算出效应量的相应监控指标;

②根据充分的工程经验或专家知识,结合设计计算成果,确定虽不严格但较为可信的监控指标。

7.2.2　工程实例

以南水北调中线干线工程挖方渠段渠堤渗流监测项目为例,采用结构分析法拟定其监控指标。

1. 挖方渠段渗流监控指标拟定方法

根据挖方渠段各渗压计布置的目的、布置位置的结构受力状况和结构稳定作用机理,将各渗压计的布置位置划分为三大类(图7.1):

(1)布置在一级马道以下部位衬砌底板下的渗压计(如图7.1中的①和②),这部分渗压计的监测目的主要是监测衬砌底板的稳定性及防渗设施的防渗效果;

(2)布置在一级马道以下部位改性土层下的渗压计(如图7.1中的③和④),这部分渗压计的监测目的主要是监测改性土层的稳定性;

(3)布置在一级马道及以上边坡内的渗压计(如图7.1中的⑤),这部分渗压计主要监测边坡地下水位的状况及其对边坡稳定性的影响。

根据南水北调中线干线渠道工程设计的技术规定,对混凝土衬砌底板,在正常运行期,在基本荷载组合下,其抗浮稳定安全系数为1.10。在拟定各渗压计实测渗压水位监控指标时,以允许安全系数$K_f = 1.1$进行抗浮验算得到的监控指标为"一般警戒值",以安全系数$K_f = 1.0$进行抗浮验算得到的监控指标为"严重警戒值"。

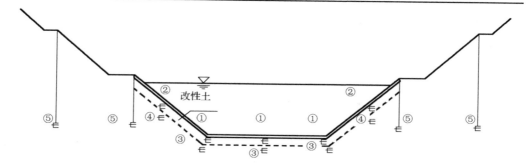

①渠底衬砌板下渗压计　②渠坡衬砌板下渗压计
③渠底改性土层下渗压计④渠坡改性土层下渗压计
⑤一级马道及以上边坡渗压计

图 7.1　挖方渠段各部位渗压计布置示意图

1) 一级马道以下部位衬砌底板下埋设的渗压计

包括埋设在渠底衬砌底板下和渠坡衬砌底板下的渗压计,其实测渗压水位监控指标的确定原则为:渠道衬砌底板不发生浮起破坏。衬砌底板的抗浮结构计算简图如图 7.2 所示。

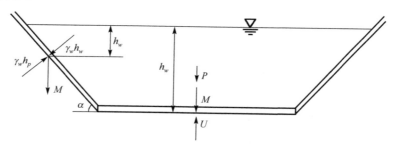

图 7.2　挖方渠段渠底及渠坡衬砌底板抗浮计算简图

渠底衬砌底板抗浮稳定验算式为

$$K = \frac{W - F}{U - P} = \frac{(\gamma_c - \gamma_w)h_c}{(h_p - h_w)\gamma_w} \geqslant K_f \tag{7.2}$$

渗压计实测渗压水位 H_x 与相应渠道水位 H_q 之间的差值 ΔH 应满足:

$$\Delta H = H_x - H_q = h_p - h_w \leqslant \frac{(\gamma_c - \gamma_w)h_c}{K_f\gamma_w} \tag{7.3}$$

渠坡衬砌底板抗浮稳定验算式为

$$K = \frac{(W - F)\cos\alpha}{U - P} = \frac{(\gamma_c - \gamma_w)h_c\cos\alpha}{(h_p - h_w)\gamma_w} \geqslant K_f \tag{7.4}$$

渗压计实测渗压水位 H_x 与相应渠道水位 H_q 之间的差值 ΔH 应满足:

$$\Delta H = H_x - H_q = h_p - h_w \leqslant \frac{(\gamma_c - \gamma_w)h_c \cos\alpha}{K_f \gamma_w} \tag{7.5}$$

式中，K 为安全系数；W 为衬砌底板自重，$W = \gamma_c h_c$；F 为衬砌底板受到的内水浮力，$F = \gamma_w h_c$；U 为衬砌底板底部扬压力，$U = \gamma_w h_p$；P 为水重，$P = \gamma_w h_w$；γ_c 为 C20 混凝土容重，24kN/m³；γ_w 为水的容重，9.8kN/m³；h_c 为混凝土衬砌板厚度，渠底衬砌板为 8cm；h_p 为由渗压计实测渗压水位换算得到的渗压水头，单位为 m；h_w 为渠道内水深，单位为 m；K_f 为允许安全系数，设计工况取为 1.1，校核工况取为 1.05；H_x 为渗压计实测渗压水位，$H_x = H_0 + h_p$；H_q 为渠道水位，$H_q = H_0 + h_w$；H_0 为渗压计埋设高程，单位为 m。

在渠道正常运行期，分别取允许安全系数 $K_f = 1.1$ 和 $K_f = 1.0$，按式 (7.2) 和式 (7.4) 计算得到渠底衬砌底板下渗压计和渠坡衬砌底板下渗压计实测渗压水位 H_x 与渠道水位 H_q 之差 ΔH 应满足的关系式，得到监控指标如下。

(1) 渠底衬砌底板下渗压计：确定"一般警戒值"为渗压计实测渗压水位 H_x 与相应的渠道水位 H_q 之差大于 0.105m，即当 $H_x - H_q > 0.105$m 时，做出"一般警戒"；确定"严重警戒值"为渗压计实测渗压水位 H_x 与相应的渠道水位 H_q 之差大于 0.116m，即当 $H_x - H_q > 0.116$m 时，做出"严重警戒"。

(2) 渠坡衬砌底板下渗压计：确定"一般警戒值"为渗压计实测渗压水位 H_x 与相应的渠道水位 H_q 之差大于 $H_x - H_q > 0.132\cos\alpha$（m），即当 $H_x - H_q > 0.132\cos\alpha$（m）时，做出"一般警戒"；确定"严重警戒值"为渗压计实测渗压水位 H_x 与相应的渠道水位 H_q 之差大于 $0.145\cos\alpha$（m），即当 $H_x - H_q > 0.145\cos\alpha$（m）时，做出"严重警戒"。

2) 一级马道以下部位改性土层下埋设的渗压计

包括埋设在渠底下部改性土层下、渠坡改性土层下的渗压计，其实测渗压水位监控指标的确定原则为：改性土层不发生浮起破坏。

渠底改性土抗浮稳定验算式为

$$K = \frac{W + F}{U - P} = \frac{(\gamma_s - \gamma_w)T_s + (\gamma_c - \gamma_w)h_c}{(h_p - h_w - T_s)\gamma_w} \geqslant K_f \tag{7.6}$$

渗压计实测渗压水位 H_x 与相应渠道水位 H_q 之间的差值 ΔH 应满足：

$$\Delta H = H_x - H_q = h_p - h_w - T_s \leqslant \frac{(\gamma_c - \gamma_w)h_c + (\gamma_s - \gamma_w)T_s}{K_f \gamma_w} \tag{7.7}$$

渠坡改性土抗浮稳定验算式为

$$K = \frac{(W + F)\cos\alpha}{U - P} = \frac{(\gamma_s - \gamma_w)T_s + (\gamma_c - \gamma_w)h_c}{(h_p - h_w - T_s)\gamma_w}\cos\alpha \geqslant K_f \tag{7.8}$$

渗压计实测渗压水位 H_x 与相应渠道水位 H_q 之间的差值 ΔH 应满足：

$$\Delta H = H_x - H_q \leqslant \frac{(\gamma_c - \gamma_w)h_c + (\gamma_s - \gamma_w)T_s}{K_f \gamma_w} \cos\alpha \tag{7.9}$$

式中，K 为安全系数；W 为改性土自重，$W = (\gamma_s - \gamma_w)T_s$；$F$ 为衬砌底板对改性土的压力，$F = (\gamma_c - \gamma_w)h_c$；$U$ 为扬压力，$U = \gamma_w h_p$；P 为水重，$P = (h_w + T_s)\gamma_w$；γ_c 为 C20 混凝土容重，24kN/m^3；γ_w 为水的容重，9.8kN/m^3；h_c 为混凝土衬砌板厚度，渠底衬砌板为 8cm；T_s 为改性土层厚度，单位为 m；γ_s 为改性土容重，取 19.6kN/m^3；h_p 为渗压计压力水头，单位为 m；h_w 为渠道内水深，单位为 m；K_f 为允许安全系数，设计工况取为 1.1，校核工况取为 1.05；H_x 为渗压计实测渗压水位，$H_x = H_0 + h_p$；H_q 为渠道水位，$H_q = H_0 + h_w + T_s$；H_0 为渗压计埋设高程，单位为 m。

在渠道正常运行期，分别取允许安全系数 $K_f = 1.1$ 和 $K_f = 1.0$，按式(7.6)和式(7.8)计算得到渠底改性土层下渗压计和渠坡改性土层下渗压计实测渗压水位 H_x 与渠道水位 H_q 之差 ΔH 应满足的关系式，得到监控指标如下。

(1)渠底改性土层下的渗压计：确定"一般警戒值"为渗压计实测渗压水位 H_x 与相应的渠道水位 H_q 之差大于 $0.105 + 0.909T_s$ (m)，即当 $H_x - H_q > 0.105 + 0.909T_s$ (m)，做出"一般警戒"；确定"严重警戒值"为渗压计实测渗压水位 H_x 与相应的渠道水位 H_q 之差大于 $0.116 + 1.0T_s$ (m)，即当 $H_x - H_q > 0.116 + 1.0T_s$ (m)时，做出"严重警戒"。

(2)渠坡改性土层下的渗压计：确定"一般警戒值"为渗压计实测渗压水位 H_x 与相应的渠道水位 H_q 之差大于 $(0.132 + 0.909T_s)\cos\alpha$ (m)，即当 $H_x - H_q > (0.132 + 0.909T_s)\cos\alpha$ (m)时，做出"一般警戒"；确定"严重警戒值"为渗压计实测渗压水位 H_x 与相应的渠道水位 H_q 之差大于 $(0.145 + 1.0T_s)\cos\alpha$ (m)，即当 $H_x - H_q > (0.145 + 1.0T_s)\cos\alpha$ (m)时，做出"严重警戒"。

3) 一级马道及以上边坡内的渗压计

挖方渠段形成的边坡一般都会采取排水措施以降低边坡地下水位。一旦排水措施失效，就会抬高边坡内的地下水位和边坡浸润线及逸出点的高度，严重时将导致边坡失稳。因此，一级马道以上各渗压计实测渗压水位监控指标的确定原则为：边坡地下水位的高度不引起边坡发生失稳破坏。

一级马道以上各渗压计实测渗压水位监控指标的具体拟定方法为：结合边坡的地质条件和排水设施等因素，根据相应规范对边坡稳定性的要求，按边坡排水设施失效的情况，采用结构分析法计算分析地下水位对边坡稳定性的影响，从而对挖方渠段边坡地下水位进行计算分析和预测，然后依据结构分析所得到的渠道边坡浸润线和逸出点，确定相应的渗压计实测渗压水位监控指标。其中，以边坡稳定安全系数 K 为规范允许的最低安全系数时对应的渗压计埋设部位地下水位为"一般警戒值"，以边坡稳定安全系数 $K=1$ 时对应的渗压计埋设部位地下水位为"严重警戒值"。

2. 邓州管理处挖方渠段 11+990 监测断面渗流监控指标拟定

下面以渠首分局邓州管理处挖方渠段 11+990 监测断面为例，拟定该断面各渗压计实测渗压水位监控指标。

邓州管理处 11+990 监测断面共布置了 9 支渗压计，其中，渠底衬砌底板下布置 2 支(P01DM9、P02DM9)，渠底下部改性土下布置 1 支(P03DM9)，渠坡衬砌底板下布置 2 支(P04DM9、P05DM9)，左侧一级马道及以外边坡内布置 2 支(P06DM9、P08DM9)，右侧一级马道及以外边坡内布置 2 支(P07DM9、P09DM9)。各渗压计布置情况如图 7.3 所示。

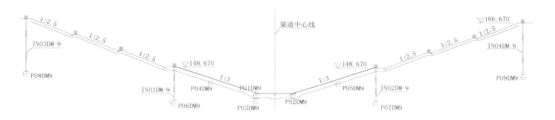

图 7.3　邓州管理处 11+990 监测断面渗压计

依据挖方渠段渗流监控指标拟定原则，拟定邓州管理处 11+990 监测断面各渗压计实测渗压水位监控指标的"一般警戒值"和"严重警戒值"，如表 7.1 所示，表中 H_x 为实测渗压水位，H_q 为相应的渠道水位。

表 7.1　深挖方渠段渗压计和测压管实测渗压水位监控指标一览表

断面桩号	测点编号	埋设部位	一般警戒值	严重警戒值
11+990	P01DM9	渠底衬砌板下	$H_x - H_q > 0.105\text{m}$	$H_x - H_q > 0.116\text{m}$
	P02DM9	渠底衬砌板下	$H_x - H_q > 0.105\text{m}$	$H_x - H_q > 0.116\text{m}$
	P03DM9	渠底改性土下	/	/
	P04DM9	左岸渠坡衬砌板下	$H_x - H_q > 1.853\text{m}$	$H_x - H_q > 2.038\text{m}$
	P05DM9	右岸渠坡衬砌板下	/	/
	P06DM9	左岸一级马道测斜管底部	$H_x > H_q$	$H_x > 148.67\text{m}$
	P07DM9	右岸一级马道测斜管底部	$H_x > H_q$	$H_x > 148.67\text{m}$
	P08DM9	左坡顶测斜管底部	$H_x > 166.10\text{m}$	$H_x > 168.10\text{m}$
	P09DM9	右坡顶测斜管底部	$H_x > 166.10\text{m}$	$H_x > 168.10\text{m}$

7.3　基于监测模型法的监控指标拟定

7.3.1　基本理论和方法

监测数学模型是针对监测效应量测值而建立起来的、具有一定形式和构造的、用以反映效应量监测值定量变化规律的数学表达式。监测模型法的理论基础，一是监测数学模型能表达监测效应量与环境变量之间在相当大的范围内变化时的定量关系；二是统计学理论中的小概率原理。传统的监测数学模型包括监测统计模型、监测确定性模型和监测混合模型，其中，监测统计模型因其建模方法比较简单而应用广泛。除传统的统计模型、确定性模型和混合模型外，其他的监测模型如时间序列模型、灰色系统模型、神经网络模型等均可作为建立监控指标的监测模型。

采用数学模型法拟定监控指标时，其通式可表达为

$$[y] = f(X_1, X_2, \cdots, X_n) \pm \delta \tag{7.10}$$

或写为

$$[y]^+ = f(X_1, X_2, \cdots, X_n) + \delta$$
$$[y]^- = f(X_1, X_2, \cdots, X_n) - \delta \tag{7.11}$$

式中，$\hat{y} = f(X_1, X_2, \cdots, X_n)$ 为监测数学模型；$[y]$ 为监测效应量 y 的监控指标界限值，$[y]^+$ 为上界，$[y]^-$ 为下界；δ 为置信带半宽。

当监测效应量 y 的第 i 次测值 $y_i \in [[y]^-, [y]^+]$ 时，认为 y_i 测值正常。

置信带半宽 δ 取为 KS，2 倍 KS（$+KS$ 与 $-KS$）组成整个置信带。S 为监测模型剩余标准差，K 为根据统计理论确定的系数。

根据统计学中著名的"$3S$ 准则"，正态随机变量实测值 y_i 与其数学期望值（用它的估计值即模型拟合值 $\hat{y}_i$ 来表示）之间的偏差（$y_i - \hat{y}_i$）出现大于 $2S$ 的概率为 4.5%，出现大于 $3S$ 的概率只有 0.3%。也就是说，当出现 $|y_i - \hat{y}_i| > 2S$ 或 $|y_i - \hat{y}_i| > 3S$ 时，有理由认为 y_i 是一个不应该出现的小概率事件，属于异常测值。因此，在监控模型 $[y] = f(X_1, X_2, \cdots, X_n) \pm KS$ 中，当取 $K = 2$ 时，所确定的监控指标为工程从正常工作状态向异常工作状态转化时的效应量界限值，即"一般警戒值"；当取 $K = 3$ 时，所确定的监控指标为工程从异常工作状态向险情工作状态转化时的效应量界限值，即"严重警戒值"。

本节采用的是监测统计模型作为建立监控指标的监测模型。采用统计模型拟定监控指标时，在建立统计模型前，应先对监测成果进行可靠性检验，确认监测成果能有效反映监测效应量的实际情况，排除粗差及系统误差；在建立统计模型后，应对建模质量进行检验，主要是分析复相关系数 R、剩余标准差 S 以及检验残差是否服从正态分布。

监测统计模型属于经验性模型，据此拟定监控指标时，需要满足以下基本条件：

①具有较长的测值序列，按统计学原理，样本个数必须大于建模预置因子个数的 3 倍；

②具有建模所需要的完整的环境量序列，包括测点处的渠道水位、测点所在区域的气温、测点所在区域的降雨等；

③历史测值序列对应的环境量应涵盖工程绝大部分可能不利荷载组合，即建模样本应取得了绝大部分不利荷载组合条件下的测值。

监测统计模型是一种根据已取得的监测资料、以环境量作为自变量、以监测效应量作为因变量、利用统计理论而建立起来的、定量描述效应量与环境量之间统计关系的数学方程。统计模型以历史实测数据为基础，因此本质上是一种经验模型。

设影响监测效应量(因变量) y 的环境量因素(自变量)为 x_i $(i=1,2,\cdots,n)$，则监测统计模型的通式可表示为

$$\hat{y}(t) = f(x_1, x_2, \cdots, x_n) \tag{7.12}$$

复相关系数 R 和剩余标准差 S 是衡量统计模型质量的两个常用指标，按式(7.13)和式(7.14)计算。复相关系数 $0 \leqslant R \leqslant 1$。$R$ 越大，说明效应量 $y(t)$ 与入选因子群 x_i $(i=1,2,\cdots,k,\ k \leqslant n)$ 之间的相关程度越密切，回归方程的质量越高。剩余标准差 S 越小，说明回归方程的精度越高，回归方程的质量越好；同时，由于 S 中含有观测误差成分，因此 S 还是监测效应量观测精度的一种间接反映。

$$R = \sqrt{\sum_{t=1}^{m}[\hat{y}(t) - \overline{y}]^2 \Big/ \sum_{t=1}^{m}[y(t) - \overline{y}]^2} \tag{7.13}$$

$$S = \sqrt{\sum_{t=1}^{m}[y(t) - \hat{y}(t)]^2 \Big/ (m - k - 1)} \tag{7.14}$$

式中，$\hat{y}(t)$ 为监测效应量 $y(t)$ 在时刻 t 的统计估计值，$\overline{y}$ 为效应量 $y(t)$ 的平均值。

根据监控模型 $[y] = f(X_1, X_2, \cdots, X_n) \pm KS$，当取 $K = 2$ 时，所确定的监控指标为工程从正常工作状态向异常工作状态转化时的效应量界限值，即"一般警戒值"；当取 $K = 3$ 时，所确定的监控指标为工程从异常工作状态向险情工作状态转化时的效应量界限值，即"严重警戒值"。

作为拟定监控指标的监测模型需要具有较高的建模质量，通常要求监控模型的复相关系数 R 较大(如 $R > 0.8$)，残差 ε_i $(\varepsilon_i = y_i - \hat{y}_i)$ 序列服从正态分布。

已有的研究表明，当监测数学模型建模质量良好时，效应量测值序列中的规律性应已经充分被提取，效应量实测值 y_i 与拟合值 $\hat{y}_i$ 之间的残差 ε_i 应服从或近似服从正态分布。如残差 ε_i 序列不服从正态分布，则表明模型的预置因子不充分，未能涵盖测值序列中的规律性，导致测值序列中还有规律性未被充分提取而留存在残差序

列中，致使残差序列不服从正态分布。此时，需要进一步分析模型的预置因子形式，改进和优化监测数学模型。

7.3.2　工程实例

以南水北调中线干线工程渠堤表面变形监测项目为例，采用监测统计模型法拟定其监控指标。

1. 渠堤表面变形统计模型

渠堤表面变形包括表面垂直位移和表面水平位移，其监测统计模型的一般表达式可表示为

$$\hat{y}(t) = \hat{y}_H(t) + \hat{y}_T(t) + \hat{y}_\theta(t) \tag{7.15}$$

式中，$\hat{y}(t)$ 为渠堤变形 y 在时刻 t 的统计估计值；$\hat{y}_H(t)$ 为 $\hat{y}(t)$ 的水压分量；$\hat{y}_T(t)$ 为 $\hat{y}(t)$ 的温度分量；$\hat{y}_\theta(t)$ 为 $\hat{y}(t)$ 的时效分量。

1) 水压分量的构成形式

渠道水压对渠道变形的影响主要包括渠道水位对渠堤产生的水平水压力所引起的渠堤变形和作用在渠堤堤坡及渠底的水重所引起的渠堤变形。

其中，总水平水压力荷载 $F_1 = \gamma H^2 / 2$，水重荷载 $F_2 = \gamma H$，则渠道水位引起的渠堤土体内任一点的应力可表示为

$$\sigma = f(F_1, F_2) = f(H, H^2) \tag{7.16}$$

对弹性体，应力应变关系可表示为 $\sigma = E\varepsilon$。但渠堤土体不是弹性体，弹性模量 E 不是定值，因此可将应力应变关系表示为

$$\varepsilon = f(\sigma) = f(H, H^2) \tag{7.17}$$

渠堤表面变形 u 为渠堤应变 ε 的累积，因此可表示为

$$u = \int \varepsilon \mathrm{d}s = f(H, H^2) \tag{7.18}$$

根据以上分析可知，渠堤工程表面变形的水压分量 $\hat{y}_H(t)$ 可表示为

$$\hat{y}_H(t) = f(H, H^2) \tag{7.19}$$

考虑到土体应力应变的非线性因素，以及其他不确定因素的影响，可将水压因子扩展至 H^3，则渠堤工程表面变形的水压分量 $\hat{y}_H(t)$ 可表示为

$$\hat{y}_H(t) = f(H, H^2, H^3) = a_0 + \sum_{i=1}^{3} a_i H^i(t) \tag{7.20}$$

2) 温度分量的构成形式

渠堤表面变形的温度分量主要取决于土体温度场的变化，而土体温度场的变化

主要取决于气温的变化。因此，在没有渠堤温度监测资料的情况下，可以采用气温变化来间接地描述土体温度场的变化。由于土体温度变化对气温变化存在滞后效应，因而气温变化对渠堤表面变形的影响也存在滞后效应。为此，可采用渠堤表面变形观测日前期若干天气温的平均值作为温度因子。此时温度分量的构成形式可表示为

$$\hat{y}_T(t) = b_0 + \sum_{i=1}^{m} b_i T_{i(s-e)}(t) \tag{7.21}$$

式中，$T_{i(s-e)}(t)$ 为第 i 个温度因子，系观测日 (t) 前第 s 天～第 e 天气温的平均值；m 为温度因子个数；b_0 为回归常数，b_i 为回归系数，均由回归分析确定；s、e 和 m 的确定，需要结合具体情况，经论证而定。

3) 时效分量的构成形式

时效分量是一种随时间推移而朝某一方向发展的不可逆分量。渠堤表面变形的时效分量，除土体的蠕变外，对填方渠段主要表现为土体的固结作用，对挖方渠段主要表现为开挖卸载作用。

土体蠕变变形 ε_θ 与时间的函数关系大致可采用以下形式表示：

$$\varepsilon_\theta = \left(\frac{C_1}{C_2 + t} \right)^n ; \quad \varepsilon_\theta = 1 + K \ln \frac{t+C}{C} ; \quad \varepsilon_\theta = \sum_{i=0}^{n} C_i \theta ; \quad \varepsilon_\theta = G(1 - e^{-t/C})$$

土体固结变形与时间的函数关系大致可采用以下形式表示：

$$\varepsilon_\theta = C_1 t + C_2 \ln t ; \quad \varepsilon_\theta = \frac{t}{C_1 t + C_2} ; \quad \varepsilon_\theta = \sum_{i=0}^{n} C_i t ; \quad \varepsilon_\theta = C_1 e^{-t}$$

式中，ε_θ 为土体蠕变引起的时效变形（时效分量），C_1、C_2、K、G 为系数，t 为与固结时间有关的变量。

因开挖卸载作用而导致的渠堤表面变形量与时间的关系式主要表现为双曲线函数关系。

综合以上分析，并参照现有的土石坝表面变形时效因子研究成果，将土体蠕变、固结作用以及卸载作用引起的时效分量因子归纳为如下 6 种基本形式：

$$I_1 = \ln(t_1 + 1), \quad I_2 = 1 - e^{-t_1}, \quad I_3 = t_1 / (t_1 + 1), \quad I_4 = t_1, \quad I_5 = t_1^{-0.5}, \quad I_6 = 1 / (1 + e^{-t_1})$$

t_1 为相对于基准日期的时间计算参数，一般取 $t_1 =$（观测日序号−基准日序号）/365。

时效分量的构成形式可表示为

$$\hat{y}_\theta(t) = c_0 + \sum_{i=1}^{p} c_i I_i(t) \tag{7.22}$$

式中，$\hat{y}_\theta(t)$ 为 t 时刻的时效统计分量；c_0 为回归常数，c_i 为回归系数，均由回归分析确定；p 为所选择的时效因子个数，可取 $p = 1 \sim 6$。

4）统计模型表达式

综上所述，渠堤表面变形（表面水平位移、表面垂直位移）统计模型表达式为

$$\hat{y}(t) = \hat{y}_H(t) + \hat{y}_T(t) + \hat{y}_\theta(t) = a_0 + \sum_{i=1}^{3} a_i H^i(t) + \sum_{i=1}^{m} b_i T_{i(s-e)}(t) + \sum_{i=1}^{p} c_i I_i(t) \quad (7.23)$$

根据式（7.23），利用监测资料，采用逐步回归分析法即可建立渠堤表面变形测点监测统计模型。

2. 叶县管理处渠堤表面垂直位移监控指标的拟定

叶县管理处辖区位于河南省平顶山市叶县境内，全长 30.266km。辖区内渠堤包括挖方渠段、填方渠段、半填半挖渠段以及膨胀土渠段、高地下水渠段等。其中，全挖方渠段累计长 12.466km，最大挖深约 33m；全填方渠段累计长 4.931km，最大填高约 16m；半挖半填断面累计长 11.659km；高填方渠段（填高≥6m）累计长 8.473km，低填方渠段（填高＜6m）累计长 8.116km。

本节以高填方渠段 K197+400、K210+940 监测断面和深挖方 K186+860、K193+000 监测断面为例，采用监测统计模型法，拟定其表面垂直位移监控指标。其中，K197+400 监测断面共布置了 4 个测点（BM01QD-05～BM04QD-05），K210+940 监测断面共布置了 6 个测点（BM01QD-07～BM06QD-07），K186+860 监测断面共布置了 4 个测点（BM01-186860～BM04-186860），K193+000 监测断面共布置了 4 个测点（BM01QD-04～BM04QD-04）。

1）统计模型的建立

根据式（7.23），利用各测点表面垂直位移实测资料，采用逐步回归分析法对叶县管理处各监测断面上的表面垂直位移测点建立统计模型。

（1）建模前，先对各表面垂直位移实测资料进行可靠性分析，剔除了明显的粗差。

（2）对水压因子，按式（7.20），取预置因子集为 $H_1=H$、$H_2=H^2$、$H_3=H^3$。

（3）对温度因子，按式（7.21），通过定性分析，取预置因子集为 $T_1=T_{0-1}$、$T_2=T_{2-15}$、$T_3=T_{16-30}$，分别代表观测日当天、观测日前期 15 天、观测日后期第 16 天～第 30 天气温的平均值。

（4）对时效因子，按式（7.22），通过理论分析和采用不同时效因子的组合试算优化，确定采用 t_1、$\ln(t_1+1)$、$1-e^{-t_1}$ 三个因子作为时效预置因子。

（5）建模时段的确定，一方面考虑环境量测值序列的长短，另一方面也要顾及不同观测时段的观测精度，排除观测误差较大的观测时段。考虑到南水北调中线干线工程于 2014 年 10 月正式通水，因此本次建模时，建模时段主要取为 2015 年 1 月～2018 年 12 月。

叶县管理处渠堤工程中高填方渠段 K197+400、K210+940 监测断面和深挖方

K186+860、K193+000 监测断面上的 18 个表面垂直位移测点统计模型复相关系数 R 和剩余标准差 S 如表 7.2 所示。

表 7.2　渠道重点监测断面表面垂直位移统计模型 R、S 一览表

监测断面	测点编号	R	S/mm
K197+400	BM01QD-05	0.88	2.48
	BM02QD-05	0.85	1.61
	BM03QD-05	0.69	2.57
	BM04QD-05	0.71	2.24
K210+940	BM01QD-07	0.99	1.53
	BM02QD-07	0.99	1.55
	BM03QD-07	0.88	2.85
	BM04QD-07	0.99	1.55
	BM05QD-07	0.85	2.81
	BM06QD-07	0.82	0.80
K186+860	BM01-186860	0.88	1.51
	BM02-186860	0.81	1.37
	BM03-186860	0.94	1.77
	BM04-186860	0.40	3.97
K193+000	BM01QD-04	0.95	1.92
	BM02QD-04	0.76	1.36
	BM03QD-04	0.92	1.81
	BM04QD-04	0.65	1.98

由表 7.2 可知：

(1)有 4 个测点统计模型的复相关系数 R 在 0.60～0.80 之间，分别是 BM03QD-05 ($R=0.69$)、BM04QD-05 ($R=0.71$)、BM02QD-04 ($R=0.76$) 和 BM04QD-04 ($R=0.65$)，这些统计模型质量不高，根据其统计模型拟定的监控指标只能供运行时参考；

(2)BM04-186860 测点统计模型的 $R=0.40$（小于 0.6），剩余标准差 $S=3.97\text{mm}$，模型的质量较差，原则上该统计模型不能作为拟定监控指标的依据；

(3)其余 13 个测点统计模型的复相关系数 R 均大于 0.80，这些测点的统计模型质量较好，可以作为拟定监控指标的监控模型，模型的剩余标准差 S 可以作为拟定监控指标时置信带宽的依据。

2)监控指标的拟定

根据 7.3.1 节对基本原理的分析，取 $2S$ 作为一般警戒值的置信区间，取 $3S$ 为作

严重警戒值的置信区间，则基于监测统计模型的叶县管理处 K197+400、K210+940、K186+860 和 K193+000 四个断面渠堤表面垂直位移监控指标如表 7.3 所示，其中，S 为各测点统计模型的剩余标准差。

表 7.3　叶县管理处四个监测断面表面垂直位移监控指标一览表

监测断面	测点编号	R	S/mm	一般警戒值/mm $[y] = \hat{y} \pm 2S$	严重警戒值/mm $[y] = \hat{y} \pm 3S$	备注
K197+400	BM01QD-05	0.88	2.48	$[y] = \hat{y} \pm 4.96$	$[y] = \hat{y} \pm 7.44$	可供监控使用
	BM02QD-05	0.85	1.61	$[y] = \hat{y} \pm 3.22$	$[y] = \hat{y} \pm 4.83$	可供监控使用
	BM03QD-05	0.69	2.57	$[y] = \hat{y} \pm 5.14$	$[y] = \hat{y} \pm 7.71$	可供监控参考
	BM04QD-05	0.71	2.24	$[y] = \hat{y} \pm 4.48$	$[y] = \hat{y} \pm 6.72$	可供监控参考
K210+940	BM01QD-07	0.99	1.53	$[y] = \hat{y} \pm 3.06$	$[y] = \hat{y} \pm 4.59$	可供监控使用
	BM02QD-07	0.99	1.55	$[y] = \hat{y} \pm 3.10$	$[y] = \hat{y} \pm 4.65$	可供监控使用
	BM03QD-07	0.88	2.85	$[y] = \hat{y} \pm 5.70$	$[y] = \hat{y} \pm 8.55$	可供监控使用
	BM04QD-07	0.99	1.55	$[y] = \hat{y} \pm 3.10$	$[y] = \hat{y} \pm 4.65$	可供监控使用
	BM05QD-07	0.85	2.81	$[y] = \hat{y} \pm 5.62$	$[y] = \hat{y} \pm 8.43$	可供监控使用
	BM06QD-07	0.82	0.80	$[y] = \hat{y} \pm 1.60$	$[y] = \hat{y} \pm 2.40$	可供监控使用
K186+860	BM01-186860	0.88	1.51	$[y] = \hat{y} \pm 3.02$	$[y] = \hat{y} \pm 4.53$	可供监控使用
	BM02-186860	0.81	1.37	$[y] = \hat{y} \pm 2.74$	$[y] = \hat{y} \pm 4.11$	可供监控使用
	BM03-186860	0.94	1.77	$[y] = \hat{y} \pm 3.54$	$[y] = \hat{y} \pm 5.31$	可供监控使用
	BM04-186860	0.40	3.97	/	/	不采用
K193+000	BM01QD-04	0.95	1.92	$[y] = \hat{y} \pm 3.84$	$[y] = \hat{y} \pm 5.76$	可供监控使用
	BM02QD-04	0.76	1.36	$[y] = \hat{y} \pm 2.72$	$[y] = \hat{y} \pm 4.08$	可供监控参考
	BM03QD-04	0.92	1.81	$[y] = \hat{y} \pm 3.62$	$[y] = \hat{y} \pm 5.43$	可供监控使用
	BM04QD-04	0.65	1.98	$[y] = \hat{y} \pm 3.96$	$[y] = \hat{y} \pm 5.94$	可供监控参考

7.4　基于概率分析法的监控指标拟定

7.4.1　基本理论和方法

概率分析法以统计学为基础，包括典型小概率法、BMM 模型、POT 模型法、最大熵法、云模型法等，其中，典型小概率法、POT 模型法研究较多。

典型小概率法在监测效应量测值全序列中选择不利荷载组合条件下的测值构成一个新的子样本序列，然后根据该子样本序列的概率分布和工程的失事概率来拟定相应的监控指标；但在实际应用中，典型小概率法一般选择年最大值或年最小值构成子样本序列，因而监测信息的利用率较低，有可能遗失一些反映工程安全的有意义的信息。POT 模型按照一定的规则拟定合理的阈值，以筛选出的超阈值测值序列作为子样本序列，利用广义帕累托分布拟合子样本序列的分布函数，并结合研究对象的失事概率对预警指标进行估计，该方法有效保留了极端观测值，从而大大提高了信息的利用率；但在传统的 POT 模型中，阈值的确定是关键。现有的阈值确定方法需要人工判断，主观性较大，且难以实现计算机自动判断。

本节基于 POT 模型的基本原理，在构建超阈值子样本序列时，以概率论中的"3σ 准则"为确定阈值的理论基础，提出一种能客观、定量地确定阈值的方法，从而对传统的 POT 模型进行了改进。

1. POT 模型的原理

在 POT 模型中，设 $\{x_1, x_2, \cdots, x_n\}$ 为独立同分布的随机数据序列，其总体分布函数为 $F(x)$；设定一个小于测值序列极大值的固定阈值 T，如果测值 $x_j > T$，令 $y_j = x_j - T$，则称 y_j 为超出量，$\{y_1, y_2, \cdots, y_{N_T}\}(N_T < n)$ 为超出量序列，N_T 为阈值 T 对应的超出量样本个数。超出量样本的条件分布函数为

$$F_T(y) = P(x - T \leqslant y | x > T) \quad y \geqslant 0 \tag{7.24}$$

利用条件概率公式将式(7.24)进行转化，可以得到：

$$F_T(y) = \frac{F(T + y) - F(T)}{1 - F(T)} = \frac{F(x) - F(T)}{1 - F(T)} \tag{7.25}$$

进一步得到 $F(x)$ 关于 $F_T(y)$ 的表达式为

$$F(x) = F_T(y)[1 - F(T)] + F(T) \tag{7.26}$$

式(7.26)中，总体分布函数 $F(x)$ 是需要求解的对象，是拟定监控指标 x_α 的依据，即 $x_\alpha = F^{-1}(x, \alpha)$。因此，只要求得了超出量序列 $\{y_1, y_2, \cdots, y_t\}(t < n)$ 的条件分布函数 $F_T(y)$，就可求出测值序列 $\{x_1, x_2, \cdots, x_n\}$ 的总体分布函数 $F(x)$，从而得到显著性水平 α 下的监控指标 x_α。

Pickands，Balkema 和 Haan 等关于极值理论的研究表明(Pickands-Balkema-de Haan 定理)，在满足 $F(x)$ 属于广义极值分布(GEV)的最大吸引域的前提下，当阈值 T 足够大时(即阈值 T 趋近于分布 $F(x)$ 的右端点时)，超出量 y_j 的条件分布函数 $F_T(y)$ 收敛于广义帕累托分布(GPD)。因此，无论总体分布函数 $F(x)$ 是何种形式，都可把 GPD 分布函数视为超出量的近似分布，这样就解决了超出量分布函数的假定问题。

若随机变量 X 的分布函数满足以下形式：

$$G(x, \mu, \sigma, \xi) = \begin{cases} 1 - \left(1 + \xi \dfrac{x - \mu}{\sigma}\right)^{-\frac{1}{\xi}} & \xi \neq 0, x \geqslant \mu, 1 + \xi \dfrac{x - \mu}{\sigma} > 0 \\ 1 - \exp\left(-\dfrac{x - \mu}{\sigma}\right) & \xi = 0, x \geqslant \mu \end{cases}$$

则称随机变量服从广义帕累托分布；式中，μ 为位置参数，ξ 为形状参数，σ 为尺度参数。

对于独立同分布的随机序列 $\{x_1, x_2, \cdots, x_n\}$，其总体分布函数为 $F(x)$，取足够大的阈值 T，则超出量序列 $\{y_1, y_2, \cdots, y_t\}(t < n)$ 的条件分布函数 $F_T(y)$ 近似为广义帕累托分布，有

$$F_T(y) \rightarrow G(y, \xi_T, \sigma_T) = \begin{cases} 1 - \left(1 + \xi_T \dfrac{y}{\sigma_T}\right)^{-1/\xi_T} & \xi_T \neq 0, y \geq 0, 1 + \xi_T \dfrac{y}{\sigma_T} > 0 \\ 1 - \exp\left(-\dfrac{y}{\sigma_T}\right) & \xi_T = 0, y \geq 0 \end{cases} \tag{7.27}$$

其中，形状参数 $\xi_T = \xi$，尺度参数 $\sigma_T = \sigma + \xi(T - \mu)$。

当采用广义帕累托分布近似代替超出量序列的分布时，结合阈值 T 和式（7.27），可以得到随机序列 x 的分布函数 $F(x)$ 的另一种表现形式。

一般认为监测效应量是服从正态分布的随机变量，且近似满足独立同分布条件。设 $\{x_1, x_2, \cdots, x_n\}$ 为效应量总体分布函数 $F(x)$ 的一个序列样本，存在足够大的阈值 T 使得超出量分布函数 $F_T(y)$ 近似为广义帕累托分布 $G(y, \xi_T, \sigma_T)$，其中，$F(T)$ 可以用经验分布函数代替，N_T 代表 $\{x_1, x_2, \cdots, x_n\}$ 样本序列中超过阈值的测值的个数，则可得 $F(T) = 1 - N_T / n$。当 $\xi_T \neq 0$ 时，$F(x)$ 的无条件表达式近似为

$$\begin{aligned} F(x) &= F_T(y)[1 - F(T)] + F(T) \\ &= \frac{N_T}{n}\left[1 - \left(1 + \xi_T \frac{y}{\sigma_T}\right)^{-1/\xi_T}\right] + \left(1 - \frac{N_T}{n}\right) \\ &= 1 - \frac{N_T}{n}\left(1 + \xi_T \frac{y}{\sigma_T}\right)^{-\frac{1}{\xi_T}} \end{aligned} \tag{7.28}$$

式（7.28）中，$y = x - T$，且满足 $y > 0$ 的条件。同理可得 $\xi_T = 0$ 时的表达式为

$$F(x) = \frac{N_T}{n}\left[1 - \exp\left(-\frac{y}{\sigma_T}\right)\right] + \left(1 - \frac{N_T}{n}\right) = 1 - \frac{N_T}{n}\exp\left(-\frac{y}{\sigma_T}\right) \tag{7.29}$$

当 $\xi_T \neq 0$ 时，由式（7.28），根据 $x_\alpha = F^{-1}(x_\alpha)$ 可得不同失事概率 α 下的监控指标 x_α：

$$x_\alpha = T + \frac{\sigma_T}{\xi_T}\left[\left(\alpha \frac{n}{N_T}\right)^{-1/\xi_T} - 1\right] \tag{7.30}$$

式（7.30）中，$\alpha = 1 - F(x_\alpha)$。同理可得 $\xi_T = 0$ 时监控指标 x_α 的表达式为

$$x_\alpha = T - \sigma_T \ln\left(\alpha \frac{n}{N_T}\right) \tag{7.31}$$

综合以上分析，基于 POT 模型的监控指标拟定方法的步骤为：

(1) 根据监测效应量测值序列 $\{x_1, x_2, \cdots, x_n\}$，通过一定规则构造得到阈值递增序列，并求出每个阈值对应的超出量样本序列；

(2) 采用合适的方法，对广义帕累托分布中的参数 ξ_T、σ_T 进行估计，求得不同阈值下超出量样本序列的条件分布函数 $F_T(y)$，并利用 $F_T(y)$ 求得测值序列 $\{x_1, x_2, \cdots, x_n\}$ 的总体分布函数 $F(x)$；

(3) 基于 $x_\alpha = F^{-1}(x, \alpha)$，求解不同阈值对应的失事概率 α 下的效应量监控指标；

(4) 利用一定方法对阈值进行筛选，得到最合理阈值，从而确定最终的效应量监控指标。

2. POT 模型形状参数和尺度参数的估计

如前所述，在 POT 模型的思路中，设阈值为 T，则由 $y_j = x_j - T$ 构成的超出量序列 $\{y_1, y_2, \cdots, y_t\}$ 的条件分布函数 $F_T(y)$ 可以采用广义帕累托分布来近似描述，如式 (7.27) 所示。其中，形状参数 ξ_T 和尺度参数 σ_T 的估计是求解广义帕累托分布的关键，目前主要有极大似然估计法和矩估计法等方法。

(1) 极大似然估计法。

极大似然估计法的基本假设为：模型已定，参数未知。

根据 POT 模型可知，$F_T(y)$ 近似服从广义帕累托分布，但模型的形状参数 ξ_T 和尺度参数 σ_T 需要求解。

对 $\xi_T = 0$，通常利用 $\xi_T \to 0$ 时取极限获得。

对 $\xi_T \neq 0$，有

$$F_T(y) \to G(y, \xi_T, \sigma_T) = 1 - \left(1 + \xi_T \frac{y}{\sigma_T}\right)^{\frac{1}{\xi_T}}, \quad \xi_T \neq 0, y \geq 0, 1 + \xi_T \frac{y}{\sigma_T} > 0 \quad (7.32)$$

求导得密度函数：

$$f_T(y) = F_T'(y) \approx G'(y, \xi_T, \sigma_T) = \frac{1}{\sigma_T}\left(1 + \xi_T \frac{y}{\sigma_T}\right)^{-(1/\xi_T + 1)}, \quad y \geq 0, 1 + \xi_T \frac{y}{\sigma_T} > 0 \quad (7.33)$$

将序列 Y 和 N_T 代入上式，利用极大似然原理得似然函数 L：

$$L(y_1, y_2, \cdots, y_{N_T}; \xi_T, \sigma_T) = \prod_{i=1}^{N_T} f_T(y_i), \quad y_i > 0 \quad (7.34)$$

两边均取对数得

$$\ln L(y_1, y_2, \cdots, y_{N_T}; \xi_T, \sigma_T) = \sum_{i=1}^{N_T} \ln f_T(y_i) = -N_T \ln \sigma_T - \left(1 + \frac{1}{\xi_T}\right) \sum_{i=1}^{N_T} \ln\left(1 + \frac{\xi_T}{\sigma_T} y_i\right) \quad (7.35)$$

以 ξ_T 和 σ_T 为自变量求导，得到关于 ξ_T 和 σ_T 的方程组并化简后有

$$\begin{cases} (1+\xi_T)\sum_{i=1}^{N_T} \dfrac{y_i}{\sigma_T + \xi_T y_i} = N_T \\[3mm] \sum_{i=1}^{N_T} \ln\left(1 + \dfrac{\xi_T}{\sigma_T} y_i\right) = \xi_T N_T \end{cases} \tag{7.36}$$

求解后便可得到 ξ_T 和 σ_T 估计值 $\hat{\xi}_T$、$\hat{\sigma}_T$。

（2）矩估计法。

矩估计法的理论基础为大数定律：随机变量序列的算术平均值向随机变量各数学期望的算术平均值收敛。矩估计法的基本思路为：用一阶样本原点矩来估计总体的期望，用二阶样本中心矩来估计总体的方差。

对样本序列 $X=\{x_1, x_2, \cdots, x_n\}$，若该序列 X 的数学期望 E 存在，当 $n \to \infty$ 时，均值 $\overline{X}$ 依据概率理论收敛于 E，因此，当 n 较大时，可以用 $\overline{X}$ 作为 E 的估计。一般来说，如果该序列 X 的 k 阶原点矩 $\mu_k = E(X^k)$ 存在，当 n 充分大时，可以用样本的 k 阶原点矩 M_k 作为 $E(X^k)$ 的估计，用样本的 k 阶中心矩 $M_k{}'$ 作为该序列 X 的 k 阶中心矩 $E([X-E(x)]^k)$ 的估计，并由此得到未知参数的估计量。

对由阈值 T_j 构造的超出量序列 $\{y_1, y_2, \cdots, y_{N_{T_j}}\}$，其均值 $\overline{Y_j}$ 和方差 $S_j{}^2$ 分别为

$$\overline{Y_j} = \frac{\sum_{i=1}^{N_{T_j}}(x_i - T_j)}{N_{T_j}} \tag{7.37}$$

$$S_j{}^2 = \frac{\sum_{i=1}^{N_{T_j}}((x_i - T_j) - \overline{Y_j})^2}{N_{T_j}} \tag{7.38}$$

式中，N_{T_j} 为超出量序列的样本个数。

利用矩估计法，根据超出量序列的均值 $\overline{Y_j}$ 和方差 $S_j{}^2$，计算两个参数的估计值 ξ_{T_j} 和 σ_{T_j}：

$$\xi_{T_j} = \frac{1}{2}\left(\frac{\overline{Y_j}^2}{S_j{}^2} - 1\right) \tag{7.39}$$

$$\sigma_{T_j} = \frac{1}{2}\overline{Y_j}\left(\frac{\overline{Y_j}^2}{S_j{}^2} + 1\right) \tag{7.40}$$

式中，ξ_{T_j}、σ_{T_j} 分别为阈值 T_j 下超出量分布函数的形状参数和尺度参数。

3. 阈值 T 的确定

阈值 T 是 POT 模型应用的关键参数。若阈值 T 取值过大，则超出量测值序列的

样本个数太少，不仅会造成信息的浪费，而且可能得不出有效的结果；若阈值 T 取值过小，则超出量测值序列的分布不收敛于广义帕累托分布，式(7.27)不成立。

阈值 T 的传统确定方法基于极值理论的厚尾分布(fat-tailed distribution)特性，主要有超出量均值函数图法、Hill 图法和样本峰度选定法等。其中，超出量均值函数图法和 Hill 图法都属于图形法，虽然比较直观，但主观随意性较大；样本峰度选定法虽然概念比较清晰，但计算过程烦琐。

为克服上述方法的不足，可以采取一种按固定步长构建阈值递增序列的方法来定量确定阈值 T。该方法的总体思路是：根据测值序列，确定最小阈值 T_{min} 和最大阈值 T_{max}，并给定一个步长 h，构建一个阈值序列 $\{T_1,\cdots,T_i,\cdots,T_k\}$；对每一个阈值 T_i，得到一个超出量序列，并计算该超出量序列的广义帕累托分布中的尺度参数 σ_T 和形状参数 ξ_T 的估计值，得到超出量序列总体分布函数 $F_T(y)$，进而得到样本总体分布函数 $F(x)$；根据上述计算结果，利用一定的准则，在阈值序列 $\{T_1,\cdots,T_i,\cdots,T_k\}$ 中确定出最合适的阈值 T。

(1)初始阈值 T_{min} 的选取。

已有的研究表明：阈值 T 的选择宜使尾部样本数目不超过样本总规模的 10%。基于此，设测值序列为 $\{x_1,x_2,\cdots,x_n\}$，对该测值序列按递增进行排序，得到排序后的数据序列 $\{x'_1,x'_2,\cdots,x'_n\}$，其中，$x'_1=x_{min}$，$x'_n=x_{max}$；取 a 为不小于样本总数 n 的 90%的最小正整数，即 $a=[90\%\times n]$，则数据序列 $\{x'_1,x'_2,\cdots,x'_n\}$ 中的 x'_a 即为初始阈值 T_{min}，即 $T_{min}=x'_a$。

(2)最大阈值 T_{max} 的选取。

最大阈值 T_{max} 不是测值序列 $\{x_1,x_2,\cdots,x_n\}$ 中的最大值 x'_n，而是该测值序列中的第二大值 x'_{n-1}，即最大阈值 $T_{max}=x'_{n-1}$。

(3)步长 h 的选取。

步长 h 的大小，主要取决于监测效应量的观测精度，通常可取 $h=0.01$。

(4)阈值 T 递增序列的构造。

综上可得阈值递增序列的初值阈值 $T_{min}=x'_a$，步长为 h，尾值阈值 $T_{max}=x'_{n-1}$，$T_{min}\leq T_j\leq T_{max}$，则可构造阈值递增序列 $\{T_1,\cdots,T_j,\cdots,T_N\}$。其中，阈值递增序列中阈值的个数 $N=\dfrac{T_{max}-T_{min}}{h}+1$。

对 $\{T_1,\cdots,T_j,\cdots,T_N\}$ 中的每一个阈值 T_j，均可根据 $y_j=x_i-T_j$(其中，$x_i\geq T_j$)得到对应的超出量样本序列 $\{y_1,y_2,\cdots,y_{N_{T_j}}\}$，其中，$N_{T_j}$ 为阈值 T_j 下超出量样本的个数。

(5)基于 $|\xi_j-\xi_{j-1}|\to 0$ 的阈值 T 确定准则。

研究表明，设阈值为 T_0 时的超出量序列近似服从广义帕累托分布，则对于任一阈值 $T_j>T_0$ 所确定的超出量序列也服从广义帕累托分布，且两者的形状参数 ξ 相同。基于这一观点，可以取 $|\xi_j-\xi_{j-1}|\to 0$ 作为确定最合理阈值 T 的准则，其中，ξ_j 和 ξ_{j-1}

分别为两相邻阈值 T_j 和 $T_{j-1}(T_0 < T_{j-1} < T_j)$ 对应的广义帕累托分布参数。

(6) 基于 "3σ 准则" 的阈值 T 确定准则。

统计学理论中的 "$3S$ 准则" 表明，样本值 y 落在 $(\mu-2S,\ \mu+2S)$ 以外的概率约为 4.5%，落在 $(\mu-3S,\ \mu+3S)$ 以外的概率约为 0.3%，其中，μ 为样本的均值，S 为样本的标准差。

基于以上的 "$3S$ 准则"，设显著性水平 $\alpha = 4.5\%$ 时的监控指标为 $x_{4.5\%}$，则 $x_{4.5\%}$ 与其数学期望值 $E(x)$ 之间的偏差 $(x_{4.5\%} - E(x))$ 出现大于 $2S$ 的概率为 4.5%；设显著性水平 $\alpha = 0.3\%$ 时的监控指标为 $x_{0.3\%}$，则 $x_{0.3\%}$ 与其数学期望值 $E(x)$ 之间的偏差 $(x_{0.3\%} - E(x))$ 出现大于 $3S$ 的概率为 0.3%。其中，S 为效应量测值序列 $X=\{x_1, x_2, \cdots, x_n\}$ 的标准差。

理论上存在：

$$x_{0.3\%} - x_{4.5\%} = S \tag{7.41}$$

对阈值序列 $\{T_1, \cdots, T_j, \cdots, T_k\}$ 中的每一个阈值 $T_j (1 \leqslant j \leqslant k)$，利用式 (7.30) 和式 (7.31) 计算显著性水平 $\alpha = 4.5\%$ 和 $\alpha = 0.3\%$ 条件下的监控指标 $x_{4.5\%T_j}$、$x_{0.3\%T_j}$，并令其差值 Δ_j 为

$$\Delta_j = x_{0.3\%T_j} - x_{4.5\%T_j} \tag{7.42}$$

设 $c_j = |\Delta_j - S|$，则当满足 $c_j = |\Delta_j - S| \to 0$ 时所对应的阈值 T_j 即为最合理的阈值 T。

本节基于 POT 模型的监控指标拟定，采用基于 "$3S$ 准则" 的阈值确定准则。

4. 基于 POT 模型的监控指标拟定

在基于统计模型的监控指标拟定时，采用 $2S$ 拟定一般警戒值（S 为统计模型剩余标准差），采用 $3S$ 拟定严重警戒值，因此，为与统计模型法一致，基于 POT 模型拟定监控指标时，分别取失效概率 $\alpha = 4.5\%$ 和 $\alpha = 0.3\%$。

由上述确定的最合理阈值 T，按式 (7.30) 和式 (7.31) 即可得到相应的显著性水平 α 条件下的监控指标 x_α，则失事概率 $\alpha = 4.5\%$ 对应的监控指标 $x_{4.5\%}$ 为一般警戒值，失事概率 $\alpha = 0.3\%$ 对应的监控指标 $x_{0.3\%}$ 为严重警戒值。

5. POT 模型的适用条件

POT 模型的前提是假设测值序列 $\{x_1, x_2, \cdots, x_n\}$ 为独立同分布的随机数据序列。然而，在现实中，要满足 "独立同分布" 的条件是很困难的。以工程安全监测数据序列为例，一方面，测值是受环境量变化影响的，而环境量是时刻变化着的；另一方面，测值是对工程运行状态的反映，工程运行状态对测值的影响是连续的、渐进的。因此，工程安全监测测值序列不可能严格满足 "独立同分布" 的条件。在实际应用中，只要近似满足即可。但以下几种情况一般不宜采用 POT 模型法拟定其监控指标。

（1）当测值序列存在明显的尚未收敛的趋势性变化时，后面的测值就明显受到前面测值的影响，此时测值序列就明显不满足"独立同分布"条件，因而不宜采用 POT 模型法拟定该效应量的监控指标。

（2）由于采用超阈值序列作为拟定监控指标的依据，因此，当测值序列的变幅很小时，测值序列中的极值（超阈值）的区分度就比较低，此时采用 POT 模型法拟定监控指标就有可能得到畸形（过大或过小）的结果，原则上此时也不宜采用 POT 模型法拟定该效应量的监控指标。

（3）当测值中存在尖点，但该尖点又不能明确判断为粗差时，不能删除该尖点测值，此时采用 POT 模型法拟定监控指标就有可能得到明显偏大的结果。对此种情况，在建模时应慎重对待，单独分析。

7.4.2　工程实例

依据"7.1.3 节"的分析，概率分析法主要作为其他拟定方法的一种补充。南水北调中线干线工程的 4 个试点管理处并未采用 POT 模型法拟定监控指标，但在将来的推广中依然可能用到 POT 模型法。下面以叶县管理处为例，对渠道工程中的代表性监测断面 K187+800 表面垂直位移测点 BM01QD-03 采用 POT 模型方法拟定其监控指标。

BM01QD-03 实测表面垂直位移过程线如图 7.4 所示。

图 7.4　叶县管理处 K187+800 监测断面 BM01QD-03 测点表面垂直位移变化过程线

（1）阈值递增序列的构造。

对于 BM01QD-03 测点，样本序列 $\{x_1, x_2, \cdots, x_n\}$ 即为表面垂直位移观测值。由观测资料得 BM01QD-03 测点样本总数 $n = 45$，样本标准差 $S = 1.93$。

计算 $a = [90\% \times n] = 41$，经过递增排序后初始阈值 $T_{\min} = T_0 = X_{an} = 7.51$，最大阈值 $T_{\max} = X_{n(n-1)} = 8.11$，步长 $h = 0.01$，$T_{\min} \leqslant T_j \leqslant T_{\max}$，由此构造出阈值递增序列 $\{T_1, T_2, \cdots, T_N\} = \{7.51, 7.52, \cdots, 8.11\}$。阈值的个数 $N = \dfrac{T_{\max} - T_0}{h} + 1 = 61$。

由超出量 $Y_j = x_i - T_j (x_i \geqslant T_j)$，记阈值 T_j 对应的超出量样本数为 N_{T_j}，得到超出量样本序列 $\{Y_1, Y_2, \cdots, Y_{N_{T_j}}\}$。

（2）POT 模型参数估计。

通过 VBA 编程，由式（7.37）和式（7.38）计算得到不同阈值下超出量样本序列的均值 $\overline{Y_j}$ 和方差 S_j^2。

利用矩估计法，由式（7.39）和式（7.40）计算广义帕累托分布的形状参数 ξ_{T_j} 和尺度参数 σ_{T_j}。

阈值递增序列 $\{T_1, T_2, \cdots, T_N\} = \{7.51, 7.52, \cdots, 8.11\}$ 对应的超出量样本序列均值和方差以及超出量分布函数的相关参数计算结果如表 7.4 所示。

表 7.4　BM01QD-03 测点 POT 模型计算参数表

阈值 T_j	超出量样本数 N_{T_j}	超出量样本均值 $\overline{Y_j}$	超出量样本方差 S_j^2	形状参数 ξ_{T_j}	尺度参数 σ_{T_j}
7.51	5.00	0.56	0.44	−0.15	0.48
7.52	4.00	0.69	0.64	−0.13	0.60
7.53	4.00	0.68	0.64	−0.14	0.59
7.54	4.00	0.67	0.64	−0.15	0.57
7.55	4.00	0.66	0.64	−0.16	0.55
7.56	4.00	0.65	0.64	−0.17	0.54
7.57	4.00	0.64	0.64	−0.18	0.52
7.58	4.00	0.63	0.64	−0.19	0.51
...	...	...	...	...	...
8.08	2.00	0.48	0.20	0.07	0.51
8.09	2.00	0.47	0.20	0.05	0.49
8.10	2.00	0.46	0.20	0.02	0.47
8.11	2.00	0.45	0.20	0.00	0.45

（3）阈值的筛选及监控指标的拟定。

将形状参数 ξ_{T_j} 和尺度参数 σ_{T_j} 代入式（7.41）可得不同失事概率 $\alpha = 4.5\%$ 和 $\alpha = 0.3\%$ 下阈值 T_j 对应的预警值 $x_{4.5\% T_j}$、$x_{0.3\% T_j}$：

$$x_{\alpha T_j} = T_j + \frac{\sigma_{T_j}}{\xi_{T_j}} \left[\left(\alpha \frac{n}{N_{T_j}} \right)^{-\frac{1}{\xi_{T_j}}} - 1 \right] \tag{7.43}$$

由式（7.42）计算得到两种失事概率下预警值之差 $\Delta_j = x_{0.3\% T_j} - x_{4.5\% T_j}$，进而得到阈值 T_j 对应的两种失事概率下预警之差 Δ_j 与样本标准差的差值 $c_j = |\Delta_j - S|$，相应计算结果如表 7.5 所示。

表 7.5　BM01QD-03 测点 POT 模型预警值计算结果统计

阈值 T_j	样本标准差 S	预警值 $x_{4.5\%T_j}$	预警值 $x_{0.3\%T_j}$	预警值之差 Δ_j	$\Delta_j - S$	$c_j = \lvert \Delta_j - S \rvert$
7.51	1.93	9.43	9.88	0.45	−1.48	1.48
7.52	1.93	10.11	10.73	0.62	−1.31	1.31
7.53	1.93	9.98	10.54	0.56	−1.37	1.37
7.54	1.93	9.86	10.36	0.50	−1.43	1.43
7.55	1.93	9.75	10.20	0.45	−1.48	1.48
7.56	1.93	9.64	10.05	0.41	−1.52	1.52
7.57	1.93	9.54	9.91	0.37	−1.56	1.56
7.58	1.93	9.45	9.78	0.33	−1.60	1.60
...	...	...	...	...	...	
8.08	1.93	12.64	15.10	2.46	0.53	0.53
8.09	1.93	12.10	14.04	1.94	0.01	0.01
8.10	1.93	11.63	13.17	1.53	−0.39	0.39
8.11	1.93	11.23	12.45	1.22	−0.71	0.71

由表 7.5 可以看出，当阈值 $T_j = 8.09$ 时，$c_j = 0.01$，此时 c_j 最接近于 0。因此阈值 $T_j = 8.09$ 下的预警值 $x_{4.5\%T_j}$ 和预警值 $x_{0.3\%T_j}$，即为 BM01QD-03 测点表面垂直位移监测序列的监控指标，即一般警戒值 $x_{4.5\%} = 12.10\text{mm}$，严重警戒值 $x_{0.3\%} = 14.04\text{mm}$。BM01QD-03 测点监控指标及表面垂直位移变化过程线如图 7.5 所示。

图 7.5　叶县管理处 K187+800 监测断面 BM01QD-03 测点监控指标及过程线图

第 8 章　巡检与监控技术

8.1　移动巡检技术及应用

移动巡检是充分运用移动通信、地理信息 GIS、卫星定位 GNSS、二维码、移动终端等信息技术和设备，实现在移动过程中完成巡检任务，记录、留存巡检详细信息，供后续计算机存储、查询、统计、分析、可视化与挖掘。

传统巡检作业主要采用手工纸记录方式，不仅工作量巨大，效率低下，而且纸质报告书不易保存、检索和统计分析。移动巡检系统具有传统巡检系统无法比拟的优越性，它使巡检作业过程和业务处理摆脱了时间和场所局限，随时随地可与业务平台沟通，有效提高巡检效率，提升巡检作业水平。

8.1.1　发展阶段

随着移动技术、计算机技术和移动终端技术的逐步发展，移动巡检技术大致经历了三个阶段。

1. 第一阶段

以移动短讯为基础，通过短讯方式交换巡检信息，但实时互动性较差，查询请求难以得到立即响应。此外，短讯信息的内容和长度受信息报送人认知水平影响与限制，巡检信息难以得到客观、完整的描述。

2. 第二阶段

基于 WAP 技术，以普通手机为载体的 WAP 网页。手机移动终端通过浏览器访问 WAP 网页，实现信息查询，解决第一阶段移动访问技术的难题。但移动访问技术还存在 WAP 网页访问交互能力差的问题，限制了移动巡检系统使用的灵活性和方便性。同时，由于 WAP 使用的加密认证 WTLS 协议建立在 WAP 网关上，有一定的安全隐患。

3. 第三阶段

新一代移动巡检，也就是第三代移动巡检系统，融合了地理信息 GIS、4G/5G 移动技术、智能移动终端、VPN、数据库同步、身份认证及网络服务等多种移动通信、信息处理和计算机网络等前沿技术，以专网或无线通信技术为依托，使得巡检系统的安全性和交互能力有了极大的提高，为巡检人员提供了一种安全、快速的现代化移动巡检平台。

8.1.2　巡检技术

1. 地理信息 GIS 技术

地理信息 GIS 为移动巡检提供空间地理位置信息，巡检工作人员带上巡检终端巡查时，可通过移动端的 GIS 服务完成空间可视化及精确定位底图服务，提供巡检内容查询、标记等功能。后台管理人员可以在 GIS 地图上总览巡检情况，实时跟踪现场巡检人员当前工作位置和巡检过程，快速完成隐患诊断审核、人员工作考核和安全保障等。

地理信息系统(GIS)，也称为"地学信息系统"。它是在计算机硬、软件系统支持下，对整个或部分地球表层(包括大气层)空间中的有关地理分布数据进行采集、储存、管理、运算、分析、显示和描述的技术系统，如图 8.1 所示。

图 8.1　地理信息系统

地理信息 GIS 技术在移动巡检中的典型服务功能有：
①在 GIS 地图中展示各巡检点的执行情况，包括位置、信息检索等；
②使用 GIS 地图模拟巡检线路，查看巡检任务及执行情况；
③基于地图服务任务状态，展示所在的空间位置。

2. 卫星定位 GNSS 技术

卫星定位 GNSS 技术为参与移动巡检的工作人员提供准确的空间坐标位置。卫星定位技术使用卫星对某物进行准确的定位，它从最初的定位精度低、不能实时定位、难以提供及时的导航服务，发展到现如今的高精度全球定位系统，实现了在任意时刻、地球上任意一点都可以同时观测到 4 颗卫星，以实现导航、定位、授时等功能。

　　目前，提供全球高精度定位的系统主要有美国 GPS、俄罗斯 GLONASS、欧洲 GALILEO 和中国北斗卫星导航系统，如图 8.2 所示。

图 8.2　全球定位系统

　　（1）GPS。

　　GPS 是在美国海军导航卫星系统基础上发展起来的无线电导航定位系统，具有全球性、全天候、连续性和实时性的导航、定位和定时功能，能为用户提供精密的三维坐标、速度和时间。现今，GPS 共有在轨工作卫星 31 颗，其中，GPS-2A 卫星 10 颗，GPS-2R 卫星 12 颗，经现代化改进的带 M 码信号的 GPS-2R-M 和 GPS-2F 卫星共 9 颗。

　　（2）GLONASS。

　　GLONASS 是由苏联国防部独立研制和控制的第二代军用卫星导航系统，该系统是继 GPS 后的第二个全球卫星导航系统。GLONASS 系统由卫星、地面测控站和用户设备三部分组成，系统由 21 颗工作星和 3 颗备份星组成，分布于 3 个轨道平面上，每个轨道面有 8 颗卫星，轨道高度为 1 万 9000 千米，运行周期为 11 小时 15 分。

　　（3）GALILEO。

　　伽利略卫星导航系统（GALILEO）是由欧盟研制和建立的全球卫星导航定位系统，于 1992 年 2 月由欧洲委员会公布，并和欧空局共同负责。系统由 30 颗卫星组成，其中，27 颗工作星，3 颗备份星。卫星轨道高度为 23616km，位于 3 个倾角为 56° 的轨道平面内。

　　（4）北斗卫星导航系统（BDS）。

　　北斗卫星导航系统（BDS）是中国着眼于国家安全和经济社会发展需要，自主建设、独立运行的卫星导航系统，是为全球用户提供全天候、全天时、高精度的定位、导航和授时服务的国家重要空间基础设施。北斗卫星导航系统由空间段、地面段和用户段三部分组成，可在全球范围内全天候、全天时为各类用户提供高精度、高可靠定位、导航、授时服务，具备短报文通信能力，定位精度为分米、厘米级别，测速精度 0.2m/s，授时精度 10ns。

3. 移动通信 4G/5G 技术

移动通信 4G/5G 技术为移动巡检信息的上传、下达提供稳定安全的网络通信环境。移动通信是移动体之间的通信，或移动体与固定体之间的通信。移动体可以是人，也可以是汽车、火车、轮船等在移动状态中的物体。

移动通信是进行无线通信的现代化技术，这种技术是电子计算机与移动互联网发展的重要成果之一。移动通信技术经过第一代、第二代、第三代、第四代技术的发展，目前，已经迈入了第五代发展的时代(5G 移动通信技术)。

(1)4G。

第四代移动通信系统(4G)，集 3G 与 WLAN 于一体并能够传输高质量视频图像以及图像传输质量与高清晰度电视不相上下的技术产品。4G 系统能够以 100Mbps 的速度下载，比拨号上网快 2000 倍，上传的速度也能达到 20Mbps，并能够满足几乎所有用户对于无线服务的要求。而在用户最为关注的价格方面，4G 与固定宽带网络不相上下，而且计费方式更加灵活机动，用户完全可以根据自身的需求确定所需的服务。此外，4G 可以在 DSL 和有线电视调制解调器没有覆盖的地方部署，然后再扩展到整个地区。

(2)5G。

不同于 4G、3G、2G，第五代移动通信系统(5G)并不是独立的、全新的无线接入技术，而是对现有无线接入技术(包括 2G、3G、4G 和 Wi-Fi)的技术演进，以及一些新增的补充性无线接入技术集成后解决方案的总称。从某种程度上讲，5G 将是一个真正意义上的融合网络。以融合和统一的标准，提供人与人、人与物，以及物与物之间高速、安全和自由的联通。

4. 二维码技术

通过扫描二维码实现在巡检过程中实时采集数据、数据分析和数据共享以及实时跟踪，提高了工作效率。二维条码技术利用某种特定的结合图形，如黑白相间的图形按照一定的规律分布在平面上，用以记录信息。其在一维条码的基础上扩展出另一维具有可读性的条码，使用黑白矩形图案表示二进制数据，被设备扫描后可获取其中所包含的信息。一维条码的宽度记载着数据，而其长度没有记载数据。二维条码的长度、宽度均记载着数据。二维条码有一维条码没有的"定位点"和"容错机制"。容错机制在即使没有辨识到全部的条码或是说条码有污损时，也可以正确地还原条码上的信息。二维码具有储存量大、保密性高、追踪性高、抗损性强、备援性大、成本便宜等特性。

5. 智能手机终端

智能手机作为移动巡检 APP 承载终端，提供硬件支撑和底层软件接口。智能手机，像个人计算机一样，具有独立的操作系统、独立的运行空间，可以由用户自行安装软件、游戏、导航等第三方服务商提供的程序，并可以通过移动通信网络来实现无线网络接入的手机类型的总称。目前智能手机加入了人工智能、5G 等多项技术，使智能手机成为用途最为广泛的产品，具有优秀的操作系统、可自由安装各类软件（仅安卓系统）、完全大屏的全触屏式操作感这三大特性。

8.1.3　巡检基本要求

1. 巡检任务定制

巡检管理人员可根据日常巡检、年度巡检和特殊情况巡检制定巡检任务，包括巡检的时间、巡检的部位、巡检的路线、巡检的内容、巡检的频率、巡检人员等。提供巡检任务的添加、修改、删除功能，巡检任务制定完毕，巡检管理人员可以下发巡检任务。

2. 巡检信息推送与接收

巡检任务下达后，系统通过手机短信的方式发送巡检任务给巡检人员，巡检人员可登录巡检终端或巡检管理平台查询巡检任务。巡检人员通过移动终端接收巡检任务，记录并提交巡检信息。

3. 巡检结果分析与结构化报告生成

系统通过构建巡视检查指标体系，实现巡视检查信息与仪器监测数据信息融合分析与预警。借此自动生成结构化的巡检报告，并将巡检报告推送给相关负责人进行审核，系统记录相关审核信息。

4. 巡视信息存储和查询

系统提供根据巡视时间、工程部位、巡检结论等查询巡视检查成果的功能，可查询巡检基本信息、轨迹信息及图像、视频等多媒体信息。

系统提供多种巡视检查成果对比功能，包括同一部位或对象在不同时期的照片或视频的对比展示，也包括同一时期不同部位或对象的照片或视频的对比展示。

5. 巡检异常信息推送

根据工程经验及同类工程对比分析，巡检工作人员对巡视检查发现的异常情况按严重程度进行分析。巡检工作人员将巡检问题推送给相关负责人，并可查看问题处置反馈。

6. 移动巡检终端

(1)巡检任务管理。

①管理员在系统中录入为每次巡检任务制定的计划，巡检人员通过移动终端设备查询到被分派的任务。

②依据巡检类型明确内容标准方法。

③根据不同工程所要关注的重点部位设定不同的巡检路线。

④生成各类巡检表格。

(2)巡检任务执行。

①巡检线路：巡检人员在持有智能手机巡检时，利用 GPS 定位记录巡检路线，并记录巡检轨迹，通过 4G/Wi-Fi 将巡检情况上传到巡检管理系统。

②巡检信息采集：拍照/摄像，录音/文字。

③巡检信息报送：巡检信息等上传到网络端巡检管理模块。

(3)综合信息管理。

①文档信息查询：查询各类文档信息，如工程类信息、运行类信息、属性类信息等。

②历史巡检报告查询：查询历史巡检报告；查询分析评价、预警信息等综合信息。

(4)辅助功能。

①扫一扫：用于扫描关键部位安装的二维码，获取设施设备属性信息和定位信息等。

②搜一搜：用于查询关键部位或异常部位的属性，视频监控接入、历史巡检报告查询等。

③短信通知：巡检信息定向和群发。

8.1.4　巡检框架

1. 系统框架

移动端运行在智能手机/平板电脑上，服务器采用浏览器和服务器架构模式(browser/server architecture)，用户无须安装任何客户端程序，即可使用浏览器进行业务操作与管理。整个系统由服务端系统功能模块、移动端系统功能模块组成，如图 8.3 所示。

2. 网络结构

移动巡检系统用户主要包括 PC 端用户和移动端用户。PC 端用户通过浏览器访问巡检管理平台，进行基础数据维护、巡检任务安排和报表统计分析等功能。移动端用户使用手机客户端登录巡检任务执行平台，执行日常设备的巡检任务、提交设备故障信息等。

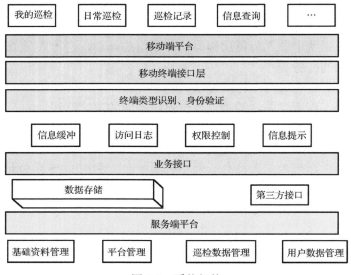

图 8.3　系统架构

在移动网络信号覆盖的地方，利用移动终端登录巡检系统，工作人员可查看巡检任务和提交巡检结果。管理人员通过手机可以直接查看现场工作人员的工作状态，以及正在处理的设备信息，并可以进行多功能统计分析，网络结构如图 8.4 所示。

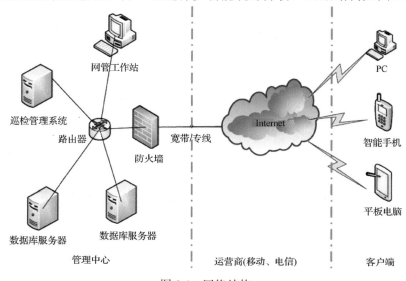

图 8.4　网络结构

8.1.5　移动巡检流程

1. 巡检过程

移动巡检的起点位置，可采用地图实时位置或扫描二维码标定。进入巡检区段后，可实时查询巡检内容、方法等要求，采用拍照、摄像、录音和文字等记录现场情况，必要时可查询巡检部位邻近监测点属性。巡检结束，采用地图实时位置或扫描二维码标定，提示下一个巡检部位，如图 8.5 所示。

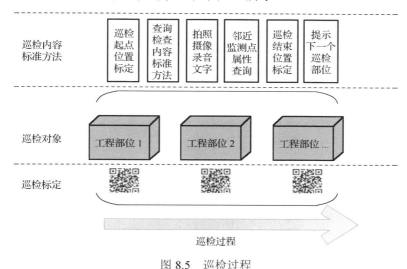

图 8.5　巡检过程

2. 巡检业务流程

用户开始检查时持移动巡检设备，逐个对巡检路线中的巡检区段进行检查，也可根据自己的实际行走路线安排对各区段检查的先后顺序。抵达区段时，开始对区段进行检查，同时移动巡检设备记录区段的开始检查时间，用户根据系统提示逐个完成区段中的对象检查。检查对象时需判断该对象检查结果状态，录入描述内容，也可拍摄照片或录制视频。在完成区段中所有对象的检查后，扫描结束标签结束区段检查。完成所有区段检查后结束路线检查。巡检系统操作流程如图 8.6 所示。

8.1.6　巡检功能设计

1. 我的巡检

主要实现巡检任务及工作量统计查询功能，统计内容包括巡检里程、巡检时长、巡检次数、上报事件情况。具体包括如下。

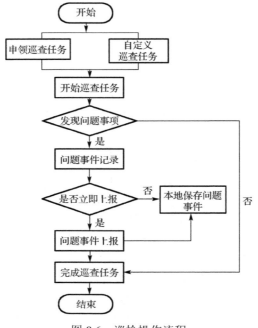

图 8.6　巡检操作流程

（1）巡检里程统计。

实现对历史巡检里程数据统计及图表展示。

（2）巡检时长统计。

实现对历史巡检时长数据统计及图表展示。

（3）巡检次数统计。

实现对历史巡检记录次数数据统计及图表展示。

（4）上报事件统计。

实现对历史巡检中上报事件数据统计及图表展示。

2. 日常巡检

提供巡检任务推送、巡检任务申领、自定义巡检等巡检业务功能，并提供问题事项上报、巡检路线导航、附近巡检点查询、巡检记录离线保存等功能。

当系统中产生与巡检人员相关的任务时，会立即向该用户的移动端 APP 推送相对应的消息提醒，用户收到消息后可以查看任务信息。业务人员可通过日常巡检模块查看巡检任务清单，查看具体任务内容，包括巡检范围、巡检时间、巡检对象等。可在地图中查看巡检路线，并根据要求开启巡检任务。具体包括如下。

（1）巡检任务消息提醒。

当系统中产生与巡检人员相关的任务时，会立即向该用户的移动端 APP 推送相对应的消息提醒，并在日常巡检模块进行高亮标识，提醒巡检人员查看。

（2）巡检任务清单。

实现对未申领巡检任务列表展示，并可点击查看巡检任务详情，包括巡检任务目标对象、巡检规划路线里程等信息，如图 8.7 所示。

（3）巡检任务申领。

实现巡检任务申领功能，巡检人员申领任务后即开启本次巡检工作，并记录巡检轨迹，如图 8.8 所示。

图 8.7　巡检任务清单

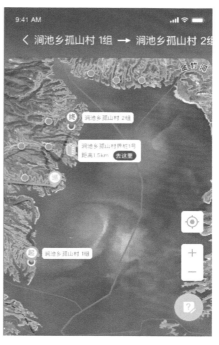

图 8.8　巡检任务详情

（4）自定义巡检。

巡检人员可自定义巡检任务，用于记录临时巡检任务或库管部巡检工作计划外的巡检任务，如图 8.9 所示。

（5）事件上报。

实现对巡检过程中发现的问题事件进行上报，上报内容包括事件紧急程度、事件地址、事件问题类型、事件位置、现场照片及音视频、事件语音及文字说明等，如图 8.10 所示。

（6）巡检目标导航。

通过 GIS 地图，借助全球导航定位服务，导航至巡检目标对象。

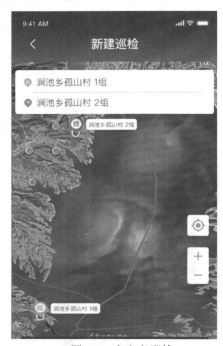

图 8.9　自定义巡检

图 8.10　问题事件上报

(7)巡检记录离线保存。

当巡检过程中，网络环境较差时，可将巡检记录、上报事件保存在移动设备中，待网络恢复后手动上传；在使用移动网络情况下，由于含有照片等较大文件，消耗流量较多，用户也可选择"保存本地"，在 Wi-Fi 环境下手动上传。

3. 巡检记录

以列表形式展现巡检人员历史巡检记录，可查看巡检记录中的相关上报事件，包括事件类型、紧急程度以及处理状态信息：如处理中或处理完成。针对巡检记录中离线保存的事件，可进行手动上报。具体包括如下。

(1)历史巡检记录清单。

实现对历史巡检任务浏览功能，提供历史巡检任务清单，包括巡检起止时间、巡检起止区域、巡检里程、发现问题数量等信息，如图 8.11 所示。

(2)巡检记录详情浏览。

实现对历史巡检任务信息展示，包括巡检任务结束时间、巡检任务轨迹地图展示、巡检路线里程、巡检所用时间、发现事件数量、巡检小结、巡检事件清单等信息，如图 8.12 所示。

(3)本地事件上报。

实现巡检过程中，离线保存的问题事件手动上报功能，如图 8.13 所示。

图 8.11　巡检记录清单

图 8.12　巡检记录详情

（4）巡检事件详情浏览。

实现对巡检过程中发现的问题事项详情浏览，包括事件紧急程度、事件地址、事件问题类型、事件位置、现场照片及音视频、事件语音及文字说明等信息，如图 8.14 所示。

图 8.13　巡检信息离线上报

图 8.14　问题事件详情

4. 信息查询

提供信息查询功能，可查询当前用户 1 公里范围内的所有地物信息，用户点击任意记录可查询详细信息，如图 8.15 所示。

图 8.15　信息查询

8.2　无人机巡检技术应用

8.2.1　巡检工作设计

传统的人工巡检方式，不仅工作量大，而且条件艰苦，花费时间长、人力成本高。某些区域和路线目前利用人工巡检方式可能还难以很好地完成。现代无人机具备高空、远距离、快速、自行作业的能力，基于无人机对南水北调工程进行巡检工作，能为工程安全的管理和维护提供数据支持。无人机遥感技术综合了无人机和遥感技术的特点，可以自动快速地获取地貌的空间遥感信息，利用无人机遥感技术辅助巡检相较于传统人工巡检展现了多方面的优势，在数据采集方面：无人机可以根据巡检要求开展高空间、大面积的巡检工作，也可以实现低空间较小范围精确监测；

在影像精度方面：无人机搭载的相机其分辨率可达到厘米级别；在数据处理方面：无人机获取的影像通过高性能自动处理技术，可自动完成数据的预处理、精加工和镶嵌，高效生成数据，整体成本低；同时，在处理一些险要地段时无人机可以很好地代替人工巡检，避免巡检的漏洞，提高了巡检质量和效率。

现阶段南水北调工程全线按照地理位置分区，以管理处为最小单位划分责任区段，按照每个责任区段根据人工排查能力细分巡检区间，采用的是人工排查的模式进行日常巡检。主要作业方式是巡检员沿着渠道逐一排查隐患点，并及时上报。随着无人机硬件设备的引入，利用其巡检的优势可以弥补人工巡检的不足，巡检工作覆盖范围更广、效率更高、不遗漏且可追溯。

1. 巡检方式

根据巡检目的的不同，可将无人机巡检方式分为日常巡检、特殊巡检和应急巡检。

日常巡检：无人机日常巡检主要用于配合人工日常巡检，采用周期性巡检方式，对保护区内、外进行大范围全面巡检和建筑物精细化巡检。

特殊巡检：无人机特殊巡检主要指汛期巡检(每年 5～10 月)和冰期巡检(每年 12～2 月)，针对特殊时期出现的问题进行专项目标巡检。

应急巡检：无人机应急巡检主要指暴雨、污染等灾害发生后，对渠道受到影响的渠段快速普查和受灾区域定点详细排查。

2. 巡检内容

(1)日常巡检——全线大范围定期排查。

渠道大范围内利用固定翼无人机搭载可见光相机装置，对渠道全线进行快速排查，如表 8.1 所示。

表 8.1　全线大范围定期排查作业内容

序号	巡检范围	巡检内容	巡检工具	巡检频次	分辨率
1	明渠保护区外扩 200m	征地违法侵占、周边污染、潜在污染源、地貌变化、采砂、排水情况等	固定翼无人机	一次/月	10cm
2	明渠保护区内	隔离网密闭、防护网损坏、建筑物损坏	固定翼无人机	一次/月	10cm
3	箱涵保护区两侧 50m	违章建筑、违规行为、地表渗水点、塌陷、光缆开挖、施工等	固定翼无人机	一次/月	10cm

(2)日常巡检——保护区范围内建筑物、信息机电精细化巡检。

渠道建筑物和信息机电精细化巡检利用多旋翼无人机搭载可见光相机装置，采用低空、低速、悬停飞行方式分别对重要建筑物和 35kV 线路杆塔部件进行逐项高分辨率拍照排查，如表 8.2 所示。

表 8.2   保护区范围内建筑物、信息机电精细化巡检作业内容

序号	巡检范围	巡检内容	巡检工具	巡检频次	分辨率
1	重点建筑物	倒虹吸、渡槽、裹头、护坡、马道、衬砌板、截流沟、构造沟、横向排水沟、纵向排水沟、35kV 线路等隐患	多旋翼无人机	一次/3 天	0.5cm
2	信息机电部分	35kV 线路的杆塔、绝缘子、金具、导线、地线等主要部件	多旋翼无人机	一次/3 天	0.5cm

（3）特殊巡检——汛期巡检。

主要包括汛前预防性排查和汛后防汛成果普查，如表 8.3 所示。

表 8.3   汛期巡检作业内容

巡检范围	巡检内容	巡检工具	巡检频次	分辨率
渠道保护区范围外扩 200m	渠道全线拍摄、隐患点排查	固定翼无人机	一次/年（汛前、汛后各一次）	2cm

（4）特殊巡检——冰期排查。

主要指冬季结冰前渠道水面情况的排查，如表 8.4 所示。

表 8.4   冰期排查作业内容

巡检范围	巡检内容	巡检工具	巡检频次	分辨率
渠道保护区范围外扩 200m	水面结冰、衬砌板冻胀	多旋翼无人机	一次/天（冰期）	0.5cm

（5）应急巡检——全面快速普查。

灾害发生后，利用固定翼无人机全线快速巡检，拍摄可见光照片，作业人员通过照片快速解析，定位灾害区域及受灾范围，如表 8.5 所示。

表 8.5   全面快速普查作业内容

巡检范围	巡检内容	巡检工具	巡检成果	分辨率
渠道保护区范围内	边坡滑塌、建筑物进出口积水、防护堤缺口、渡槽过流量、桥梁伸缩缝渗水、外水进入渠道等	固定翼无人机	照片	10cm

（6）应急巡检——受灾区域详细排查。

全线快速排查后，可确定受害区域，再利用旋翼无人机对受灾区域进行精细化巡检，并实时回传视频，为指挥中心及时实时反馈前方受灾区域情况，如表 8.6 所示。

表 8.6   受灾区域详细排查工作内容

巡检范围	巡检内容	巡检工具	巡检成果	分辨率
受灾区域	受灾区域精细化排查	多旋翼无人机	照片、视频	0.5~1cm

8.2.2 巡检无人机选型

当今越来越多的科研单位、测绘公司投入到低空飞行载体的研究中，我国已有多家科研机构和企业研制出多种类型的飞行系统，固定翼、旋翼、三角翼、直升机、轻型飞机等种类多样，性能各异。

1. 固定翼无人机

固定翼无人机(图 8.16)经过不断地创新和发展，已有很多种布局形式。根据机翼和尾翼的相对位置，可分为正常式布局(后置平尾)、鸭式布局、无尾布局、三翼面布局、连接翼布局及飞翼布局等。正常式布局具有良好的大迎角特性和中、低空机动性，其缺点是在配平状态，尾翼会带来升力损失；鸭式布局具有高机动性能，其缺点在于鸭翼位置与主翼的配置较难，大迎角时飞机上仰力矩大；无尾布局由于没有前翼和尾翼，跨、超声速时阻力小，结构简单，重量较轻，缺点是纵向操纵及配平仅靠机翼后缘的升降舵实现，尾力臂较短，操纵效率低，配平阻力大；三翼面布局是在正常式布局的基础上增加了前翼，因此它综合了正常式和鸭式布局的优点，其缺点是因增加了前翼而使零升阻力和重量增加。

固定翼无人机从结构部分来看有常规布局、飞翼布局、V 尾布局等，目前固定翼航测无人机都使用常规布局固定翼无人机，这种布局的无人机制作、调试和控制都很简单，但巡航稳定性和续航时间不如飞翼布局的无人机，早期飞翼布局的无人机的飞行控制器设计较为复杂，控制起来不如常规布局无人机简单，随着飞行控制器的不断升级和发展，目前飞翼布局无人机应用在航测中也逐渐成为主力，如常见的天行者 X5、X8 机型都是各大厂商航测机的载机类型之一。固定翼航测无人机的作业效率非常高，源于其无人机气动效率较高；其续航时间较长，故飞行距离较远，有些油动固定翼无人机甚至可以作业长达数小时；其飞行速度较快，飞行高度较高，由于固定翼获得升力来源于机翼上下空气流动导致的压差和气流冲击效应，所以固定翼航测无人机在高原空气密度较低的环境中仍可以可靠应用。

但是固定翼无人机也有许多缺点，如飞行过程中无法做过多机动性动作，无法悬停，对航测机载影像设备要求较高，需要空速传感器，增加飞行控制器的设计难度，飞翼布局的航测无人机转弯半径过大容易失速，浪费过多续航时间和照片。以上是固定翼无人机本身的一些缺陷，而对于工作环境来讲，固定翼无人机起飞需要跑道或者弹射架，飞机爬升一定高度需要一片空旷区域，不能做到垂直起降，飞机降落需要伞降或者滑跑降落，降落精度和安全性不高。

固定翼无人机的性能如下。

(1)飞行速度：巡航速度 50～300km/h。

(2)飞行高度：50～3000m。

图 8.16　固定翼无人机

（3）挂载方式：托装。

（4）优点。

①续航时间较长，飞行距离长，巡航面积大，适合大面积作业；

②可设置航线自动飞行，可设置回收点坐标自动降落；

③抗风能力强，飞行稳定性较好。

（5）限制。

①需要专业的操作培训，操作难度较大；

②起降场地受限，灵活性较差。

2. 多旋翼无人机

　　多旋翼无人机是主要利用气流冲击效应，螺旋桨向下冲击空气使得空气对旋翼产生反作用力得到的升力的无人机，拿四旋翼无人机来讲，X 型布局的四旋翼获得向前向后的推力是前后两个电动机转速不一致造成的，如后面两个电动机转速较高，前面两个电动机转速较低，那么后面的旋翼获得的升力比前面的旋翼获得的升力大，使得无人机向前飞行。通过飞行控制器的辅助控制，改变每个旋翼的转速可以精确地控制无人机姿态，如悬停、旋转、翻滚等动作。多旋翼无人机在航测领域特别是城市三维建模中具有非常明显的优势，其飞行稳定、定位精确、动力充足、可携带记载设备较多，可挂载多个摄影设备，如正摄影像和 45°倾斜摄影等。由于其飞行较为稳定，可以垂直起降，所以在城市或者地形较为复杂的区域应用较为广泛，六旋翼以上机型在飞行控制器的支持下甚至可以做到一个旋翼出故障仍可以有效控制无人机返航，在无人机操作员的训练中可以明显看出多旋翼无人机在飞行控制器和 GPS 定位的辅助控制下可以迅速上手，易于控制。

　　而相对于固定翼无人机而言，多旋翼无人机（图 8.17）作为航测载机的缺点也是非常明显的，其飞行效率较低，由于多旋翼是由多个电动机组成，造成其续航时间较短，航程也相应降低，由于动力设备较多，造成其成本较高。在高原空气密度较低的环境中，旋翼获得的推力明显下降，效率和安全性大大降低。

图 8.17　多旋翼无人机

多旋翼无人机的性能如下。

(1)飞行速度：巡航速度 50～70km/h。

(2)飞行高度：50～1000m。

(3)挂载方式：托装、吊装。

(4)优点。

①起降较灵活，选择测区附近较平坦空旷场地即可进行起降，无须跑道，节约作业时间和成本；

②机身结构简单，易于维护，便于携带，保养成本低；

③操作简单易学，航飞人身安全风险较小。

(5)限制。

①受侧风影响较大，不适合高原峡谷等气流复杂的地区飞行；

②续航时间较短，不适用于大面积长航程作业。

3. 两种机型在南水北调工程巡检中发挥的作用

从以上的分析和对比来看，固定翼无人机和多旋翼无人机在航测中的应用领域不尽相同，固定翼航测无人机主要面向大面积长航时测绘使用，多旋翼航测无人机主要在城市三维建模、小面积高精度测绘中使用。随着科技的发展，有些公司开始研发固定翼垂直起降技术，如常规布局的固定翼加装多旋翼装置，使得其可以垂直爬升到一定高度后切换到固定翼模式进行飞行；飞翼布局无人机通过加装稳定性装置垂直起飞后平稳过渡等可以弥补固定翼无人机的某些缺点，不过固定翼加装多旋翼装置仍无法长时间工作在多旋翼状态，其目的是让固定翼可以垂直起降适应更多场地，航测时工作状态仍是以固定翼飞行为主，所以这两种机型仍然在各自擅长的领域中发挥其优势。

根据南水北调巡检内容和要求，垂直起降固定翼无人机利用其作业范围大、续航时间长、飞行效率高等特点，可发挥的作用包括：

(1)渠道全线基础地理信息数据获取，如数字正射影像、数字高程模型、高精度倾斜模型等；

（2）日常巡检对保护区内外环境变化、渠道隐患定期大范围全面普查任务；

（3）特殊巡检中汛前、汛后渠道状况全线排查；

（4）应急巡检中灾害发生后对受灾区域影响渠段状态全面排查。

根据南水北调巡检内容和要求，多旋翼无人机利用其飞行灵活、操控性强、拍摄角度多变、精准悬停、分辨率高等特点，可发挥的作用包括：

（1）日常巡检中针对保护区范围内重要建筑物的精细化巡检；

（2）特殊巡检中冰期对水面结冰和建筑物冻胀情况的巡检；

（3）应急巡检中对灾害区域现场情况的及时获取，视频实时回传，对受灾范围和程度迅速精细化排查。

4．南水北调工程无人机巡检硬件配置

南水北调工程无人机巡检所使用的固定翼无人机配置的主要性能指标要求如表8.7所示，多旋翼无人机配置的主要性能指标要求如表8.8所示。

表 8.7　固定翼无人机参数配置

技术指标	详细参数
最佳巡航空速	20m/s(72km/h)
最大飞行空速	30m/s(100km/h)
垂直起降动力	电机
平飞动力	电机
启动方式	电启动
防水级别	小雨
续航时间	≥1.5h
实用升限	4500m
抗风能力	5 级(10m/s)
起降方式	垂直起降
GPS 定位	实时 RTK 和 PPK
搭载相机	微单相机(Sony A7R 3640 万像素或 SonyA7RII 4240 万像素)
搭载传感器	高清摄像头，12 倍光学变焦，15 千米 1080p 高清视频传输
工作半径	30～50km

表 8.8　多旋翼人机参数配置

技术指标	详细参数
飞行器重量	不大于 2kg
最大上升速度	运动模式≥6m/s；定位模式≥5m/s
最大下降速度	运动模式≥4m/s；定位模式≥3m/s
最大水平飞行速度	运动模式≥70m/s；姿态模式≥50km/s；定位模式≥50m/s
最大可倾斜角度	运动模式≥40°；姿态模式≥35°；定位模式≥25°
最大旋转角速度	运动模式≥250°/s；姿态模式≥150°/s

技术指标	详细参数
实用升限海拔高度	高于 3000m
抗风能力	大于 5 级（风速大于 8m/s）
续航时间	大于 25min
工作环境	−10℃～40℃

8.2.3　智能航线规划

南水北调中线干渠始于南阳盆地，经伏牛山、外方山和嵩山东麓与黄淮平原接壤处向北延伸；到郑州市西横贯黄河冲积扇，抵太行山南端焦作市；向东北至新乡市，折向太行山东麓与华北平原接壤处北行；至河北徐水县一分为二，一仍沿太行山东麓行抵北京市西，另一跨华北平原抵天津南杨柳青。工程安全巡检选用固定翼无人机和多旋翼无人机两种机型，分别适用于大范围长航时巡检与小面积精细化巡检。

无人机巡检前，首先需要充分了解工程巡检区域的基础地形地貌、重要建筑设施、道路交通、禁飞区等信息，收集巡检区域遥感影像、地形图、中线全线路径图等资料，用来辅助无人机巡检航线规划，必要时需在巡检作业前进行实地踏勘，对区域内自然环境、地理环境、天气状况等情况进一步确认，使用固定翼无人机进行航摄作业时，还需选择距航摄区域最近的较大面积平坦区域作为无人机起降场地，保证航飞安全。

航线规划是航摄任务的重点，它的主要任务是根据航摄任务的要求完成航摄的分区、相机曝光点的选定，并将航线规划结果以一定的格式发送到无人机的飞控系统，由无人机完成航摄任务，航线规划结果的好坏直接影响最终航摄结果质量的高低。

根据我国制定的大比例尺航空摄影标准和《低空数字航空摄影测量外业规范》《1:500 1:1000 1:2000 比例尺地形图航空摄影规范》，无人机航摄的影像质量有如下规定。

（1）无人机航摄影像要确保全摄区无盲区，不得出现航摄漏洞，航向重叠度一般应在 65%～75% 之间，最大为 75%，最小应大于 56%，旁向重叠度在 35% 左右，最小不小于 13%；

（2）航摄相片倾斜角一般不大于 2°，航摄区域边界覆盖应保证航向超出测区边界至少一条基线，旁向超出边界不小于像幅的 30%。

除此之外，无人机航线实际规划中涉及很多约束条件与限制，其中包括无人机性能、地形地貌、海拔、地磁场、气候、禁飞区等多方面的因素。基于以上技术规定，针对不同的巡检任务并结合不同机型特点，分别进行智能航线规划。

1. 固定翼无人机航线规划

由于中线工程渠道线路呈长距离带状分布，固定翼无人机的长续航特点与中线干渠线路的特点相契合,因此应用固定翼无人机进行渠道线路的长距离全覆盖巡视可大大保证任务顺利完成。

针对渠道线路的航线规划,可以分为多作业区域、单作业区域和多架次区域返航三种航线规划方式。多作业区域与多架次作业区域航线规划为大面积、长距离航线规划方式,分别由单作业区和单架次航线规划构成,考虑到本次实际应用情况,选择多作业区域全覆盖航线规划方法,可分为多个单作业区。单作业区域全覆盖航线规划分为障碍区域和非障碍区域,由于巡检无人机高空作业无障碍物阻碍等影响,因此选用非障碍区域的航线规划方法。非障碍区域又分为凸多边形与凹多边形航线规划,主要针对目标地物形状划分。考虑到实际巡检线路距离与建筑物分布,选取凸多边形航线规划方式。

作业前的航线规划是成功完成任务的关键因素,规划功能的复杂程度取决于任务的复杂程度,简单的单作业区域任务规划需要制定接近和离开目标点的飞行路径及飞行巡视的区域。一般步骤首先需要精确确定目标点的位置与飞行器的位置。早期的无人机系统中,通过数据链路确定的方位角和距离数据来定位飞行器相对于任务规划和空间数据链天线的位置,而天线本身的位置可事先测得。

上述导航形式在大多数应用系统中已经被 GPS 等机载绝对位置定位系统所取代,其主要原理是获取飞行器的 GPS 大地坐标,使用坐标数据与机载自动驾驶仪的惯性平台共同调整飞行器的姿态。过程一般为先确定传感器相对于飞行器机身的角度,通过读取传感器组件上的云台指向角度来完成此项工作;然后,这些角度必须与飞行器机身的姿态信息相结合,以确定在大地坐标下定义的角度值,从而精确定位飞行的位置信息。

在无人机渠道巡检中,航线规划一般采用 GPS 导航系统完成。另外,还需要确保无人机自身及巡视线路的安全,避免受到外部电磁干扰,影响飞行、信息采集和传输,同时保持飞机和渠道及建筑物的距离,保证有足够的飞行空间。全覆盖航线规划需优先选择坐标投影方式,建立待巡视区域投影坐标系,再根据实际情况选择飞行作业方式,从而完成待巡视区域的图像采集任务。

由于本次巡检任务分为多个单作业区,各作业区内地形起伏较为平缓,所以无人机在单作业区内采用等高平飞的方式飞行。

1)航线规划参数确定

(1)相机参数。

由于相机的参数直接影响着航线设计的航高以及重复率等参数的设定,因此首先需要了解无人机所搭载相机的相应参数,具体包括相机像素、镜头视场角、焦距、CCD 传感器尺寸等,其中,相机焦距用 f 表示;相机镜头视场角用 fov 表示,可细分为横向视场角及纵向视场角。

（2）地面分辨率。

地面分辨率（GSD）表示影像能够分辨最小地物的能力，根据无人机巡检实际需求确定。地面分辨率用 R 表示，与航高 H 以及 CCD 尺寸 δ 关系为

$$R = \delta \cdot \frac{H}{f} \tag{8.1}$$

（3）航摄相对高度。

航摄相对高度指的是摄影机物镜相对于某一基准面的高度，常称为摄影航高，航摄相对高度由相机焦距 f、相机像元大小 δ 和地面分辨率 R 共同决定。

（4）航向重叠度。

航向重叠度用于表示相同航摄基线上两张相邻影像的重叠率：

$$p_1 = 1 - \frac{v \cdot T}{2H \cdot \tan \dfrac{\text{fov}_y}{2}} \tag{8.2}$$

其中，T 表示航线相邻影像拍摄间隔时间，v 表示无人机飞行速度，fov_y 表示无人机镜头纵向视场角。在已知重叠度要求后，可由此计算无人机的拍照间隔或飞行速度。

（5）旁向重叠度。

旁向重叠度描述影像与相邻航线中相应影像之间的重复率，常用于表达航线间距：

$$p_2 = 1 - \frac{D}{2H \cdot \tan \dfrac{\text{fov}_x}{2}} \tag{8.3}$$

其中，D 表示两航线间距离，fov_x 表示无人机镜头横向视场角。

（6）飞行速度。

无人机飞行速度过快或相机曝光时间较长将产生运动模糊效应，要求影像位移小于感光元件大小的 0.3 倍，依据下式得到最大飞行速度：

$$V_{\max} = \frac{S_{\max}}{t} \cdot R \tag{8.4}$$

其中，$S_{\max}$ 表示最大位移量，t 表示曝光时间，曝光时间应依据测区现场环境设定，并依此规划无人机飞行速度。

2）地图投影

在无人机生成航线规划地图时，不可以直接使用 GPS 设备采集的经纬度坐标，是由于航摄基线和航线间隔均采用的是平面坐标系统，而无人机惯性导航系统、飞控系统以及航摄区域坐标通常采用的是 WGS-84 坐标系统，因此，需要进行地图投影相关计算，修正实际位置偏差，获取无人机实际位置的真实值。地图投影是指将位置采集设备采集 GPS 经纬度坐标转换为平面坐标的一种方式。现今主要的投影方

法从距离、面积和角度三个切入点入手，将其称为等面积投影法、等角度投影法和等距离投影法。

(1)等面积投影法：在投影后的地图中，坐标距离和角度不发生变形与畸变，但投影后的实际作业区域与原区域面积相等。

(2)等角度投影法：等角度投影法又名正形投影方法，投影后的地图中，距离和面积发生较大的改变，但坐标系的任何两个方向的夹角与经纬度获取的夹角相等。

(3)等距离投影法：等距离投影法又名任意投影法，其相对精度较低，投影后的地图中，经线与纬线不会出现较大的偏差，但其他任何方向带来的变形无法确定，并且角度与面积会发生较大程度的变化。

本次应用对象为南水北调中线渠道线路的航线规划，隶属于导航系统地图，并且在飞行拍摄的过程中，需避免多拍、重拍和漏拍等现象的发生，所以，选取等角度投影方法生成待巡视区域地图进行航线规划计算。现今使用最为广泛的两种等角度投影方法为墨卡托(Mercator)投影法与高斯-克吕格投影法，鉴于地面站监控系统算法与投影法自身性质，选取高斯-克吕格投影法为该巡检任务的地图投影方法。

高斯-克吕格投影法本质是将 GPS 的经纬度值转化为地图米制值，但是建立较大区域的米制单位地图费时费力，既占用地面站监控系统的处理时间，又无法在现场直接获取投影地图，所以，不对全局地图的投影进行计算，只对需要巡视的区域进行局部平面坐标的建立与分析。

高斯-克吕格投影是按分带方法各自进行投影，故各带坐标成独立系统。以中央经线投影为纵轴(X)，赤道投影为横轴(Y)，两轴交点即为各带的坐标原点。纵坐标以赤道为零起算，赤道以北为正，以南为负。我国位于北半球，纵坐标均为正值。横坐标如以中央经线为零起算，中央经线以东为正，以西为负，横坐标出现负值，使用不便，故规定将坐标纵轴西移 500 千米当作起始轴，凡是带内的横坐标值均加 500 千米。由于高斯-克吕格投影每一个投影带的坐标都是对本带坐标原点的相对值，所以各带的坐标完全相同，为了区别某一坐标系统属于哪一带，在横轴坐标前加上带号。

具体建立平面坐标系的模拟步骤如下：①假设在平面坐标系中待巡视区的多边形为 $A_1A_2A_3\cdots A_n$，如图 8.18 所示，n 为待巡视区的顶点个数；②通过计算得出待巡视边界顶点的坐标值 x_{min}(横向最小值)与 y_{min}(纵向最小值)；③设置无人机起飞点 O，且 O 点位于 x_{min} 与 y_{min} 之中。以无人机起飞点 O 为平面坐标系的原点构建地图，并且 X 轴与 Y 轴分别为平行于高斯-克吕格投影平面的坐标轴，应用该方法构建坐标系的目的为将待测区域保留在平面坐标系的第一象限内，便于后续的规划与计算。

3)飞行方式选取

针对中线渠道线路全覆盖航线规划方式，主要为非障碍区域的凸多边形航线规划方法，凸多边形航线规划以牛耕法和内外螺旋法为主。两种方法的应用场景不同，原理不同，主要是飞行覆盖区域的遗漏覆盖、重复覆盖、多余覆盖、作业路程和转弯次数不同。遗漏覆盖是指无人机的自动驾驶仪的航线出现偏差或操作人员出现误操作，导致飞行不在预定航线出现漏检的情况。重复覆盖和多余覆盖指无人机飞行航线出现重叠，在同一位置进行多次巡视的操作，浪费动力燃料与巡视时间，主要以导航系统误差为主。作业路程的较长和转弯次数的较多都会带来巡视成本的损耗。因此，根据巡视任务的需要，选取合适的飞行方式是无人机巡视作业的重中之重。

牛耕法是现今无人机巡视领域应用最为普遍的方法，主要优点有巡视面积大、巡视航程短和转弯次数少等，原理如图 8.19 所示。

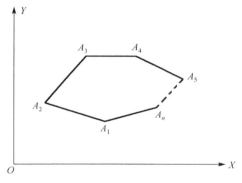

图 8.18　平面坐标待巡视区域多边形图

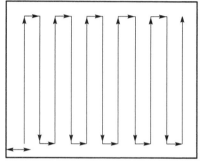

图 8.19　牛耕法原理图

内螺旋法与牛耕法存在较大区别，如图 8.20 所示，沿边际的内螺旋行走方式，与沿横边开始行走的方式相比，路程和转弯次数较多。从巡视区的左方边界开始，沿直线顺时针或逆时针飞行，直至覆盖所有待巡视区域位置。外螺旋法与内螺旋法原理基本相同，区别在于外螺旋法是从待巡视区域中心以螺旋方式向外飞行，到达巡视边界停止。

综合两种方式的优缺点，螺旋法出现重复、遗漏拍摄的概率更大，经常出现在作业航线的拐点处，牛耕法在这方面出现的问题较少。在

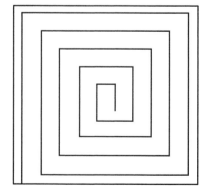

图 8.20　螺旋法原理图

同一片待巡视区域内比较两种方法的作业路程与转弯次数，得出转弯次数相同，牛耕法的作业路程更长。但在本次无人机巡视作业的转弯过程中不进行拍摄操作，所以，综合考虑选取牛耕法往复作业飞行方式更加适合本次渠道线路的巡检任务。

2. 多旋翼无人机航线规划

南水北调工程巡检任务中，可利用多旋翼无人机的灵活性进行精细化巡检，巡检分辨率需达到毫米级。对于传统的多旋翼无人机摄影测量作业模式来说很难实现，可采用贴近摄影测量方法进行数据采集。

贴近摄影测量(nap-of-the-object photogrammetry)是利用无人机对非常规地面(如滑坡、大坝、高边坡等)或者人工物体表面(如建筑物立面、高大古建筑、地标建筑等)进行亚厘米甚至毫米级别分辨率影像的自动化高效采集，并通过高精度空中三角测量处理，以实现这些目标对象的精细化重建的一种摄影测量方法，其拍摄方式与传统摄影测量有很大的区别，如图 8.21 所示。

贴近摄影的本质是对目标表面摄影，核心是"从无到有""由粗到细"的精细化影像数据自动采集策略，如图 8.22 所示。贴近摄影测量在实际应用中的工作流程包含两方面：一是"从无到有"，当拍摄目标不存在初始场景数据时，需先采集少量目标数据并重建粗略场景信息；二是"由粗到细"，当已有的场景数据转换到 WGS-84 参考椭球下，并以此作为初始场景数据，然后根据初始场景信息对拍摄目标进行贴近航线规划，采集获取全覆盖高分辨率场景影像，最后根据需求进行影像后处理。

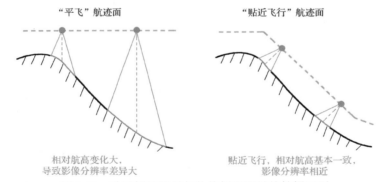

图 8.21　贴近摄影测量与传统摄影测量的拍摄区别

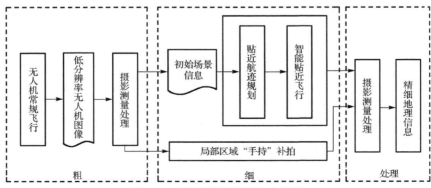

图 8.22　贴近摄影测量基本流程

为保证无人机安全、自动地贴近飞行，需在目标初始场景信息的引导下进行航线规划，包括无人机的飞行方式、拍摄时的位置、拍摄时的摄影姿态等参数。初始场景信息采集处理使用传统摄影测量方式进行作业，此处不做详细介绍。航线规划时需要考虑包括拍摄距离、影像重叠度、无人机电量消耗、无人机航线模式、当地的法律法规等因素。与常规的航线规划不同，贴近航线规划需要更多地考虑目标场景信息，根据目标表面的特点，设计对应的贴近航线规划方法，让无人机高效、安全地完成目标精细化数据采集工作。

多旋翼无人机巡检监测内容包含重要建筑物、水面结冰和建筑物冻胀情况以及灾害区域现场情况，可通过单个或多个平面对其表面进行描述的目标划分为一类，称为规则目标。根据这些目标表面类型的不同，还可将其进一步分为四类：①立面，这类目标的主体垂直于水平地面且其表面没有太大的起伏，典型的代表是建筑物墙面；②斜坡，这类目标的主体与地面倾斜相交，可以用倾斜的面对其进行拟合表示，典型的代表是护坡；③柱体，这类目标的主体相对于周围环境而言独立突出，主体为圆柱状，典型的代表是塔；④建筑物整体，对于一般的建筑物来说都可以将其分为顶面和侧面，而侧面是由多个立面构成。下面分别对这四类规则目标的航线规划方法进行介绍。

（1）立面。

考虑到无人机在飞行过程中保持同一高度飞行比改变高度飞行耗费电量更少，可以有更长时间的续航，所以在航线规划过程中会尽量采用无人机飞行高度变化小的规划方式，以延长无人机的有效作业时间，提高影像数据获取的效率。对于立面而言，在航线规划时将会以水平方向为主航线方向，然后改变飞行高度以蛇形航线的方式覆盖整个目标。

假设相机的视场角为 $(\mathrm{fov}_x, \mathrm{fov}_y)$，飞机贴近目标的距离为 d，最低安全飞行高度为 H_0；设期望的轨迹内重叠率为 O_x，轨迹间重叠率为 O_y，摄影的旋偏角 κ 和俯仰角 ω 可调整：规定旋偏角为正北方向到机身的角度，顺时针为正，逆时针为负，取值范围为 $-180°$ 至 $180°$；规定俯仰角为相机镜头角度，水平时为 0，向下为负，取值范围为 $-90°$ 到 $0°$。

将近似垂直面或建筑物立面类场景用立面来模拟：首先对初始地形信息进行立面拟合，获取立面底边坐标 (v_1, v_2)、立面的法向量 $\vec{N}$ 和高差 H_v；然后将立面沿法向量方向平移距离 d，得到底边坐标为 (v_1', v_2') 的飞行轨迹规划平面，无人机机身偏角为正北方向单位向量 $\vec{Q}$ 到立面法线向量的负方向的角度，即

$$\kappa' = a\tan 2(\vec{Q}_y, \vec{Q}_x) - a\tan 2(-\vec{N}_y, -\vec{N}_x)$$

$$\kappa = \begin{cases} \kappa' - 2\pi, & \text{如果} \kappa' > \pi \\ \kappa' + 2\pi, & \text{如果} \kappa' < \pi \\ \kappa', & \text{其他} \end{cases} \tag{8.5}$$

根据小孔成像原理可知,当视场角为 $(\mathrm{fov}_x, \mathrm{fov}_y)$,摄影距离为 d 时,对应的地面成像范围 G 为

$$G = 2d \cdot \tan\frac{\mathrm{fov}}{2} \tag{8.6}$$

由此,图像水平方向的覆盖范围为 $G = 2d \cdot \tan\dfrac{\mathrm{fov}}{2}$,水平方向上重叠边长为 $O_x = o_x \cdot G_x$,水平方向上两个曝光点间的距离为

$$\Delta s = G_x - O_x = (1 - o_x) \cdot 2d \cdot \tan\frac{\mathrm{fov}_x}{2} \tag{8.7}$$

在轨迹规划平面内,沿 v_1' 到 v_2' 方向,间隔 Δs 距离,依次计算出曝光点的水平坐标。

当无人机最低安全飞行高度 H_0 小于立面高度 H_v 时,类似于水平方向的规划,从 H_0 开始,飞机飞行高度每次增加 Δh,计算相机的覆盖范围,直到某次覆盖范围超出立面高度时停止,此时,相机镜头正对立面,相机旋转角 $\omega = 0°$,其中,

$$\Delta h = G_y - O_y = (1 - o_y) \cdot 2d \cdot \tan\frac{\mathrm{fov}_y}{2} \tag{8.8}$$

当 $H_0 > H_v$ 时,为了保证拍摄到立面的底部,将相机镜头向下进行旋转,不再正对立面;每次旋转时,保证前后重叠范围为 O_y,直到某次覆盖范围达到立面底部时停止旋转,记录每次的旋转角 α,则相机旋转角 $\omega = -\alpha$;最后将水平位置、高程位置、无人机机身朝向、无人机镜头偏转角度进行组合,以获取最终的航线规划结果。

(2)斜坡。

对于斜坡这一类目标而言,可以由一个空间斜面来进行拟合描述。而空间斜面,可以认为是由立面绕其下底边旋转得到的。因此,斜坡的贴近航线规划可以参照立面的规划方法。

将斜坡表面场景用空间平面来模拟:首先对初始地形信息进行平面拟合 P_0,获取表面的法向量 $\vec{N}$、P_0 与水平面夹角 θ,以及上下底边的端点坐标;然后将 P_0 沿 $\vec{N}$ 方向平移 d,得到飞行轨迹平面 P_1;将 P_1 沿着下底边旋转 θ 角到竖直立面 P_1'(等效规划面),在 P_1' 面内按立面类中的方法进行曝光点位置规划,然后将曝光点空间坐标旋转 $-\theta$ 至 P_1 面,得到最终的曝光点空间坐标,然后根据法向量 $\vec{N}$ 的水平投影,按式(8.5)计算无人机机身的朝向;将 P_1' 中规划点的旋转角减去 θ,获得对应的相机镜头旋转角。

对于简单的滑坡地形来说,也可以将其划分为多个空间斜面并单独进行贴近航线规划。

（3）柱体。

柱体的特点是高度高、水平投影面积小，用柱体的最小外接圆圆心 v_c 和半径 R_{min}、高差 H_t 这两类参数来描述一个柱体。

通过初始场景信息计算柱体的最小外接圆 C_0，那么以 $d + R_{min}$ 为半径的 C_0 的同心圆 C_1 则是柱体目标的轨迹规划面。如果直接在圆 C_1 上进行航线规划，需要不断地调整机身偏角以满足重叠度的要求，而频繁调整机身偏角会增加耗电，降低无人机的有效作业时间。因此，将在圆上的航线规划转换为对多个立面的航线规划问题，一般采用正六边形对柱体目标表面进行拟合。

计算该同心圆 C_1 的内接正六多边形，以该正多边形的每个顶点为曝光点的水平位置。在每个曝光点，无人机应正对目标圆心，无人机机身偏角即为正北方向单位向量 $\vec{Q}$ 到顶点与圆心构成的矢量的夹角。在竖直方向上，按立面类近似垂直面或建筑物立面目标中描述的方法来计算曝光点的高程值和对应的相机旋转角度，最后将所有曝光点叠加，获得环绕整个目标的航线规划结果。

（4）建筑物整体。

考虑到建筑物顶面与建筑物侧面的飞行方式不同，而且对那些被植被遮挡包围的建筑物来说，无人机只能安全地对其顶面进行拍摄而不能拍摄其侧面，所以将建筑物整体分成两部分来考虑：建筑物侧面和建筑物顶面。

建筑物的侧面实际上就是多个立面的组合，因此可以分别对每个立面进行航线规划，然后将各个立面的规划结果进行组合，首先对初始地形信息进行拟合，得到建筑物的最小包围盒。然后对包围盒的各个立面按照立面类近似垂直面或建筑物立面方法计算曝光点。在包围盒的各立面相交的边缘处，按照柱体类圆形建筑物方法，在给定角度的扇形里面增加一定的曝光点，以保证拍摄的影像在各个立面间能够平滑过渡。对建筑物顶面拍摄时相机镜头需要竖直向下，因此建筑物顶面的曝光规划可以参考传统摄影测量的航线规划方法。为将建筑物的顶面与侧面进行连接，还需要在竖直航线规划的基础上增加一些倾斜摄影航线，保证能同时拍到建筑物的顶面和侧面，以便在后续数据处理中自动地实现顶面和侧面的连接。最后将所有的曝光点叠加得到最终的航线规划结果。

8.2.4 智能飞行控制

无人机智能飞行控制需满足两大功能：一是飞行控制，即无人机在空中保持飞机姿态与航线的稳定，以及按地面站无线电遥控指令或者预先设定好的高度、航线、航向、姿态角等改变飞机姿态与航迹，保证无人机的稳定飞行；二是飞行管理，即完成飞行状态参数采集、导航计算、遥测数据传送、故障诊断处理以及任务设备的控制与管理等工作，这也是无人机进行无人飞行和完成既定任务的基础。

基于以上目的开发的智能飞行控制系统，可主要分为飞行控制系统、地面站控制系统两大部分，其中，飞行控制系统是基于飞行平台实现的，主要任务是飞行控制；地面站控制系统是基于可显示终端设备实现的，主要任务是飞行管理。

1. 飞行控制系统

飞行控制系统的主要任务是提供空中飞行任务执行平台，为地面站控制系统提供图像数据内容。飞行控制系统不仅包含飞行平台，也包含载荷系统。

飞行平台由飞行器构成，由载荷系统的中控模块自主控制。载荷系统由中控模块、无线数传/图传模块、光电模块和供电模块组成。中控模块通过自身状态采集板中的传感器获取飞行器的姿态、速度和位置信息，能够根据预置路径规划自行进行姿态调整，除紧急情况外无须地面站对飞行器进行控制。无线数传完成飞行器及载荷的数据传输命令，与地面综合接收板使用 900MHz 的频带进行数据交互；无线图传还可以实现广电系统采集的视频图像的传输，以载波 2.4G 单向下传图像。光电模块通过镜头进行有效图像信息的输入，内部的成像与处理板实现目标识别与跟踪，最终模拟图像按 Video 模式标准制式传至无线图传模块。供电模块保证飞行控制平台的正常工作。

飞行平台及载荷系统根据前面内容中描述的参数指标以及需完成的任务功能，选择市场上成熟的设备进行组装调试。

2. 地面站控制系统

1) 系统组成及功能

在整个智能飞行控制系统中，地面站控制系统是整个系统的司令部，主要负责飞行控制系统的地面控制，完成任务规划、数据命令的发送与接收，实现飞行控制系统视频图像接收、航迹规划、飞行器的任务控制、视频图像的实时显示等。

地面站控制系统主要由显示控制计算机、综合控制模块和传输模块构成。控制计算机主要负责系统控制命令的发布，任务执行过程及结果的实时显示；综合控制模块负责数据及命令的收发及部分复杂计算任务；传输模块负责有线收发、无线收发和图像处理。

地面站控制系统最主要的功能是飞行管理，主要包含对飞行器飞行状态、飞行参数、控制命令信息、姿态速度位置数据等的观测和数据记录，通过无线通信将飞行器与地面控制站相连接并传送数据。

2) 硬件设计

地面站控制系统的硬件包含综合控制模块和传输模块，提供有线和无线方式的视频监控功能，实现视频图像的快速传输与分析处理。

综合控制模块主要用于数据及控制命令的转发和图像的识别与跟踪。地面站控制系统主要通过传输模块完成对成像系统的控制，完成图像处理结果的存储和显示。

传输模块包括有线收发、无线收发和图像处理三大模块。有线收发模块针对的是成像系统，其中，有线控制部分通过 RS485 接口与成像系统和地面中控系统双向互联，有线图传部分接收到成像系统的模拟视频后经图像处理模块传至地面中控系统中的数据收发模块；无线收发针对的是空中载荷系统，无线数传模块以 900MHz 基频与载荷系统通讯，同时通过 RS485 接口与地面中控系统双向互联，无线图传模块以 2.4GHz 的基频接收空中无线图像模块的模拟视频；图像处理模块作为处理单元可对有线视频输入和无线视频输入进行处理，处理后再将视频编码发送至地面站控制系统，同时图像处理模块预留高速 LVDS 接口便于通信。

3）软件设计

地面站控制系统设计开发包括工作界面与后台数据处理两部分。工作界面包含飞行器遥测数据、各状态显示及相关控制信号设置，成像系统云台、成像载荷状态及相关控制信号设置，电子地图导入界面，航线规划、编辑，飞行器航拍视图导入界面，成像系统图像导入界面，飞行器自动防撞模块信息显示及报警。后台数据处理包括防撞距离检测，机载设备、成像系统设备状态显示，该部分功能实现需考虑数据刷新的速度及仪表数据显示的稳定性，采用多线程对各数据进行实时刷新，仪表数据显示方面拟采用双缓冲机制避免闪烁。

地面站控制系统主要功能可分为四大模块，分别负责完成飞行器航迹规划、飞行器数据链监控、成像系统监控以及数据存储记录，各模块具体功能如下。

（1）飞行器航迹规划。

飞行器航迹规划可以自主记录飞行航线，同时也可以根据飞行计划要求，导入可用的电子地图，制定出若干条可能的飞行航线。飞行器航迹规划任务可以分为任务制定、航线编辑、任务加载三大部分。

任务制定既可以导入可用电子地图、制定飞行航线，又可以给定飞行范围、目标图像，通过手动自由飞行同步记录飞行航线，同时地面站均可实时监控飞行器飞行状态。航线编辑可以通过输入如经纬度、高度、飞行姿态等信息形成航线文件。任务加载可以将任务类型和航线文件发送至地面站综合接收设备，再由该设备中负责无线传输的模块转发至飞行器。

（2）飞行器数据链监控。

飞行器数据链监控可以分为飞行状态监视、飞行参数控制、成像数据观测、数据命令控制以及数据通信传输五部分。

飞行状态监视和飞行参数控制主要是指在地面站显示界面上可以监视飞行器姿态、速度、位置、状态等数据信息，并根据飞行计划发送控制指令，实现对飞机的飞行姿态控制；成像数据观测和数据命令控制是指操作员在屏幕上可以实时观察下传的相机图像信息和相机工作状态，并生成对相机设备的控制指令，使成像设备的图像采集更满足使用要求；数据通信传输主要针对无线通信设备进行监视和控制，以保障数据通信链路的畅通。

(3)成像系统监控。

成像系统监控功能主要实现对成像系统提供的多路视频流数据进行处理显示，并控制成像系统转台角度、成像设备焦距等。

(4)数据存储记录。

数据存储记录包括地面站针对飞行器交互数据的记录回放和地面站针对成像系统交互数据的记录回放。可对飞行器航迹规划、数据链路所涉及的数字以及成像信息、成像系统的控制指令和成像信息进行记录，程序将这些数据分门别类利用数据库进行存储，能在操作人员需要时进行回放，方便查看评价航拍任务的质量。

8.2.5　巡检隐患分析

南水北调中线工程现阶段隐患分析方法主要采用人工徒步巡检目视判读的方式辨别，对发现的隐患区域拍照记录。然而，人工巡检存在强度大、效率低、无法全面巡查、及时性差等难题。利用多旋翼无人机对水渠工程进行精细化巡检，在获取的高分辨率可见光影像数据上进行人工目视解译识别地物隐患和生成隐患报告能有效减少外业工作量，可大大提高巡检效率。

1.　巡检隐患目标

根据无人机精细化巡检工作内容，常见的隐患目标包含衬砌板裂缝、排水沟损坏、害堤动物洞穴、拱圈损坏等，如表8.9所示。

2.　隐患目标识别技术

隐患目标识别技术总体线路如图8.23所示。

(1)收集历年隐患人工巡查记录、区段信息、桩号信息、相关GIS数据等资料。

表8.9　常见几种隐患目标

序号	隐患名称	照片	隐患特征
1	衬砌板裂缝	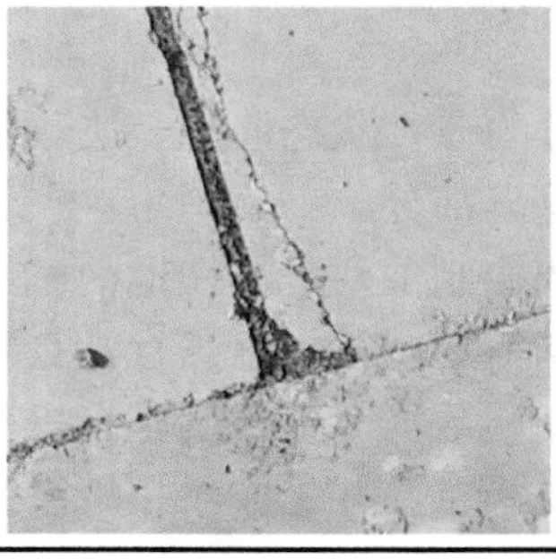	较易在边坡拱圈、水渠衬砌板等区域发生，准确地获取地缝信息有助于防止隐患进一步扩大

续表

序号	隐患名称	照片	隐患特征
2	排水沟损坏		容易造成排水不通或者漏水、渗水
3	害堤动物洞穴		洞穴破坏堤身完整，造成堤身塌陷，削弱了堤防整体安全
4	拱圈损坏		损坏了堤坝结构，减弱防洪能力

(2) 根据不同巡检要求利用多旋翼无人机对不同的关注目标进行精细化巡检采集，成像分辨率为 0.5cm，形成完整可查询可追溯的巡查照片库。

(3) 设置样区，结合已有资料，利用无人机采集高清可视化影像开展巡检隐患解译工作，内业人员在 GIS 平台中通过目视判读方法对无人机拍摄的可见光照片中的隐患信息进行识别，参考建立的隐患目标解译标志，使用点、线、面层的矢量图形对隐患目标进行绘制，总结目标在影像上的颜色、分布、形态、纹理等并建立隐患目标解译标志。

(4) 由于可见光影像存在噪声较多、对比度低等问题，为了后续识别隐患目标，需要将无人机采集的影像进行预处理工作，包括图像去噪、图像增强等。

(5) 使用自适应阈值的二值化算法，根据图像灰度特性将图像分为前景和背景两个部分。当方差达到最大时，灰度为最佳阈值，进行隐患区域的分割。在分割结果的基础上，使用连通阈分析算法进行细小噪声区域去除，可获得较为准确的隐患区域，并用最小的矩形拟合，限定最小矩形长宽比即可筛选出特定形状的隐患区域，获取隐患区域面积、长宽等信息。

(6)针对识别隐患目标的位置成果开展复查，结合已有人工巡查记录逐一实地调查，修改补充隐患识别成果。

(7)根据最终的识别成果生成包含隐患空间位置、隐患类型、隐患描述、隐患等级、建筑物桩号等信息的地理空间数据，形成无人机巡检隐患问题数据库。

(8)对隐患识别成果进行研究分析，按照飞行架次、巡检区段、建筑物类别等属性归类，生成隐患报告。隐患报告需要与隐患空间数据库存在关联，方便查询、更新、导出等。

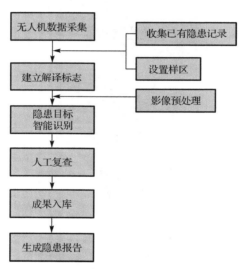

图 8.23　技术路线图

8.2.6　配套设施及条件

1. 空域申请

近年来，国务院、中央军委空中交通管治委员会、公安部等部门已经连续制定了多条有关无人机的管理规定，如《民用无人驾驶航空器系统驾驶员管理暂行规定》《民用无人驾驶航空器系统空中交通管理办法》等。根据最新的空域申请要求，结合南水北调全线路线横跨各省市及沿途飞机场情况，在开展无人机巡检工作前期，除贴近摄影测量航飞外，其余方式需针对不同区域进行空域申请，具体要求如表 8.10 所示。

表 8.10　各空域飞行申请要求详情表

序号	飞行空域	所需材料	对接单位	申报流程
1	河南省	①飞机计划申报书 ②操控人员飞行证书 ③公司相关资质证明	民航武汉空管中心 中国民航湖北省管理局 郑州机场飞行管制室	①携带准备材料到民航武汉空管中心提出申报； ②申报成功后，中国民航湖北省管理局将对接郑州机场飞行管制室； ③郑州机场飞行管制室将把审批结果告知申请人； ④申请人提前一天下午 5:00 之前向郑州机场飞行管制室报备飞行计划
2	河北省	①飞行计划申请 ②操控人员飞行证书 ③公司相关资质证明	地方治安大队 民航河北空管分局 河北民航监管局	①携带准备资料到地方治安大队提出申请； ②如涉及航拍需携带材料到空军部队申请； ③申请通过后，到民航河北空管分局申请飞行时间； ④到河北民航监管局备案
3	北京市	①航摄范围审核 ②飞行计划申请 ③飞行资质证明 ④飞手资格证书 ⑤任务委托合同 ⑥任务单位其他相关材料 ⑦空域申请书 ⑧公司相关资质证明	军区战备建设局 民航华北空管分局 航管部门 北京市公安局 当地空军管制处 当地派出所	在机场附近飞行： ①需携带材料向民航华北空管分局提出申请； ②审批成功后到当地派出所备案。 在机场以外区域飞行： ①携带所需材料向军区战备建设局提出申请； ②由军区战备建设局审核航空摄影范围； ③向航管部门提出空域申请，获批《通用航空飞行审批表》，抄送北京市公安局、民航华北空管分局等单位； ④向北京市公安局进行任务报备，提供相关批文； ⑤执行任务的时候，起飞前后向当地空军管制处电话报备
4	天津市	①飞行目的 ②飞行时间 ③飞行地区 ④飞机机型 ⑤飞行人员 ⑥公司三证	当地空军管制处 天津市公安局 北京空管委	①携带材料到当地空军管制处提交申请件； ②请当地空军管制处审批，并且查看有无敏感区域，确定该区域有无问题； ③把申请件材料准备好，提交北京空管委，由其给予最后的空域批准使用文件，加盖公章； ④拿到批准使用文件到天津市公安局报备； ⑤执行任务的时候，飞前飞后向当地空军管制处电话报备

2. 其他硬件设备配置

(1)影像数据处理工作站：数据处理工作站主要用于处理固定翼、多旋翼无人机采集的多种数据源，包括正射影像、倾斜影像、全景影像等，为后续隐患分析提供基础数据资料，其配置需优于以下参数（表 8.11）。

表 8.11　数据处理工作站配置

技术指标	详细参数
CPU	主频：3GHz 最大睿频：3.5GHz 核心数量：八核心 线程数：十六线程 制作工艺：22 纳米
内存	DDR3 2400 64G
固态硬盘	SATA3 256G
显卡	制造工艺：28 纳米 核心频率：1126MHZ 显存类型：支持 DDR5 显存容量：4096MB 显存位宽：256bit 显存频率：7008MHz 显存带宽：224GB/s
显示器	产品：3D 显示器 LED 显示 最佳：1920×1080 屏幕：23 英寸 特性：23 英寸宽屏 LED 背光显示器
硬盘	优于 7200 转 64MB SATA3 3TB 企业级
工作环境	海拔高度：<1000m 环境温度：-10℃～40℃ 环境湿度：≤90%

(2)巡检隐患分析工作站：主要用于对巡检成果的识别和分析，并实现智能提取隐患信息和生成相应成果报告，其配置需优于以下参数（表 8.12）。

表 8.12　巡检隐患分析工作站配置

技术指标	详细参数
CPU	GPU 系列：英特尔酷睿 i7 6 代系列 GPU 频率：3.4GHz 核心数量：四核心 线程数：八线程 制作工艺：14 纳米
内存	DDR4
硬盘	2TB

续表

技术指标	详细参数
显卡	独立显卡 NVIDIA GEFORCE 2070 支持 DDR4 2GB
显示器	产品：3D 显示器，LED 显示 最佳：1920×1080 屏幕：23 英寸 特性：23 英寸宽屏 LED 背光显示器
硬盘	7200 转 64MB SATA3 2TB
工作环境	海拔高度：<1000m 环境温度：−10℃～40℃ 环境湿度：≤90%

8.3　监视与监控

8.3.1　监视监控

　　监视监控系统是利用视频技术探测、监视设防区域，实时显示、记录现场图像的电子系统。监视监控系统一般由前端、传输、后台设备、显示设备四个部分组成。前端部分包括一台或多台摄像机以及与之配套的镜头、云台、防护罩、解码驱动器等；传输部分包括电缆或光缆，有线/无线信号调制解调设备等；后台设备主要包括视频切换器、云台镜头控制器、操作键盘、通信接口、电源、监视器柜等；显示设备主要包括监视器、录像机、多画面分割器等。

　　摄像机通过同轴视频电缆、网线、光纤将视频图像传输到控制主机，控制主机再将视频信号分配到各监视器及录像设备，将需要传输的语音信号同步录入到录像机内。通过控制主机，操作人员可发出指令，对云台的上、下、左、右动作进行控制，实现对镜头的调焦变倍。通过控制主机实现在多路摄像机及云台之间的切换。利用录像处理模式，可对图像进行录入、回放、处理等操作，使录像效果达到最佳。

　　网络化、数字化、智能化是视频监控的必然趋势。视频监控系统将不仅仅局限于被动地提供视频画面，还有相应的智能功能，能够识别不同的物体，发现监控画面中的异常情况，以最快和最佳的方式发出警报和提供有用信息，从而更加有效地协助安全人员处理危机，最大限度地降低误报和漏报现象，成为应对袭击和处理突发事件的有力辅助工具。

8.3.2　系统架构

监视监控系统由前端设备、传输线路和后端设备三部分组成，如图 8.24 所示。

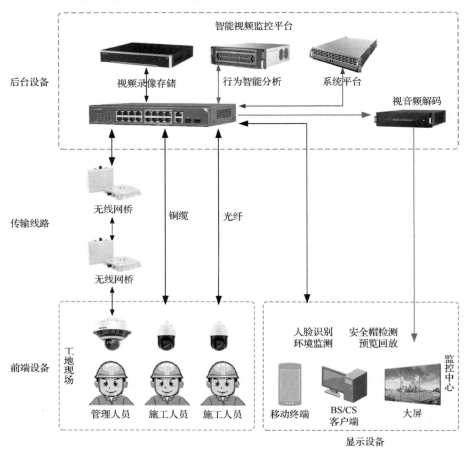

图 8.24　视频监控构成设计图

1. 前端设备

主要由高清摄像机、立杆(含立杆基础)等组成。高清摄像机的视频信号经过编码由数据网络传输至监控中心视频录像存储设备。摄像机由高清晰度低照度摄像头、可变焦镜头、云台、防护罩等相关设备组成。立杆包含防雷接地、立杆基础、摄像机支架、设备箱等。

2. 传输线路

通过线缆为视频监控点和管理区之间建立通信连接，将监控视频传输至管理区设备用房进行视频存储。网络上经授权的其他用户也能浏览监控点的图像，并控制云台转动和镜头变焦。

对于视野开阔地带，有线网络敷设成本比较高的区段，采用无线网桥方式，进行视频监控的网络覆盖，如图 8.25 所示。

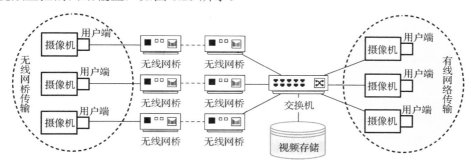

图 8.25 视频监控网络传输示意图

3. 后端设备

后端监控设备由视频录像存储、编解码设备、视频监控平台(含软件)等部分组成，主要完成信号管理、数据存储、备份等功能。

8.3.3 软硬件环境

1. 支撑硬件

(1)光电转换器。

光电转换器是用来将光信号和电信号互相转换的一种设备，对信号不会进行压缩。它的主要作用就是实现电-光和光-电转换。

(2)光纤终端盒。

光纤终端盒主要用于光缆的固定、多芯光纤与尾纤的熔接及余纤的收容和保护。终端盒是光缆的光纤端头接入的地方，然后通过光跳线进入光交换机。因此，终端盒通常是安装在机架上的，可以容纳光纤端头的数量比较多。终端盒就是将光纤跟尾纤连接起来起保护作用的。

(3)云台。

云台是承载摄像机进行水平和垂直两个方向转动的装置，内置两个电机，负责水平和垂直的运动。水平转动的角度一般为 350°，垂直转动的角度一般为 75°。而且水平和垂直转动的角度可以通过调节限位开关进行适当调整。

(4)云台解码器。

云台解码器，是为带有云台、变焦镜头等可控设备提供驱动电源并与控制设备如矩阵进行通信的前端设备。通常，解码器可以控制云台的上、下、左、右旋转，变焦镜头的变焦、聚焦、光圈，以及对防护罩雨刷器、摄像机电源、灯光等设备的控制，提供若干个辅助功能开关。

(5)视频服务器。

视频服务器负责监控网络的数据信息管理和网络客户授权等。视频服务器是由一个或多个模拟视频输入口、图像数字处理器、压缩芯片和一个具有网络连接功能的视频数字处理器所构成的。视频服务器将输入的模拟视频信号数字化处理后，以数字信号的模式传送至网络上，从而实现远程实时监控的目的。

(6)视频矩阵。

视频矩阵可将视频图像从任意一个输入通道切换到任意一个输出通道。一般来讲，一个 $M×N$ 矩阵，表示它可以同时支持 M 路图像输入和 N 路图像输出。这里需要注意的是必须要做到任意，即任意的一个输入和任意的一个输出。

(7)控制设备。

控制设备用于控制摄像机、多画面切换、录像、拍照等。所有可控摄像机都可以在打开窗口画面上按下鼠标右键进行控制，也可以选择右侧的按钮进行控制。具体有灯光开关、镜头变近变倍远、聚焦近聚焦远、雨刷开关、打开/关闭双向语音对讲、方向控制等功能。

(8)硬盘录像机。

硬盘录像机，也称数字视频录像机，相对于传统的模拟视频录像机，其采用硬盘录像，故常常被称为硬盘录像机(DVR)。它是一套进行图像存储处理的计算机系统，具有对图像/语音进行长时间录像、录音、远程监控和控制的功能。DVR 集合了录像机、画面分割器、云台镜头控制、报警控制、网络传输等几大功能于一身，用一台设备就能取代模拟监控系统一大堆设备的功能，而且在价格方面也占有优势。DVR 采用的是数字记录技术，在图像处理、图像储存、检索、备份以及网络传输、远程控制等方面也远远优于模拟监控设备，DVR 代表了监视监控系统的发展方向，是目前市面上监视监控系统的首选产品。

(9)监控摄像机。

监控摄像机，主要包括外壳、镜头、CCD 感光元件、基本电路板(含 Q9 头)、电源模块(220V 转 12V 的变压器)。镜头是实现光圈开关、变动焦距功能的器件。CCD 感光元件是摄像机中重要的组成部分，它的好坏直接影响摄像机的档次和质量，感光元件在实际显现效果中体现为视频画面的清晰度，也就是常说的 420 线、480 线、520 线等参数。还有 CCD 按规格分，常见的有 1/3、1/4、1/8 等规格，还有 1/2、2/3、1 的规格。出于在成本上的考虑，大部分生产商会考虑便宜的 1/4、1/3 规格的 CCD。基本电路板相当于电脑的主板，也称为"系统总线"，所有的器件都要通过它来实现自己的功能。电源模块，就是变压器，为电路板和与电路板相连接的器件提供稳定持续的电力供应(220V 转 12V)。

普通枪机：按照监控摄像机的基本组成结构来制作。在枪机上可以安装普通、长距离和广角镜头。按镜头的标准来说以 6.0mm 镜头为分界线，比其小的一般为广角镜头，角度一般大于 30°；比其大的一般为长距离镜头，距离一般要大于 30 米。

半球摄像机：除了外壳和普通枪机不同以外，其他的标准都差不多。

红外摄像机：在普通摄像机的基础上配合红外灯来增强夜视效果的摄像机。有的普通摄像机的 CCD 就有感红外功能，直接加装红外灯就可以了。

一体化摄像机：是一种将变焦镜头(分为手动和自动)和摄像机的基本组成元件一起集成起来的一种特殊的监控摄像机。它一般有两种用途：一种是与球形云台配合使用，也被称为球机中的"机芯"；二是将红外灯做到一个大的壳子中，被称为红外一体摄像机。

2. 支撑软件

视频监控管理软件应是一套"集成化""智能化"的平台，除了接入视频监控，还可以接入一卡通、停车场、报警检测等系统的设备，获取边缘节点数据，实现安防信息化集成与联动，以电子地图为载体，融合各系统能力实现丰富的智能应用。

软件平台适用于综合安防业务，对各系统资源进行了整合和集中管理，实现统一部署、统一配置、统一管理和统一调度。

(1)综合管控。

提供丰富的业务联动和集成应用，用于事件的监控、检索、查看，支持基于电子地图的图上监控以及基于人脸识别技术的智能应用。

(2)视频监控。

通过对前端编码设备、后端存储设备、中心传输显示设备、解码设备的集中管理和业务配置，提供视频监控、录像回放、解码上墙、图片查询等应用。

(3)报警检测。

通过接入报警主机和动环主机，配合各种探测器和传感器，对区域进行布防和对环境量监控，通过报警设备和动环设备的接入，实现防区的入侵报警和机房的动环监控。

(4)网络管理。

提供对视频设备状态巡检、录像监控、视频诊断、告警查询，以及其他安防设备的状态巡检，实现对视频监控系统和其他安防系统的可视、可控、可管理，提升故障发现、处置效率，保证视频等安防系统的可靠运行，实现对视频、门禁设备"全天候、全过程、全方位"的集中监控、集中展现、集中维护。

(5)系统管理。

实现对安保基础数据(人员/组织/车辆)、用户权限、安保区域、设备管理、综合管控配置、视频监控配置、报警检测配置、网络管理配置、高级参数配置、界面配置等操作进行集中管理。

8.3.4 图像识别

图像识别采用嵌入式设计，集成高性能 GPU 模块，内嵌深度学习算法，提供集网络摄像机接入、存储、管理、控制、智能分析于一体的功能，实现人脸、人体、车辆的精准识别，提升监控视频智能应用价值。

1) 人脸识别

通过行为分析服务器配合行为分析摄像头，对前端抓拍识别的人脸进行实时建模比对，在视频监控管理平台软件上实现黑白名单管理、陌生人告警、人脸检索、人脸轨迹等。

2) 安全帽检测

通过安全帽监控摄像头内置的算法，在前端进行实时检测识别，对未佩戴安全帽的人员进行识别告警，并关联抓拍人脸图片，上传至视频监控管理平台。

3) 异常行为分析

通过行为分析服务器对前端视频流进行实时检测识别，对人数异常、人员聚集、剧烈运动、人员倒地、区域入侵等多种异常行为进行识别告警，上传至视频监控管理平台。

4) 岗位行为分析

通过行为分析服务器对前端视频流进行实时检测识别，对人数异常、离岗/睡岗、人员滞留等行为进行识别告警，上传至视频监控管理平台。

5) 电子围栏

也称周界报警，通过行为识别摄像头，综合实现电子围栏，提供周界报警功能。根据安全风险分级管控要求，预先对全区域进行安全风险等级辨识和划分。利用人员定位来跟踪临时外来人员的行动轨迹，当他偏离指定区域时给予提醒。建设电子围栏可以加强对工地建设人员的管理，避免没有进行系统安全教育和培训或不了解现场安全危险点所带来的风险。

系统根据风险区域设置好了电子围栏之后，当临时外来人员闯入电子围栏，会通过工地大屏、工地广播、APP、手机短信的方式进行提醒。电子围栏(周界报警)支持以下功能。

(1)穿越警戒面：当目标越过智能球机设置的警戒面时，系统自动产生报警。可以区分穿越警戒面的方向，可以区分单向报警或双向报警。

(2)区域入侵：当目标在智能球机设置的检测区域范围内停留(包括静止和移动)

超过设定时间时，系统自动产生报警。

（3）进入区域：当目标从智能球机设置的检测区域外进入检测区域内时，系统自动产生报警。

（4）离开区域：当目标从智能球机设置的检测区域内离开检测区域时，系统自动产生报警。

（5）自动跟踪：当目标进入智能球机设置的检测区域并触发行为分析规则时，系统自动产生报警，球机放大并持续跟踪报警目标。

8.3.5　红外识别

红外识别基于热辐射的普朗克定律，通过红外传感器接收位于一定距离的被测目标所发出的红外辐射，再由信号处理系统转变成为目标的视频热图像的一种技术。它将物体的热分布转换为可视图像，并在监视器上以灰度级或伪彩色显示出来，从而得到被测目标的温度分布场。

红外热成像检测具有红外光源普遍性、图像分辨率高、形象直观等一系列其他检测方式无法比拟的优点，可在雾、雨、雪的天气下工作，作用距离远，能识别伪装、抗干扰，能使其图像质量接近现实，可检测被测目标的温度分布场，可提取温度这一特征值，同时具有夜视能力，可实现对现场的可靠监控。红外检测技术能够非接触、实时、快速、以在线方式获取和分析被测对象的温度和运行状态的信息。

红外热成像检测由透镜、感光元件、感光电路、机械部分和机械控制部分组成。通过机械控制部分和机械部分，带动红外感应部分做微小的左右或圆周运动，移动位置，使感应器和人体之间能形成相对的移动。无论人体是移动的还是静止的，感光元件都可产生极化压差，感光电路发出有人的识别信号，以达到探测静止人体的目的。此红外热释感应器可应用于人体感应控制方面，并实现红外防盗和红外控制一体化，扩大了人体红外热释感应器的应用范围。

1. 技术背景

红外热成像系统成像原理为红外光谱辐射成像，不依赖光源，受天气影响小，探测距离远，在夜间全黑环境下进行目标识别、探测，在搜救、军事、行车辅助等领域具有很强的应用价值。随着机器视觉与人工智能的快速发展，其运用于红外热成像图像复原、目标跟踪、目标检测与识别等方向已取得了一定的突破。而在夜间无光环境下或/和气候恶劣条件下使用红外热成像对人体行为、动作进行智能化识别与分析的研究还较少，现有的大量行为识别、动作识别技术均基于可见光环境，对于全黑无光及雨雾天气等环境下的动作识别方法缺乏研究与实践。

在可见光环境下，具有代表性的行为动作识别方法主要包括 Feichtenhofer 等提出的卷积双光流网络融合视频动作识别方法，Diba 等提出的深时线性编码网络、视频动作识别的时空残差网络等方法，上述方法的基本思想均是使用多帧视频信息作为训练输入，使用深度卷积网络提取动作信息，在可见光人体行为公开数据集上取得了良好的识别分类效果。

2. 识别分类

红外识别根据其检测的原理可以分为主动红外检测以及被动红外检测两种。

(1)主动红外检测。

主动红外检测由发射机和接收机组成。发射机是由电源、发光源和光学系统组成的，接收机由光学系统、光电感应器、放大器、信号处理器等部分组成。发射机中的红外发射二极管在电源的激发下，发出一束经过调制的红外光束(此光束的波长约在 $0.8 \sim 0.95 \mu m$ 之间)，经过光学系统的作用变成平行光发射出去。此光束被接收机接收，由接收机中的红外光电传感器把光信号转换为电信号，经过电路处理后传给报警处理器。正常情况下，接收机收到的是一个稳定的光信号，当有人入侵该警戒线时，红外光束被遮挡，接收机收到的红外信号发生变化，经放大和适当处理，控制器发出报警信号。

(2)被动红外检测。

主要根据外界红外能量的变化来判断是否有人移动。人体的红外能力与环境有差别，当人通过探测区域时，探测器收集到不同的红外能量的位置变化，进而通过分析发出报警。

3. 算法实现

(1)多人体特征值提取。

边缘检测对目标分割、配准和辨识都十分有用，边缘点可以被认定为灰度级突变的像素位置。首先通过红外传感器获取热图像，采用边缘检测获得各个不同人体的边界，很容易地实现对人体计数；然后在单个人体模型的基础上，利用 apar 条形识别人体部位，并利用具有刚体性质的躯干对不同人体进行确定；接着依据红外目标的辐射特性与背景之间的相关关系，得到目标的最大灰度、均值灰度差、平均梯度强度和平均灰度强度，通过融合处理，得到加权归一化的融合特征矢量，结合物体的温度分布场、外表和运动特征，提取多人体的特征值信息；最后采用多人体模板匹配算法完成多人跟踪，同时也能解决遮挡问题。

(2)多人体模板匹配算法。

模板匹配是把不同传感器或同一传感器在不同时间、不同成像条件下对同一景物获取的两幅或多幅图像在空间上对准，或根据已知模式到另一幅图中寻找相应模式的处理方法。分析红外热像仪提取的图像和温度分布场等特征，采用模糊聚类算法使得特征能量最小化，可以完成对运动目标的跟踪。传统数据库的精确匹配和查询是很容易理解的，但对图像数据库来说，查询质量与查询速度之间存在着矛盾，要想查询质量高，就要增加描述图像特征向量的维数，随之而来的就要增加计算量，所以，要在不减少特征向量维数的情况下提高查询速度，就必须改进查询策略，主要采用聚类的方法：即把图像分为几类，每一类定义一个标准图，在查询图像时首先求出与各标准图的距离，确定其属于哪一类，然后再与这一类图像进行相似匹配。

(3) 软件实现。

利用高级程序语言 Visual C++建立一个数据库系统，用于对红外热像仪提取的图像信息和温度等特征值进行存储、删除、查询及匹配等功能。对出入某区域的人员数进行统计，完成数据采集的录入、删除和修改，以及对异常情况的记录、对误报情况的特殊处理和历史数据查询。通过 Visual C++建立一个良好的人机界面，通过 IP 地址的设置可以查询不同通道的数据，实现对现场的实时监控。

(4) 系统测试。

可通过 Visual C++编程实现的人体计数界面捕获了人体边缘信息，并正确地显示了出入口的人员数据。通过建立的数据库可以成功实现信息存储、查询和修改功能，具有查询流量、人群智能区分、统计人流高峰、发现可疑情况自动报警等功能。并能根据实际情况，自动实现对某个入口或出口的开放或封闭控制，对人流进行合理疏导。当系统设备发生故障时会自动报警。

4. 软件系统

将红外热像传感器摄取的视频图像送入计算机，经过对图像的预处理、运动对象分割、目标跟踪和特征提取之后，将图像中目标的几何形状、图像的灰度分布、颜色、纹理、相对位置等信息，与摄取的图像一起存入图像数据库，同时根据用户自定义的报警模块，设计系统的实时报警功能。系统可分为 3 个模块进行设计。

(1) 图像识别和报警模块。

首先对查询图像提取形状特征，然后选择按哪些特征对象进行检索，设定图像检索所要求的相似度，最后与图像数据库中的图像进行匹配，输出查询结果，当检查到异常情况时实现实时报警。

(2) 图像数据库建立模块。

首先对输入的图像进行预处理，包括图像噪声的消除、图像锐化、边缘检测(对象物分离)、边缘细化，对边界进行多边形逼近；然后提取对图像的形状特征；最后把所提取的特征值存入图像数据库中。

(3) 信息管理模块。

主要实现图像数据库的管理，包括数据浏览记录修改和删除，实现进出场所的人员数量统计、历史信息查询和远程网络监控等功能。

参 考 文 献

陈昱, 王淼, 任海燕, 等, 2018. 星载感应式磁力仪地面检测系统及数据预处理软件设计[J]. 计算机工程与科学, 40(9): 1606-1610.

贺跃光, 王秀美, 曾卓乔, 2001. 数字化近景摄影测量系统及其应用[J]. 矿冶工程, 21(4): 1-3.

费璟昊, 李俊杰, 李辉, 等, 2002. 利用图像处理实现隧洞断面测量[J]. 测绘通报, (1): 2.

黄明泉, 2012. 水下机器人 ROV 在海底管线检测中的应用[J]. 海洋地质前沿, 28(2): 52-57.

黄声享, 尹晖, 蒋征, 2010. 变形监测数据处理[M]. 第 2 版. 武汉: 武汉大学出版社.

赖炎连, 贺国平, 2008. 最优化方法[M]. 北京: 清华大学出版社.

李征航, 黄劲松, 2016. GPS 测量与数据处理[M]. 第 3 版. 武汉: 武汉大学出版社.

马昌凤, 2010. 最优化方法及其 MATLAB 程序设计[M]. 北京: 科学出版社.

年永吉, 2010. 磁力仪在南海海底光缆检测中的应用[J]. 工程地球物理学报, 7(5): 566-573.

彭锐, 2019. 基于多相机的车载式公路隧道衬砌裂缝检测系统研究[D]. 西安: 长安大学.

饶光勇, 陈俊彪, 2014. 多波速测深系统和侧扫声呐系统在堤围险段水下地形变化监测中的应用[J]. 广东水利水电, 6: 69-72.

田胜利, 2005. 隧道及地下空间结构变形的数字化摄影测量与监测数据处理新技术研究[D]. 上海: 上海交通大学.

铁信, 2012. 日本新干线隧道衬砌检测车[J]. 现代城市轨道交通, 2: 101.

王国辉, 马莉, 杨腾峰, 等, 2005. 手持普通相机监测隧道洞室位移的研究与应用[J]. 岩石力学与工程学报, 24(A02): 5885-5889.

王国瑾, 汪国昭, 郑建民, 2001. 计算机辅助几何设计[M]. 北京: 高等教育出版社.

王华夏, 漆泰岳, 王睿, 2013. 高速铁路隧道衬砌裂缝自动化检测硬件系统研究[J]. 铁道标准设计, (1): 97-102.

王解先, 季凯敏, 2008. 工业测量拟合[M]. 北京: 测绘出版社.

王荣耀, 高宇清, 廖逍钊, 2018. 水下机器人坐管作业机构设计与分析[J]. 采矿技术, 18(1): 70-72.

吴宗敏, 2007. 散乱数据拟合的模型、方法和理论[M]. 北京: 科学出版社.

谢宏全, 韩友美, 陆波, 等, 2018. 激光雷达测绘技术与应用[M]. 武汉: 武汉大学出版社.

谢政, 李建平, 陈挚, 2010. 非线性最优化理论与方法[M]. 北京: 高等教育出版社.

徐芳, 于承新, 黄桂兰, 等, 2001. 利用数字摄影测量进行钢结构挠度的变形监测[J]. 武汉大学学报(信息科学版), (3): 256-260.

尹卿芳, 彭军, 2018. 一种新型声呐在南水北调输水渠道质量检测中的应用研究[J]. 北京水务, (1): 24-27.

岳建平, 徐佳, 2020. 现代监测技术与数据分析方法[M]. 武汉: 武汉大学出版社.

张贤达, 2004. 矩阵分析与应用[M]. 北京: 清华大学出版社.

张正禄, 2013. 工程测量学[M]. 第 2 版. 武汉: 武汉大学出版社.

周学军, 张扬, 姚琦, 等, 2015. 超导量子磁力仪在海底光缆探测定位中的应用[J]. 海军工程大学学报, 27(5): 71-75, 103.

Ahn S J, 2004. Least Squares Orthogonal Distance Fitting of Curves and Surfaces in Space[M]. Heidelberg: Springer.

Diba A, Sharma V, Gool L V, 2017. Deep temporal linear encoding networks[C]// 2017 IEEE Conference on Computer Vision and Pattern Recognition (CVPR): 1541-1550.

Faber P, Fisher R B, 2002. Estimation of general curves and surfaces to edge and range data by euclidean fitting[R]. Edinburgh: The University of Edinburgh.

Feichtenhofer C, Pinz A, Zisserman A, 2016. Convolutional two-stream network fusion for video action recognition[C]// 2016 IEEE Conference on Computer Vision and Pattern Recognition(CVPR): 1933-1941.

Fitzgibbon A W, Fisher R B, 1995. A buyer's guide to conic fitting[C]// Proceeding of the bth British Conference on Machine Vision, (2): 513-522.

Lins R G, Givigi S N, 2016. Automatic crack detection and measurement based on image analysis[J]. IEEE Transactions on Instrumentation&Measurement, 65(3): 583-590.

Ohnishi Y, Nishiyama S, Yano T, et al, 2006. A study of the application of digital photogrammetry to slope monitoring systems[J]. International Journal of Rock Mechanics & Mining Sciences, 43(5): 756-766.

Satoru M, Takuji Y, Michio I, et al, 2002. Configuration and displacement measurement using vision metrology[C]// ISRM International Symposium-EUROCK 2002.

Sullivan S, Sandford L, Ponce J, 1994. Using geometric distance fits for 3-D object modeling and recognition[J]. IEEE Transactions on Pattern Analysis & Machine Intelligence, 16(12): 1183-1196.

Zhang Z, 1997. Parameter estimation techniques: A tutorial with application to conic fitting[J]. Image and Vision Computing, 15(1): 59-76.